도서출판
골든벨
기술이 미래, 사람이 희망이다

도서출판
골든벨
기술이 재산, 사람이 희망이다

검사원도 훔쳐보는 차량 검사의 종결판!

자동차 종합 검사 실전매뉴얼

前 한국교통안전공단 자동차검사본부장 **신기선** 감수

자동차정비기능장/검사원 **김영철** 편저

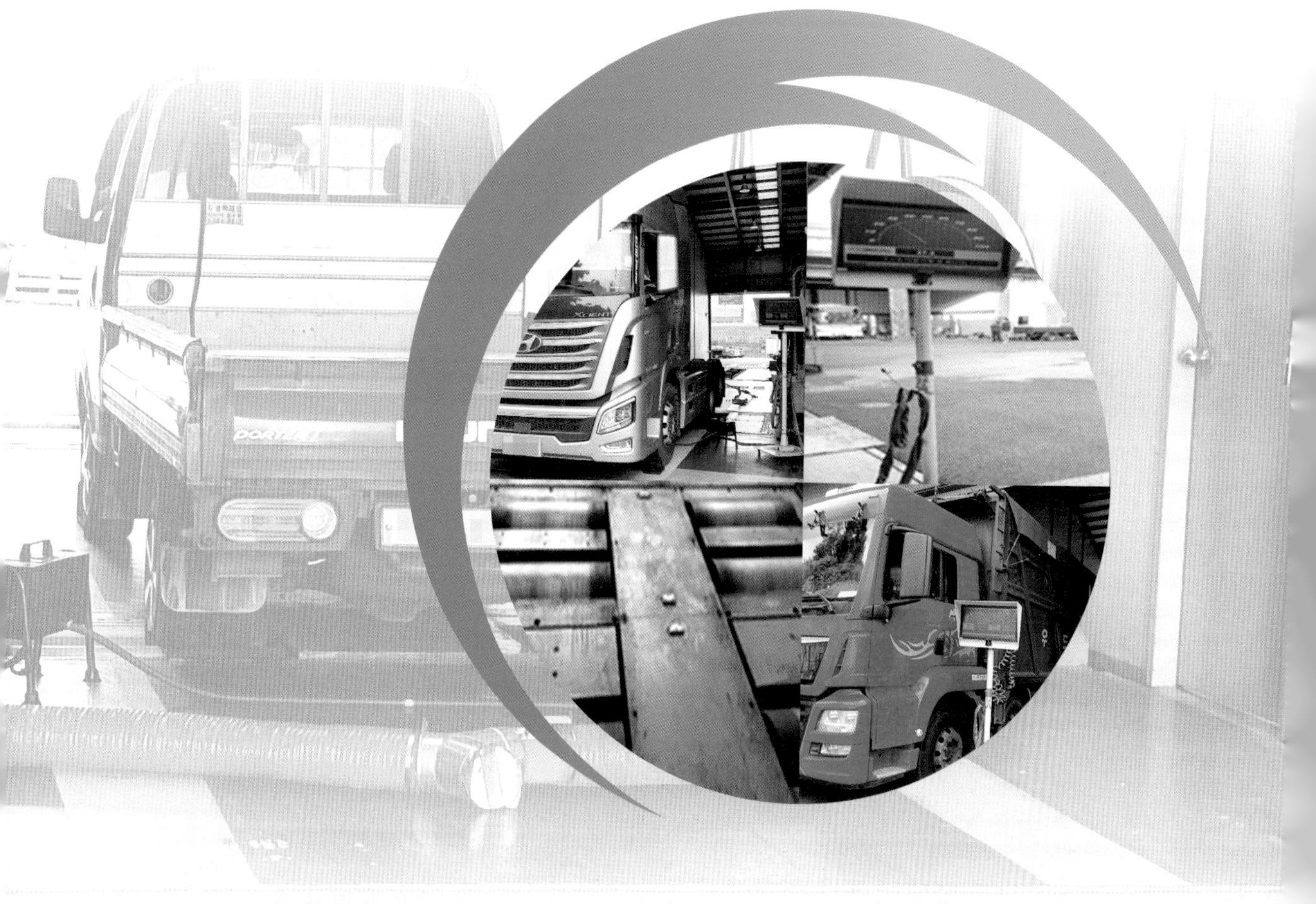

감수의 글

늦었지만 하이킥!

친환경 사회적 지배구조(ESG: Environment Social Governance)를 지속가능발전으로 구가해야 하고 개별 기업을 넘어 자본시장과 한 국가의 성장 키워드로 급부상하고 있습니다.

"차량운행, 협력사, 공장 등에서 발생하는 탄소배출량을 2040년까지 2019년 대비 75%로 줄이고, 2045년에는 실제 배출량을 제로(0)로 낮추겠다" - 뮌헨 모터쇼 IAA 모빌리티 행사에서 현대차 사장의 말 -

이번 행사장의 부스가 전세계 자동차 메이커들 70%가 '친환경자동차'들이 포진하고 있다는 것에 놀라울 따름입니다. 이렇다면 '내연기관과 차량들은 무대에서 사라져야 할 운명인가' 의심마저 갑니다.

자동차 산업이나 기술도 예상보다 훨씬 빠르게 급변하고 있어, 검사원들 역시 이 현실을 외면할 수 없겠다는 생각이 듭니다. 물론 자동차 성능이 우수해서 고장률은 줄겠지만 국민의 생명과 안전을 위해서는 정기 및 종합검사는 필수불가결일 것입니다.

여기서 되뇌어 보자면, 자동차검사원이란 「육안 및 검사장비를 사용하여 자동차의 안전도와 환경검사를 실시하고, 자동차등록원부와 동일성 여부 등을 확인한다」라고 한국직업사전에서 정의하고 있습니다.

'62년 1월부터 시행한 민간주도 정기검사가 여러 문제점이 야기되어, '81년 7월 한국교통안전공단의 공영체제로 변경되었고, '97년 4월부터는 정비공장이 참여하는 검사제도가 이원화되었습니다. 2002년 5월, 배출가스 규제가 강화됨에 따라 서울에서 시작한 후 배출가스 정밀검사 시행 지역이 확대되어 오늘에 이르렀습니다.

검사를 하다보면 여러 가지 상황별 문제점이 예기치 않게 돌출될 것입니다. 아무튼 이유 여하를 각설하고 안전이나 배기가스 검사를 허투루 본다면 스스로 국민의 재산과 생명을 지키는 본연의 업무를 저버리는 방조자가 되는 것입니다.

때늦은 감은 있지만 이번 생산된 「자동차종합검사실전매뉴얼」은 요처마다 '동영상'까지 곁들이므로써 미처 글로 표현할 수 없었던 상황들을 자동차 검사의 속살까지 해부한 가이드북입니다. 감히 추천 드리면서 감수의 말을 줄이겠습니다. 감사합니다.

2021. 10.

前 한국교통안전공단
자동차검사본부장 **신기선** 감수

책머리에…

자동차는 현대 사회에서 없어서는 안 될 필수 불가결한 요소이다. 하지만 차량 결함 등은 여전히 사고로 이어져 소중한 인명 사고와 함께 막대한 경제적 손실로 이어지는 것이 현실이다.

이러한 차량 결함으로 교통사고 피해를 사전에 예방하고, 배출가스 문제점 등을 점검 정비를 해야 한다. 그러므로 대기환경오염을 사전에 방지하기 위해 '자동차검사제도'가 존치하고 있는 이유이다.

자동차 검사는 자동관리법에 따라 교통안전공단 산하 검사소와 일반 지정 정비업체 검사소에서만 자동차 검사를 실시한다. 이 곳에 검사 업무를 진행하는 검사원들은 자동차정비 산업기사 이상 자격을 취득한 후, 교통안전공단에서 지정된 검사원 교육을 이수한 뒤에야 현업에 종사할 수 있다.

자동차 검사 업무는 수입차를 포함하여 국내에서 운행 중인 모든 차량을 대상으로 하기 때문에 다종다양한 차량의 기본적인 지식 없이는 원활한 검사 업무 수행이 사실은 불가능하다.

종합검사 시에 배출가스 검사를 위해, 차량을 다이나모 위에서 원하는 속도로 가속하고 시행하는 기술은, 충분한 경험과 지식을 필요로 하므로 필자는 지금도 공부를 게을리 하지 않고 있다. 예컨대, 검사장에서 검사 후 오히려 차량 고장을 일으켜 고객으로부터 민원발생 및 안전사고로 이어지는 사례가 왕왕 발생하기도 한다.

현장에 배치된 병아리 검사원들은 동료 또는 선배 검사원으로부터 눈동냥 귀동냥으로 업무를 배우고 각자 개인의 역량과 환경에 의해 기술을 터득하게 된다. 그러므로 검사원 실무 경력과 무관하게 개인의 역량 차이가 나타나고, 똑같은 검사 업무 실수가 매년 재발되므로 이로 인한 경제적 손실과 검사원들의 정신적 스트레스는 피할 수 없다.

필자 역시 이러한 굴레를 벗어나면서 2년여 동안 틈틈이 메모하고 나름 정리한 내용을 실전 매뉴얼로 정리한 것이다.

이 책이 개개인의 욕구에 100% 충족하지 않겠지만, 현장에서 기술 정보에 목말라 하는 검사원들에게 작으나마 보탬이 되었으면 하는 바람이다.

혹여, 내용의 오류나 부족한 부분은 판이 거듭될 때마다 수정 보완할 계획이므로 애정 어린 눈으로 꼬집어 주기 바란다.

끝으로 이 책이 세상 밖으로 나오기까지 현업에 종사하는 자동차 검사원 선후배 제현들과 출판 환경이 그리 녹록치 않음에도 불구하고 쾌히 기회를 마련해 주신 ㈜골든벨 대표이사 김길현, 이상호 간사, 김선아 과장 등 임직원 여러분들께 심심한 감사를 드린다.

2021. 10.

자동차정비기능장/검사원

김영철

이 책은 이렇게 꾸몄다!

1. ABS 해제 매뉴얼

자동차 속도계 검사 및 부하검사를 하기 위해 자동차에 설치된 운전자 편의장치인 구동바퀴 슬립제어 기능을 정지시켜야 한다(TCS, VDC). 그렇지 않으면 구동륜만 회전하는 롤러 또는 다이나모 위에서 차량 조작이 불가능하다.

이런 방법들은 차종마다 모두 달라서 어떤 차량들은 정지 버튼이나 매뉴얼이 없어 관련 시스템 퓨즈를 제거해야 하는 경우 등이 발생하기도 한다. 따라서, 이 장에서는 ABS 해제의 의미와 대표적인 차량별 해제방법과 특징에 대해 그동안 검사 업무 중 틈틈이 기록한 것들을 정리하였습니다.

2. 상용차 럭다운 3모드 매뉴얼

국내 도로에 질주하고 있는 모든 상용차도 검사소에서 속도계 검사 및 차량 특성에 따라 매연 측정을 위해 부하검사를 실시한다. 문제는 수입 상용차들은 쉽게 접해 볼 수 없으므로 검사원들이 속도계 검사를 위한 ABS해제와 다이나모 위에서의 부하 모드 검사를 위한 조작이 거의 불가능하다.

이때 잘못된 정보와 방법으로 점검을 마친 차량은 고객으로부터 원성이나 심지어 안전 문제까지 야기되는 경우가 있다. 그럼에도 불구하고 현실은 이러한 매뉴얼 자체가 없고, 검사원간 인맥을 통하거나 구전으로 기술이 전수되고 있는 것을 꼼꼼히 재편성하였다.

3. 실수로 배우는 검사원 매뉴얼

검사장에서 다양한 차량을 검사하다 보면, 정말로 황당한 실수와 사고가 발생한다. 이러한 사고와 실수가 시간이 지날수록 줄어드는 것이 아니고 장소와 사람만 바뀐 채 똑같은 일들이 반복된다는 것에 문제의 심각성이 있다. 검사 업무 중 발생되는 이러한 실수는 노련한 검사원으로 가는 하나의 훈장처럼 여겨지는 풍토 역시 자못 아쉬울 따름이다.

부디, 매뉴얼에 어필한 실수담이 이 책을 접하는 검사원 모두가 두 번 다시 되풀이되지 않는 '검사원 가이드북'이 되기를 소원한다.

- 이 매뉴얼의 집필 목적은 필자 역시 현장에서 검사 중에 겪었던 솔직한 고백서이다.
- 본문 내용 중 전문용어 표기는 학술용어로 표기하였으나, 때로는 검사원들의 가독성을 높이기 위해 현장에서 널리 쓰이는 용어로 병기하였다.
- 이 매뉴얼이 자동차 검사원 모두가 한층 더 완벽한 검사를 함으로써 국민의 안전과 나아가 지구 환경을 지키고자 하는 염원을 담았다.

검사원 자격

1. 정기검사원(자동차관리법시행규칙 제90조 별표 20의 제3호)

▶ **수리검사 · 내압용기검사 외의 검사**

구분	자격	직무
검사원	㉮ 자동차정비산업기사 이상의 국가기술자격을 가진 사람 ㉯ 자동차정비기능사의 국가기술자격을 가진 사람으로서 자동차검사 또는 정비업무에 3년 이상 근무한 경력이 있는 사람	① 자동차검사의 실시 및 적합 여부 판정 ② 검사시설의 관리
검사 주무	㉮ 자동차정비기사의 국가기술자격을 가진 사람으로서 자동차 검사 업무에 4년 이상 근무한 경력이 있는 사람 ㉯ 자동차정비산업기사 이상의 국가기술자격을 가진 사람으로서 자동차검사 업무에 5년 이상 근무한 경력이 있는 사람	① 자동차검사 진로의 검사업무 관리 및 적합 여부 판정 ② 자동차검사의 실시 및 적합 여부 판정 ③ 검사시설의 관리
검사 책임자	㉮ 자동차검사 주무로서 4년 이상 근무한 경력이 있는 사람 ㉯ 국가 또는 지방자치단체의 6급 이상의 기계직공무원으로서 자동차검사 및 정비 업무에 5년 이상 근무한 경력이 있는 사람	자동차검사소의 검사 업무 총괄

2. 종합검사원(자동차관리법시행규칙 제14조 별표2의 제3호)

▶ **구분 및 자격 · 직무**

구분	자격	직무
종합 검사원	자동차정비산업기사 이상의 국가기술자격증을 소지하고 제1종 보통 이상의 운전면허증을 소지한 사람	① 정밀검사의 실시 및 적합 여부 판정 ② 검사 시설 및 장비 관리
종합 검사 책임자	종합검사원 자격자 중 다음의 어느 하나에 해당하는 사람 ① 「자동차관리법 시행규칙」 제90조에 따른 자동차검사 기술인력으로 5년 이상 근무 경력이 있는 사람 ② 「대기환경보전법」 제63조에 따른 배출가스검사의 기술인력으로 5년 이상 근무 경력이 있는 사람 ③ 종합검사원으로 5년 이상 근무 경력이 있는 사람 ④ ①부터 ③까지 근무 경력을 합산하여 5년 이상이 되는 사람	종합검사 업무의 총괄

〈비고〉
① 종합검사 기술인력은 제18조에 따른 종합검사에 관한 교육을 받아야 한다.
② 고전원전기장치의 검사는 「자동차관리법 시행규칙」 제55조에 따라 국토교통부장관이 정하여 고시하는 고전원전기장치 등 취급자 안전교육 또는 국토교통부장관이 인정한 기관에서 시행하는 고전원전기장치에 관한 교육을 이수한 기술인력이 시행하여야 한다.

검사원의 취업처

1. 한국교통안전공단 산하 검사소 검사원

교통안전공단 검사원 선발 공채에 응시하여, 검사원으로 근무
(단, 근무기간은 정년 제한이 있음)

2. 민간 자동차정비업체 검사소 검사원

자동차 정비업소 중 검사장 허가를 득한 곳에 검사원 자격을 취득한 자에 한해서 근무
(단, 정년 제한이 없음)

① 매년 실시하는 자동차종합검사원 신규교육(4박 5일)을 이수해야 한다.
「교통안전 공단 사이버 검사소 : https://www.cyberts.kr/」

② 정기교육은 1박2일로 현직에 종사하면서 3년에 한번씩 교육을 필해야 한다.

③ 검사원 취업정보는 한국자동차검사원클럽 「http://www.zcar.pe.kr/」 에 가입하면 **검사관련 기술** 및 **구인구직 정보**를 파악할 수 있다.

검사원의 직무

- **계측기 검사 :** 배출가스 & 매연측정, 제동력 측정, 사이드 슬립 및 전조등과 기타 소음관련 측정(배기&경음기)
- **관능검사 :** 자동차 관리법에서 규정하는 자동차의 성능 안전에 관련된 사항으로, 자동차 동일성 확인을 포함하여, 불법튜닝 및 기타 자동차 주행안전에 문제가 되는 모든사항 을 확인한다.
- **검사결과 :** 검사한 차량에 대해 그 결과를 전산에 올리고, 관련내용을 고객에게 설명한다. 또한 불합격된 차량은 수리 후 재검을 받을 수 있도록 안내한다.

동영상 QR리스트

ABS해제

1. 2013년 DH (제네시스 2WD) / 33

2. 2017년 그랜져 / 35

3. 2014년 스포티지 (2014) / 36

4. 2016년 K5 / 37

5. 2009년 아반테 HD / 38

6. 르노삼성 / 40

7. 메르세데스벤츠 / 47

8. BMW 320, 528 계열차량 / 50

9. 폭스바겐 차량 / 52

10. 렉서스 IS 350 / 53

11. 토요타, 프리우스 하이브리드
    2007년 도요타 프리우스 / 56

럭다운

12. 스카니아 / 147

Contents

Part 01 자동차 검사

Part 02 소형자동차 배출가스 부하검사를 위한 ABS 해제 매뉴얼

Contents

Part 03 상용차 럭다운 부하검사

Part 04 실수로 배우는 자동차 검사원 매뉴얼

Contents

Part 01
자동차 검사

자동차 검사

1 자동차 검사란

운행 중인 자동차의 안전도 적합여부 및 배출가스 허용기준 준수여부 등을 확인하여 교통사고와 환경오염으로부터 국민의 귀중한 생명과 재산을 지키는 중요한 제도이다.

자동차 검사의 근거

자동차관리법 제43조 - 자동차 소유자(제1호의 경우에는 신규등록 예정자를 말한다)는 해당 자동차에 대하여 다음 각 호의 구분에 따라 국토교통부령으로 정하는 바에 따라 국토교통부장관이 실시하는 검사를 받아야 한다.

① 신규검사 : 신규등록을 하려는 경우 실시하는 검사
② 정기검사 : 신규등록 후 일정 기간마다 정기적으로 실시하는 검사
③ 튜닝검사 : 제34조에 따라 자동차를 튜닝한 경우에 실시하는 검사
④ 임시검사 : 이 법 또는 이 법에 따른 명령이나 자동차 소유자의 신청을 받아 비정기적으로 실시하는 검사
⑤ 수리검사 : 전손 처리 자동차를 수리한 후 운행하려는 경우에 실시하는 검사

국토교통부장관은 자동차검사를 할 때에는 해당 자동차의 구조 및 장치가 국토교통부령으로 정하는 검사기준에 적합한지 여부와 차대번호 및 원동기 형식이 자동차 등록증에 적힌 것과 동일한지 여부를 확인하여야 하며, 자동차검사를 실시한 후 그 결과를 국토교통부령으로 정하는 바에 따라 자동차 소유자에게 통지하여야 한다.

이 경우 자동차 검사기준은 사업용 자동차와 비사업용 자동차를 구분하여 정하여야한다.

2 자동차 검사의 목적과 기능

국민의 생명보호

• 자동차의 주행 및 제동장치 등에 대한 육안과 기기검사를 통해 운행차량의 안정성을 확인한다.

• 안전과 직결되는 주요장치는 결함을 정비토록 함으로써 교통사고 감소효과가 나타난다.

대기환경 개선

• 도로주행 상태를 재현하여 자동차 배출가스 검사를 합니다.

• 배출가스 검사는 연간 4만 5천여톤의 대기오염물질을 차감 시킵니다.

재산권 보호

• 내 차의 주민등록번호와 같은 차대번호 등 자동차의 동일성을 확인한다.

• 자동차의 위·변조 방지 기능을 통해 소유권을 확인하고 관리합니다.

운행질서 확립

- 운행 안전성을 무시하고 불법으로 차량을 구조변경하였는지 확인 검사합니다.
- 책임보험에 가입되어 있는지 확인합니다.

- 불법구조변경 및 불법부착물 자동차를 원상복구하여, 자동차의 안전성을 향상시킵니다.
- 교통사고 발생시 피해보상과 관련이 있는 책임보험 미가입자를 예방합니다.

거래질서 확립

- 주행거리를 전산시스템으로 관리하여 주행거리 정보를 제공합니다.
- 자동차 관리상태를 확인하기 위한 검사이력 정보를 제공합니다.
- 운행차의 자동차 검사결과를 차명별로 분석하여 공표합니다.

- 중고차 거래시 주행거리 조작여부를 확인할 수 있습니다.
- 중고차 거래시 검사결과를 통해 자동차 관리상태를 확인할 수 있습니다.
- 인식별 차명별 검사결과를 분석 공표하여 소비자의 합리적인 차량구매를 유도합니다.

3 대표적인 자동차 검사

(1) 정기검사

자동차관리법 제43조에 따라 신규등록 후 일정 기간마다 정기적으로 실시하는 검사로서. 대기환경보전법 제62조에 따른 운행차 배출가스 정기검사 및 소음·진동관리법 제37조에 따른 운행차의 정기검사를 포함한다. 자동차안전기준을 참고하여 자동차관리법 시행규칙 제73조에서 정하는 기준 및 방법에 따라 시행한다.

1) 정기검사 흐름도

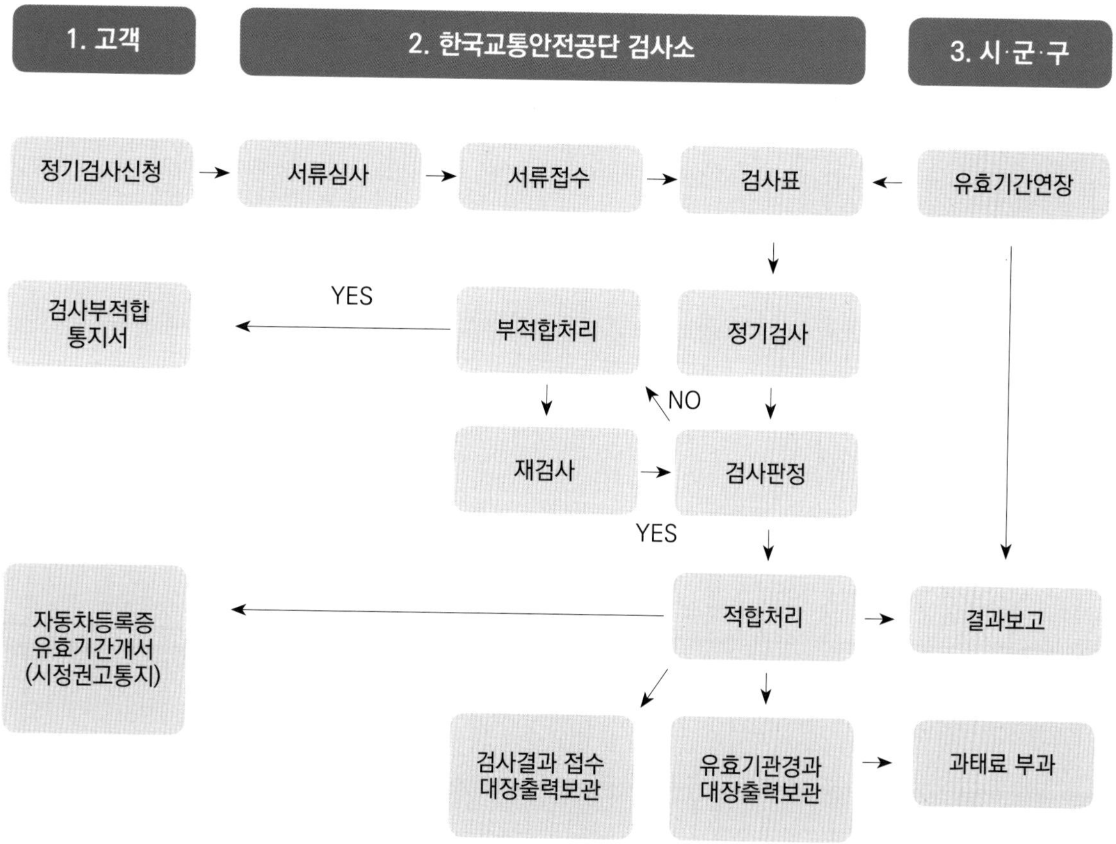

1. 고객

2. 한국교통안전공단 검사소

3. 시·군·구

정기검사신청 → 서류심사 → 서류접수 → 검사표 ← 유효기간연장

검사표 → 정기검사 → 검사판정

검사부적합 통지서 ← YES 부적합처리

부적합처리 → 재검사 → 검사판정

검사판정 NO → 부적합처리

검사판정 YES → 적합처리

유효기간연장 → 결과보고

자동차등록증 유효기간개서 (시정권고통지) ← 적합처리 → 결과보고

적합처리 → 검사결과 접수 대장출력보관

적합처리 → 유효기관경과 대장출력보관 → 과태료 부과

2) 정기검사 유효기간

구 분		검사유효기간
비사업용 승용자동차 및 피견인자동차		2년(신조차로서 법 제43조 제5항에 따른 신규검사를 받은 것으로 보는 자동차의 최초 검사유효기간은 4년)
사업용 승용자동차		1년(신조차로서 법 제43조 제5항에 따른 신규검사를 받은 것으로 보는 자동차의 최초 검사유효기간은 2년)
경형 · 소형의 승합 및 화물자동차		1년
사업용 대형 화물자동차	차령이 2년 이하인 경우	1년
	차령이 2년 초과된 경우	6월
중형 승합자동차 및 사업용 대형 승합자동차	차령이 8년 이하인 경우	1년
	차령이 8년 초과된 경우	6월
그 밖의 자동차	차령이 5년 이하인 경우	1년
	차령이 5년 초과된 경우	6월

주 : 10인 이하를 운송하기에 적합하게 제작된 자동차(제2조 제1항 제2호 가목 내지 다목에 해당하는 자동차를 제외한다)로서 2000년 12월 31일 이전에 등록된 승합자동차의 경우에는 승용자동차의 검사유효기간을 적용한다.

3) 검사기준 및 방법

① 검사기준

자동차의 구조·장치가 자동차관리법과 자동차안전기준에 적합한지 여부, 배출가스(CO, HC, λ, 매연)가 대기환경보전법에서 정한 배출가스 허용기준에 적합한지 여부, 경적음 및 배기소음이 소음·진동관리법의 허용기준에 적합한지여부, 자동차관리법에 따른 튜닝 승인 대상항목의 임의변경 여부

② 배출가스 검사 방법

사용 연료	검사 구분	검사 방법
휘발유 · 가스 · 알코올 사용 자동차	무부하 검사 (저속/고속 공회전)	자동차가 정지한 상태에서 엔진 공회전(아이들링) 및 2500±300rpm으로 가동시키며 배출가스 측정
경유 사용 자동차	무부하 검사 (무부하 급가속)	자동차가 정지한 상태에서 원동기의 최고 회전속도에 도달할 때까지 급속히 가속하면서 매연농도를 측정

• 엔진 정격 회전수는 사용의 안전성을 자동차제작사에서 보증한 회전수로 차량별 정격출력이 발생하는 회전수를 의미하며, 최고 회전수를 의미하지는 않는다.

(2) 종합검사

종합검사 대상지역에 등록된 일정차령이 지난 모든자동차는 일정기간마다 정기적으로 종합검사를 실시 (대기환경보전법, 수도권대기환경개선에 관한 특별법, 시·도 조례)

(1) 검사기준 및 방법

종합검사 : 정기검사 + 배출가스 정밀검사 (또는 특정경유자동차 배출가스 검사) 「자동차관리법 시행규칙」 별표15, 「대기환경보전법 시행규칙」 별표26 또는 「수도권 대기환경개선에 관한 특별법 시행규칙」 별표7에 따름

사용연료	검사구분	검사방법
휘발유·가스·알코올 사용 자동차	무부하검사 (저속/고속 공회전)	자동차가 정지한 상태에서 엔진 공회전(아이들링) 및 2500±300rpm으로 가동시키며 배출가스 측정
	부하검사 (저속 공회전/ASM-2525)	차대동력계상에서 엔진 공회전(아이들링) 상태와 40km/h로 주행시키면서 25%의 도로부하를 부여한 정속주행상태에서 배출가스측정
경유 자동차	무부하 검사 (무부하급가속)	자동차가 정지한 상태에서 원동기의 최고회전속도에 도달할 때까지 급속히 가속하면서 매연농도를 측정
	부하검사 - 소·중형 : KD-147 - 대형 : Lug-Down3	[KD-147] 차대동력계상에서 자동차가 실제 도로를 달리는 상태와 같이 가속, 정속, 감속 등을 하며 전구간에서 배출가스를 측정 [Lug-Down3] 차대동력계상에서 자동차의 가속페달을 최대로 하여 엔진정격회전수에서 1모드, 엔진정격회전수의 90%에서 2모드, 80%에서 3모드로 주행하며 측정

• 엔진정격회전수는 사용의 안전성을 자동차제작사에서 보증한 회전수로 차량별 정격출력이 발생하는 회전수를 의미하며, 최고회전수를 의미하지는 않습니다.

배출가스 검사 항목

구분		부하검사대상	무부하검사대상
대상자동차		무부하검사대상을 제외한 모든 자동차	• 소방자동차(지휘자, 순찰차, 구급차 포함) • 상시 4륜구동 자동차 • 2행정 원동기 장착 자동차 • 1987년 12월 31일 이전에 제작된 휘발유·가스·알코올사용 자동차 • 특수한 구조로 검차장의 출입이나 차대동력계에서 배출가스 검사가 곤란한 자동차
관능·기능사		배출가스관련 부품 작동상태	배출가스관련 부품 작동상태
배출가스검사	휘발유·가스·알코올	일산화탄소(CO), 탄화수소(HC), 질소산화물(NOx), 공기과잉률(λ)	일산화탄소(CO), 탄화수소(HC), 공기과잉률(λ)
	경유	매연, 질소산화물(Nox), 엔진정격출력, 엔진정격회정수	매연

(2)종합검사지역

「대기환경보전법」 제63조 ① 다음 각 호의 지역 중 어느 하나에 해당하는 지역에 등록(「자동차관리법」 제5조와 「건설기계관리법」 제3조에 따른 등록을 말한다)된 자동차의 소유자는 관할 시 · 도지사가 그 시 · 도의 조례로 정하는 바에 따라 실시하는 운행차 배출가스 정밀검사 (이하 "정밀검사"라 한다)를 받아야 한다.

1. 대기관리권역
2. 인구 50만명 이상의 도시지역 중 대통령령으로 정하는 지역

■ 자동차 종합검사 대상지역

권역	지역구분	지역범위	시행일	비고
수도권	서울특별시	전 지역	'20.4.3.	
	인천광역시	옹진군(옹진군 영흥면은 제외한다)을 제외한 전 지역	'20.9.3.	

수도권	경기도	수원시, 고양시, 성남시, 용인시, 부천시, 안산시 남양주시, 안양시, 화성시, 평택시, 의정부시, 시흥시 파주시, 김포시, 광명시, 광주시, 군포시, 오산시, 이천시 양주시, 안성시, 구리시, 포천시, 의왕시, 하남시, 여주시, 동두천시, 과천시	'20.4.3.	
중부권	대전광역시	전 지역	'20.4.3.	
	세종 특별자치시	전 지역	'20.9.3.	
	충청북도	청주시	'20.4.3.	
		충주시, 제천시, 진천군, 음성군, 단양군	'20.4.3.	
	충청남도	천안시	'20.4.3.	
		공주시, 보령시, 아산시, 서산시, 논산시, 계룡시, 당진시 부여군, 서천군, 청양군, 홍성군, 예산군, 태안군	'20.7.3.	
	전라북도	전주시	'20.4.3.	
		군산시, 익산시	'20.7.3.	
	광주광역시	전 지역	'20.4.3.	
	전라남도	목포시, 여수시, 순천시, 나주시, 광양시, 영암군	'20.7.3	
동남권	부산광역시	전 지역(기장군 제외)	'20.4.3.	
		기장군	'20.7.3.	
	대구광역시	전 지역(달성군 제외)	'20.4.3.	
		달성군	'20.7.3.	
	울산광역시	전 지역	'20.4.3.	
	경상북도	포항시	'20.4.3.	
		경주시, 구미시, 영천시, 경산시, 칠곡군	'20.7.3.	
	경상남도	창원시, 김해시	'20.4.3.	
		진주시, 양산시, 고성군, 하동군	'20.7.3.	

(3) 대상자동차

차령의 산정 = 유효기간만료일 - 최초등록일 (또는 제작년도 말일)

※ 단, 제작년도에 등록하지 않은 자동차는 제작년도 말일기준

검사대상		적용차량	검사 유효기간
승용차동차	비사업용	차령이 4년 초과인 자동차	2년
	사업용	차령이 2년 초과인 자동차	1년
경형·소형의 승합 및 화물 자동차	비사업용	차령이 3년 초과인 자동차	1년
	사업용	차령이 2년 초과인 자동차	1년
사업용 대형화물자동차		차령이 2년 초과인 자동차	6개월
사업용 대형승합자동차		차령이 2년 초과인 자동차	차령 8년까지는 1년, 이후부터는 6개월
중형 승합자동차	비사업용	차령이 3년 초과인 자동차	차령 8년까지는 1년, 이후부터는 6개월
	사업용	차령이 2년 초과인 자동차	차령 8년까지는 1년, 이후부터는 6개월
그 밖의 자동차	비사업용	차령이 3년 초과인 자동차	차령 5년까지는 1년, 이후부터는 6개월
	사업용	차령이 2년 초과인 자동차	차혈 5년까지는 1년, 이후부터는 6개월

■ 자동차 종합검사 대상지역

구분	대상자동차(배출가스 보증기간이 지난 자동차)
차량총중량 3.5톤 미만	5년 초과
차량총중량 3.5톤 이상	2년 초과

(4) 기술인력

■ 대상 및 기준

• 구분 및 자격, 직무

구분	자격	직무
종합검사 책임자	종합검사원 자격자 중 다음의 어느 하나에 해당하는자 1)「자동차관리법 시행규칙」제90조에 따른 자동차검사 기술인력으로 5년 이상 근무경력이 있는 자 2)「대기환경보전법」제63조에 따른 배출가스검사의 기술인력으로 5년 이상 근무경력이 있는 자 3) 종합검사원으로 5년 이상 근무경력이 있는자 4) 1)부터 3)까지 근무경력을 합산하여 5년 이상이 되는 자	종합검사업무 총괄
종합검사원	자동차검사산업기사 이상의 국가기술자격증을 소지하고 제1종 보통 이상의 운전면허증을 소지한 자	종합검사의 실시 및 적합 여부판정, 검사시설 및 장비관리

※ 종합검사 기술인력은 제18조에 따른 종합검사에 관한 교육을 받아야 한다.

자료출처 : TS교통안전공단 홈페이지

Part 02

소형자동차 배출가스 부하검사를 위한 ABS 해제 매뉴얼

매뉴얼의 사용에 대하여

본 매뉴얼은 종합검사 시 부하모드 검사를 위해 ABS 기능의 해제에 관련된 내용과 대표적인 차종별 ABS 기능 해제 방법의 종류에 대해 간단하게 정리를 하였으며, 본 매뉴얼을 사용함에 있어 아래와 같이 몇 가지 당부하니 이용에 참고해 주기 바란다.

(1) 본 매뉴얼은 소형자동차 부하검사 시 ABS 해제 방법 관련하여 대표적인 자료를 정리하였다.

(2) 교재에 기술된 내용은 본인이 26년간 국내 자동차부품 생산 전문업체인 M사에서 전자제어 제동장치 개발 및 평가 연구원으로 근무를 하면서 알게된 지식과 자동차 검사장에서 검사 실무를 접하면서 정리한 내용을 기반으로 간략하게 기술을 하였다. 그러므로 일부 잘못된 내용이 수록되어 있을 수 있음 사전에 알린다.

(3) 그리고 본 매뉴얼을 구독한 후 자동차 검사 중 발생되는 모든 유사 안전사고에 대해서 일체의 책임을 지지 않는다

(4) 본 매뉴얼을 통해서 잘 모르는 차량들은 사전에 충분한 관련자료를 참조하여 안전하게 ABS 기능을 해제하고 부하검사를 진행해 주시기 바랍니다.

감사합니다.

1. ABS 해제라는 의미의 이해

종합검사 자동차의 배출검사는 통상 다이나모 위에 차량을 올려놓고 구동 바퀴를 돌려 그 차량에 적절한 부하가 걸린 조건에서 배출가스 검사가 이루어진다. 그런데 전자제어 제동장치가 설치된 대부분의 요즘 차량들은 이러한 상황을 VDC(Vehicle Dynamic Control) 또는 TCS(Traction Control System)가 제어조건으로 판단하고 회전하는 구동 바퀴에 제동을 걸거나 엔진제어를 실시하여 정상적인 차량의 가속을 방해한다.

이유는 차량에 장착된 VDC 및 TCS 제어 로직의 측면에서 보면 다이나모 위에서의 운전 조건은 비 구동륜의 휠 속도가 0km/h이고, 구동륜 휠 속도는 상대적으로 높게 측정되므로 이는 차량이 웅덩이에 빠져 운전자가 탈출을 위해 가속을 하고 있다고 판단을 한다. 그러므로 이러한 조건에서는 VDC 및 TCS가 자동으로 작동하여, 구동륜에 제동을 가하고, 강제로 엔진의 출력을 제한하므로 정상적인 부하검사가 불가능하다. 그래서 이러한 시스템이 장착된 차량들은 부하검사 전에 시스템이 작동하지 못하도록 검사원이 작동을 중지시키고 검사를 진행해야 한다.

이러한 일련의 행동들은 “ABS 해제”라는 용어를 사용하는데 사실 이 용어는 올바른 표현이 아니다. 차량에 적용된 ABS(Anti-Lock Braking System)는 상기와 같은 다이나모 운전 조건에서 시스템이 작동하지 않는다.

정확한 용어는 TCS(구동력 제어기능) 또는 VDC(차체 자세 제어기능)의 해제라는 용어가 좀더 적절한 표현이지만 현재 검사원 사이에서 사용되고 있는 “ABS 해제”라는 용어는 오랫동안 현장 실무에서 사용되면서 자연스럽게 자리를 잡아 사용되고 있으므로 본 책자에서도 이러한 용어의 혼선을 줄이기 위해 “ABS 해제”라는 용어를 그대로 사용한다.

2. ABS 해제 Concept의 이해

자동차의 부하검사를 위해 “ABS 해제”라는 매뉴얼의 사용에 앞서 궁금했던 사항에 대하여 몇 가지 정리를 해보겠다.

질문 : 검사장에서 부하검사를 하는데 Why? 차량마다 ABS 해제 방법이 다 틀리죠? 그리고 어떤 차량은 말도 안 되는 행동을 해야 풀리죠? 아니, 그렇게 복잡하게 만들어야 하는 이유가 궁금합니다.

답변 : 결론부터 말하면 자동차의 형식승인에 그 기준이 없다. 부하검사가 가능하도록 ABS 해제 스위치를 어떤 형식으로 차량에 만드는 것은 자동차 제조업체의 자율이다. 즉, 있어도 되고 없어도 되고 그렇다 보니 각각의 자동차 제조회사들은 저마다의 설계 Concept를 우선으로 기능을 만들고 그러다 보니 그 형태가 가지각색이다.

심지어 어떤 업체들은 일반 운전자가 절대로 해제할 수 없도록 “지령” 방식으로 만들어 놓았으며, 그 방법은 운전자에게 공유하지 않고 특수집단(개발자,시험장,A/S센터,검사장)에서 그 지령을 공유한 사람들만이 어렵게 풀 수 있도록 하였다. 이는 자동차 제조업체 별로 또는 그 업체의 차량 별로 모두 다르지만 한 가지 큰 특징은 아래와 같다.

▶ **현대, 기아, BMW, 벤츠** : 스위치 또는 메뉴를 이용하여 ABS 기능 중 일부를 운전자가 해제할 수 있으며, 그 방법은 고객의 매뉴얼에 수록되어 있다.

▶ **르노삼성, 닛산, 토요타, 폭스바겐 일부 차종** : 대부분의 차량들이 해제 스위치 자체가 없으며, 운전자가 해제를 할 수 없도록 하였다. 당연히 고객의 매뉴얼에도 해제 방법이 수록되어 있지 않다.

현재 상황이 이렇다 보니, 검사장에서는 차량 별로 ABS의 해제 방법이 모두 틀리고 그로 인해 때로는 혼란스럽기까지 하다. 그리고 이번 기회를 통해서 좀 더 시스템의 특성과 상황을 이해하여 의도하지 않게 불법으로 오해 받는 검사가 발생하지 않도록 신경 써 주길 부탁한다. 그리고 꾸준히 공부하고, 자신이 알고 있는 지식의 나눔에 인색하지 않았으면 좋겠다.

3. 이해를 돕기 위한 대표적인 전자제어 브레이크 시스템별 구성 및 해제 형태

시스템 구성	해제 방식	해제 형태	특성	부하검사 연관성
Only ABS	해제방법 없음	–	부하검사 시 영향을 주지 않음	부하검사와 무관함(그대로 검사가 가능하다)
ABS + TCS	버튼	• 푸시버튼 방식으로 눌렀다 놓으면 TCS OFF 통상 클러스터에 TCS OFF 경고등 점등	• ABS는 OFF되지 않는다. 단, TCS OFF에 놓으면 부하 검사 시 구동바퀴 좌·우의 슬립차가 생겨도 개입을 하지 않아 부하검사가 가능	• TCS OFF시키지 않은 상태에서 부하검사 시 구동 바퀴 좌·우의 슬립차가 감지되면, 엔진의 출력 저감 및 제동제어 실시로 부하검사가 불가능하다.
VDC (ABS + TCS + 차체 자세제어장치)	버튼 메뉴 지령	• 통합 해제 방식 소형·중형 승용차에 통상 많이 사용한다. (스위치 한 번 클릭으로 두 가지 시스템을 한 번에 ON·OFF)	• ABS는 OFF되지 않는다. • 구동력제어(TCS)와 차체자세제어(VDC) OFF를 구분하지 않고 두 시스템이 한 번에 ON 또는 OFF시킨다. • 이런 차량들은 스위치를 OFF시키면 클러스터에 VDC OFF 또는 ESC OFF 경고등이 점등된다.	• 한 번에 TCS & VDC가 OFF 됨으로 부하검사를 할 수 있다.
VDC (ABS + TCS +차체 자세제어장치)	버튼 메뉴	• 개별 해제 방식 중형·대형 승용차에 통상 많이 사용한다. (스위치 또는 메뉴를 가지고 각각 따로 OFF시킬 수 있다)	• ABS는 OFF되지 않는다. • 메뉴 또는 스위치를 누르고 있는 시간 타임을 가지고 TCS와 VDC를 OFF시킬 수 있다. 단, TCS는 ON시키고 VDC는 OFF되지는 않는다. 가능한 것은 TCS만 OFF시키면 VDC는 작동하지만, VDC를 OFF시키면 TCS는 자동으로 OFF된다.	• 부하검사를 하기 위해서는 VDC를 OFF시켜야 한다. 그래야 구동력 + 자세제어 시스템이 개입을 하지 않는다.
기타	1. 부하검사를 해야 하는데 ABS 해제 방법도 모르겠고 스위치도 찾을 수 없는데 부하검사 시 구동력 제어 개입으로 부하검사가 곤란한 경우 아래와 같은 방법도 있지만 권장하지는 않는다. 1) ABS 퓨즈를 제거한다. 이 방법은 모든 사람들이 잘 알고 있는 방법이지만 차량에 따라서 부담스러울 수가 있다. → 권장하지는 않는다. 2) ABS 휠 스피드 센서 Error를 내는 방법 VDC는 휠 스피드 센서의 데이터를 기반으로 작동하므로 만약 ABS 휠 스피드 이상 신호가 감지되면 VDC 기능을 자동으로 OFF시킨다. • 자동차 휠에 장착된 휠 스피드 센서 4개 중 작업이 용이한 1개 센서의 커넥터를 탈거하거나 톤 휠에서 분리한 뒤 일정거리를 주행하면 ABS는 휠 스피드 센서의 고장을 진단하고 휠 스피드 센서의 Error를 판정한다. 그러면, 휠 스피드 센서의 정보를 사용하는 모든 시스템들은 작동을 중지시킨다. 그렇게 되면, VDC 기능도 자동으로 OFF 되어 부하검사가 가능하다. • 복원은 IG를 OFF시킨 상태에서 센서를 다시 조립하고 일정거리를 주행하면 클러스터에 경고등이 소등되고 시스템이 정상적으로 작동을 한다. ※ 주의: 일부 수입차량의 경우 전용 진단기를 사용하여야 소거되는 차량도 있다.			

4. 배출가스 검사 방법에 따른 ABS 해제

검사장에 입고되는 모든 차량에 대해 ABS 해제를 해야 하는가? 답은 아니다. 차량의 구조 및 검사 방법에 따라 결정이 된다. 다음은 개략적인 이해 차원에서 대표적인 경우에 대해 정리해 보았다. 통상 차량에서 ABS를 해제하여야 하는 검사는 차량의 속도계 검사와 배출가스 부하검사를 하기 위해 롤러 및 다이나모 위에서 운전을 해야 하는 차량이다.

현재 검사장에서 사용하는 속도계 시험기 및 다이나모는 2WD 구동 차량에 한해서 검사가 가능하며, 구조적으로 2WD 구동이 불가능한 상시 4WD 차량은 속도계 시험기에서의 속도계 검사를 생략하고 배출가스 부하검사는 사용하는 연료에 따라 종합검사 기준으로 무부하 급가속 또는 TSI 검사를 진행한다.

<table>
<tr><th colspan="2" rowspan="2">사용연료 및 차량</th><th colspan="4">배출가스 검사방법</th><th rowspan="2">비 고</th></tr>
<tr><th colspan="2">무부하 검사</th><th colspan="2">부하검사</th></tr>
<tr><td colspan="2">가솔린 (LPG, CNG 등)</td><td>정지가동, TSI</td><td rowspan="2">ABS 해제 필요 없음</td><td>ASM - 아이들</td><td rowspan="4">ABS 해제 필요</td><td>정기검사, 종합검사, 차종, 차량구조 등 조건에 따라 검사방법 선정</td></tr>
<tr><td colspan="2">경유(바이오 디젤 등)</td><td>무부하 급가속</td><td>KD-147 LUG-DOWN</td><td>정기검사, 종합검사, 차종 및 차량 총중량, 차량중량/총중량 비율, 차량 구조 등 조건에 따라 검사방법 선정</td></tr>
<tr><td rowspan="2">하이브리드 (전기+가솔린)</td><td>일반</td><td colspan="2">생략(면제)</td><td>ASM - 아이들</td><td>아이들 모드 배출검사는 생략하고 주행모드 에서만 검사</td></tr>
<tr><td>플러그인</td><td colspan="2">생략(면제)</td><td>ASM - 아이들 또는 생략</td><td>HEV 버튼이 있거나, 엔진 단독 구동이 가능한 차량에 한해서 부하검사가 가능</td></tr>
<tr><td colspan="2">순수 전기차량 (연료전지 차량포함)</td><td colspan="5">생략 (면제)</td></tr>
</table>

※ 참고 : 화물차 또는 승용차 중에 전자제어 브레이크 장치가 없거나, 고장난 차량(ABS & VDC 경고등이 점등된 차량) 또는 Only ABS만 장착된 차량은 별도로 ABS 해제 작업을 진행할 필요가 없다.

그러므로 실무 현장에서는 교통안전공단에서 배포하는 자료와, 관계 법령 등에 따라 배출가스 검사방법이 모두 틀리므로 검사원은 이러한 내용을 충분히 숙지하고 검사를 진행하여야 하며, 그렇지 않고 무부하 검사 차량을 무리하게 부하검사를 하는 경우는 차량의 손상 등이 발생할 수 있고 정상적인 배출가스 검사가 진행되지 않는다.

그리고 부하검사 차량을 실수로 또는 몰라서 무부하 검사로 진행하는 경우는 감사에 적발되면 봐주기식 검사로 판단되어 행정 처분을 받을 수 있다.

5. 대표적인 자동 차 업체별 ABS 해제 방법의 특징

현업에서 자동차 부하검사를 위해 ABS를 해제 하다보면 자동차 회사별로 ABS 해제 방법에 특징을 확인 할 수 있다. 버튼 하나로 간단하게 해제가 가능한 차량도 있지만 어떤 차량들은 암호를 풀어가는 듯 황당한 방법으로 풀리는 차량도 종종 있다. 그래서 검사원들은 별도 자신만의 노트를 만들어 메모를 하고 필요한 검사원들에게 공유를 한다. 그렇다 보니 현업에 오래 근무한 검사원일수록 관련 자료를 많이 가지고 있으며, 이런 자료들은 검사업무를 수행하는데 꼭 필요한 연장과 같다.

또한 최근 들어 전국적으로 종합검사장이 많이 늘어남으로 인해서 이러한 지식과 경험을 소유한 종합 검사원들의 수요가 많이 필요 해졌다. 다음은 필자가 확인한 대표적인 ABS 해제 방법의 특징에 대해서 간단하게 정리를 해보았다.

<table>
<tr><th>구분</th><th>해제 조건</th><th>대표적인 회사</th><th>비고</th></tr>
<tr><td>버튼 방식</td><td>별도로 설치된 버튼을 짧게 또는 길게 누르는 방법으로 ABS를 해제시킬 수 있다</td><td>현대, 기아, BMW</td><td rowspan="4">해제 성공시 클러스터에 ABS 경고등이 점등된다.</td></tr>
<tr><td>메뉴 방식</td><td>고정된 스위치 없이 클러스터 또는 네비게이션 화면을 통해 ABS 해제가 가능하다.</td><td>현대 중형차 이상 BMW 신형차</td></tr>
<tr><td>지령 방식</td><td>브레이크 페달·액셀러레이터 페달 ON·OFF 횟수 및 작동순서에 의해서 ABS 해제 가능</td><td>토요타, 폭스바겐, 르노삼성자동차</td></tr>
<tr><td>퓨즈 제거</td><td>해제버튼 고장 또는 해제방법이 별도로 없는 차량을 강제로 해제 하고자 할 때</td><td>-</td></tr>
</table>

■ 정상적인 해제 방법을 무시하고 퓨즈를 강제로 제거한 후 검사를 했을 때 우려 포인트

자동차 제작사에서 권고하지 않는 비정상적인 방법(퓨즈 제거)으로 ABS를 해제하고 검사시 우려되는 사항은 차속의 신호를 받아서 사용하는 다른 시스템들이 강제 구동에 따른 시스템의 이상을 발생할 수 있으며, 그 내용은 문제가 발생된 다음에 확인이 됨으로 가능한 경험이 없는 차량들은 사전에 충분히 확인을 한 후 진행을 부탁한다.

특히 일부 수입 차량들은 이런 조건에서 경고등이 소등되지 않아 고객과 마찰이 발생할 수 있으므로 조심스럽게 판단해야 한다. 그러므로 차량별로 관련 자료를 사전에 충분히 숙지하여 정상적인 방법으로 ABS를 해제시키고 검사하는 것을 권고하며, 자료가 없거나 처음 해보는 차량은 관련 자동차 A/S 센터에 문의하여 확인한 후 검사를 해주시기 바란다.

6. 자동차 회사별 대표적인 ABS 해제 방법

(1) 현대·기아자동차

구분	NO	해당 차량	페이지	비고
현대·기아	1	DH(제네시스) (2WD)	33	메뉴 방식
	2	HG(그랜저)	35	스위치 방식
	3	스포티지(2014)	36	
	4	K5	37	
	5	아반떼(HD)	38	

현대차량은 ABS 해제 방법이 크게 메뉴 방식과 스위치 방식으로 되어 있으며, 그 내용이 사용자 매뉴얼에도 수록되어 있어 특별히 어려움 없이 해제가 가능하고, 차종이 바뀌어도 차량별로 해제 방법이 대부분 동일하므로 비교적 쉽게 ABS를 해제하고 부하검사를 진행할 수 있다. 단, 주의 사항이라고 한다면 메뉴 방식에서 부하검사를 진행할 때 다음과 같은 선택 조건에서 진행하는 것을 추천한다.

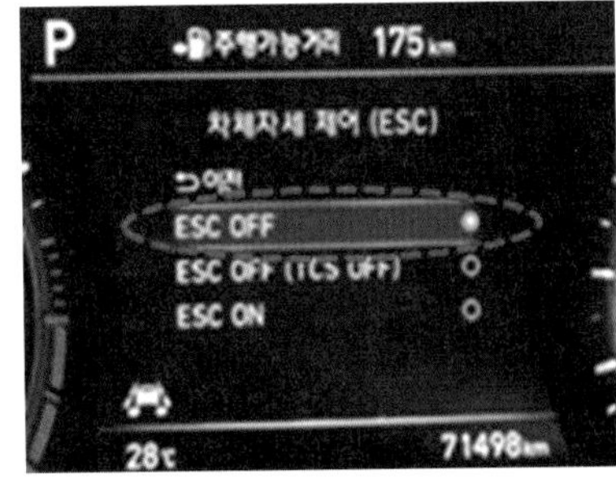

ECS OFF

차체 자세제어 기능 해제

※ ECS OFF를 한글로 해석하면 차체 자세제어 기능 해제라는 의미이다.

1. DH(제네시스) (2WD)

※ HTRAC는 상시4WD 차량이다.

▶ 속도계는 육안검사

▶ 배출가스는 무부하 검사로 진행한다.

(1) 해제방식 : 메뉴

(2) 해제 방법 및 순서

DH(제네시스) 차량은 ESC OFF 스위치가 차량의 클러스터 메뉴 안에 들어가 있다. 그러므로 다음의 순서에 따라서 ESC 기능을 OFF시키기 바란다.

1. 핸들 운전대 우측에 ① 메뉴버튼을 누른다 ② 메뉴 이동 버튼과 ③ OK 누름버튼을 이용하여 → 사용자설정 → 주행보조 또는 운전자 보조 → 차체자세제어 (ESC) 메뉴로 들어가서 ESC OFF (●) 선택
2. 롤러 위에서 천천히 가속하여 부하검사 실시
3. 해제는 설정의 역순으로 진행한다.

※ 가능한 ESC OFF를 선택한다. 만약 ESC OFF(TCS OFF)를 선택하면 TCS는 OFF 되지만 ESC(차체 자세제어 장치)는 ON 상태에 있다.

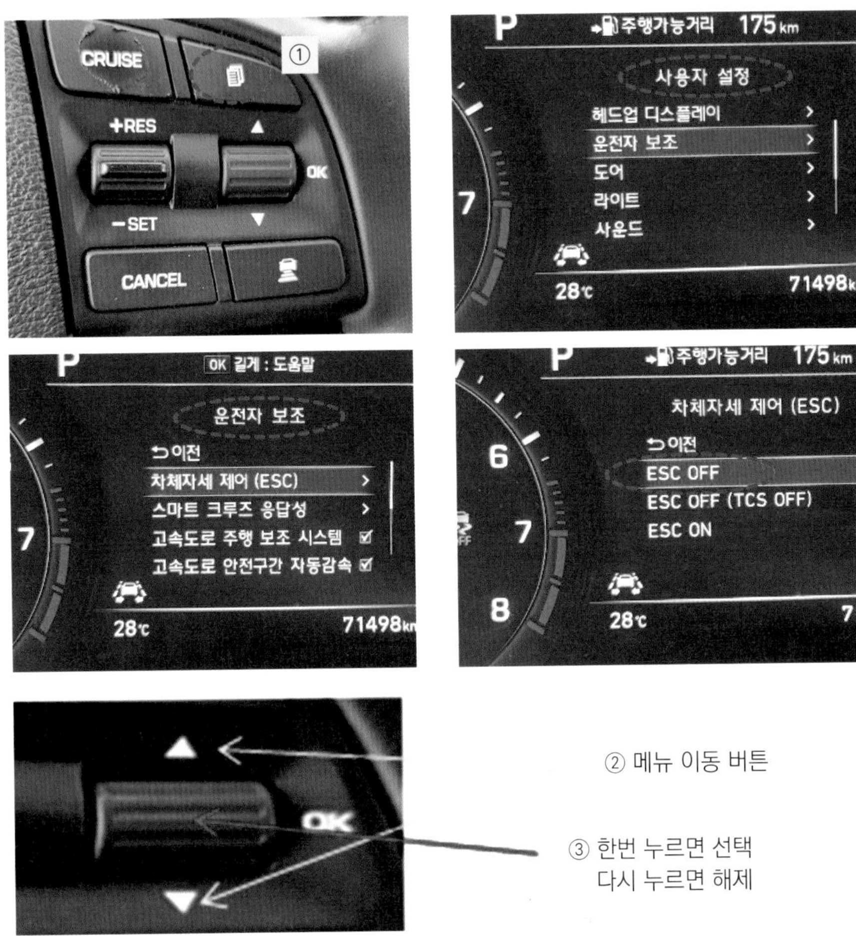

※ 주의 : 검사가 완료되면 반드시 메뉴에 들어가서 ESC 정상작동으로 설정해 놓아야 한다. IG ON·OFF로 셀프 리턴이 되지 않는다.

2. 그랜저 (HG) GRANDEUR

(1) 해제방식 : 버튼

(2) 해제 방법 및 순서

그랜저 차량은 ESC OFF 스위치가 버튼 눌림 방식이며, 운전석 오른쪽 변속레버 옆에 ESC OFF 스위치가 배치되어 있다. 부하검사를 하기 위해서는 아래와 같이 진행한다.

1. 변속레버 옆에 ESC OFF 스위치를 한 번 누르면 클러스터에 "구동력 제어 기능해제"가 뜨고 다시 이 상태에서 스위치를 계속 누르고 있으면(약 3초↑) "차체 자세제어 기능 해제"가 뜨면 부하검사 모드를 수행할 수 있다.
2. 복원 : 스위치를 다시 누르거나 IG Rest을 하면 복원된다. 단, ABS 경고등이 점등된 경우 IG를 리셋 후 정상으로 주행하면 자동으로 소등된다.

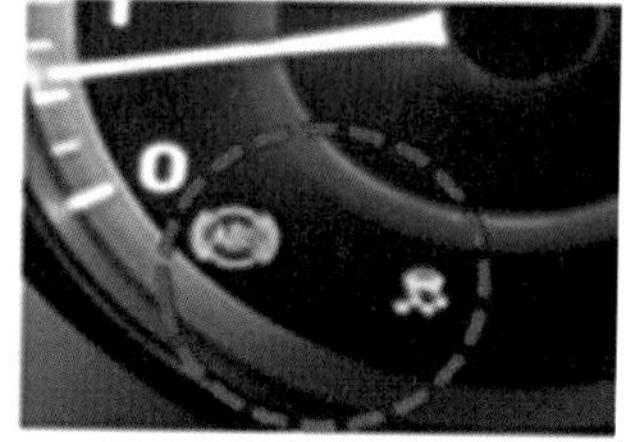

ESC OFF S/W

TCS만 OFF

TCS & ESC OFF

3. 스포티지(2014)

(1) 해제방식 : 메뉴

(2) 해제 방법 및 순서

2014년 스포티지 차량의 ESC OFF 방법은 버튼방식으로 HG 그랜져와 동일한 방법을 사용한다.

1. 핸들 운전석 좌측 무릎위에 ESC OFF 버튼을 한번 누르면 TCS(구동력제어)기능이 해제되고 계속 누르고 있으면 ESC OFF(차체자세제어)기능이 해제된다.
2. 부하검사는 ESC OFF 상태에서 실시한다.

4. K5

(1) 해제방식 : 버튼

(2) 해제 방법 및 순서

K5 차량의 ESC OFF 스위치는 운전석 왼쪽 운전자 왼쪽 무릎 상단에 스위치가 배치되어 있으며, 스위치의 조작으로 간편하게 ESC 시스템을 OFF시켜 부하모드로 진입할 수 있다.

※ 대부분의 중형 이하 승용차들은 K5 차량처럼 운전석 주변에 별도의 ESC OFF 스위치가 배치되어 있으며, 이 스위치를 이용하여, 간단하게 ESC 기능을 OFF시킬 수 있다.

1. 변속기 N & P 위치에서 ① ESC OFF 스위치를 눌렀다 놓으면 클러스터에 ② ESC OFF 경고등이 점등된다. 이 경고등이 점등되면 통상 TCS 기능과 ESC(차량 자세제어 기능)이 모두 작동되지 않는다.
2. **복원** : ESC OFF 스위치를 다시 누르거나, IG를 리셋하면 복원된다. 단, ③ ABS 경고등이 점등된 경우 IG를 리셋 후 정상으로 주행하면, 자동으로 소등된다.

① ESC OFF 버튼

② ESC OFF 경고등

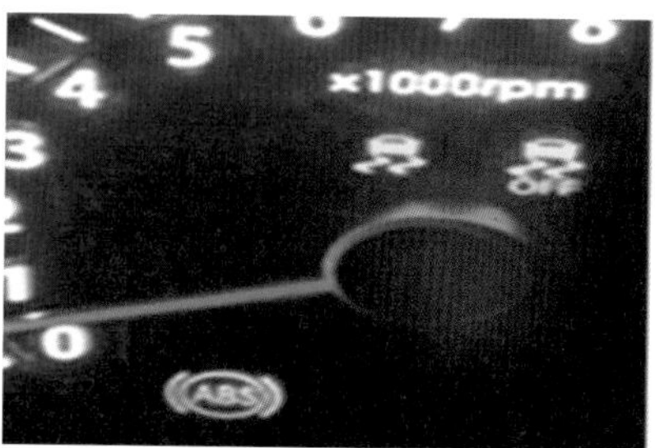

③ ABS 고장 경고등 점등

5. 아반떼(HD)

(1) 해제방식 : 버튼

(2) 해제 방법 및 순서

HD 아반떼 차량의 VDC OFF 스위치는 운전석 왼쪽 운전자 왼쪽 무릎 상단에 스위치가 배치되어 있으며, 스위치의 조작으로 간편하게 ESC 시스템의 기능을 OFF시켜 부하모드로 진입할 수 있다. 기타 기능 및 복원은 K5 차량과 동일하다.

① VDC OFF 버튼

② ESC OFF 경고등

③ ABS 고장 경고등 점등

(2) 르노삼성자동차 / 쌍용자동차 / GM대우자동차

구분	NO	해당 차량	페이지	비고
르노·쌍용·GM 대우·기타	1	SM6·QM6·르노클리오(2018)	40	지령 방식
	2	쌍용자동차 차량	42	기타
	3	말리부 2.0 디젤(2015)	44	스위치 방식
	4	쉐보레 뉴카마로(2013)	45	
	5	아베오 1.4 가솔린(2015)	46	

■ 르노삼성자동차

초창기에 검사원들이 ABS를 해제하고 부하검사를 시작할 때 유난히 힘들었던 차종이다. 필자 또한 가끔씩 르노삼성 차량이 검사를 받으러 오면 왠지 모를 신경이 쓰인다.

일단, ABS를 해제시키기 위한 별도의 스위치가 없고, 정해진 지령을 틀리지 않고 순서대로 완수해야 ABS가 해제되고, 어떤 차량들은 ECU의 업그레이드가 되지 않아 이마저도 되지 않는 차량이 있으며, 심지어 QM5 가솔린(2007~2011년 출고된) 4,807대는 차대번호가 공지된 차량은 무부하 검사를 해야 한다. 그러므로 사전에 관련 자료를 스크랩하여, 잘못된 검사가 이루어지지 않도록 해야 한다.

■ 쌍용자동차

이 회사 차량도 검사원들이 부하검사 시 헷갈리는 대표적인 차량들이다. 일단 TOD 방식 4WD는 무조건 무부하 급가속 검사차량이다, 단 파트타임 차량 중에 로디우스와 렉스턴 스포츠 170PS이 넘는 차량들은 KD-147 검사 시 변속이 잘되지 않고 차량에 이상 징후가 발생되는 차종으로 통상 무부하 급가속으로 검사를 진행한다.

■ GM대우자동차

대부분 ABS 해제 스위치가 별도로 분리되어 있는 경우가 많아 무리 없이 해제가 가능하다.

■ 르노삼성자동차

1. SM6·QM6 르노 클리오 (2018)

▶ 사전준비 작업 : 주차해제, 시동 OFF, 문 여닫음

(1) 해제방식 : 지령

(2) 해제 방법 및 순서

SM6·QM6 차량 등은 별도의 ESC OFF 스위치가 없는 대표적인 차종이므로 속도계 검사 및 부하검사 시 필히 다음의 순서에 따라서 ESC 기능을 OFF시키고 성공이 되었을 때만 부하검사를 하여야 한다. 만약 ESC OFF 모드 진입에 성공하지 못한 경우에는 부하검사를 할 수 없다.

1. 일반 KEY 타입 차량

① IG ON ⏻

② 브레이크 ON 상태에서(유지) + 액셀러레이터 페달을 깊게 3번 밟았다 놓는다.

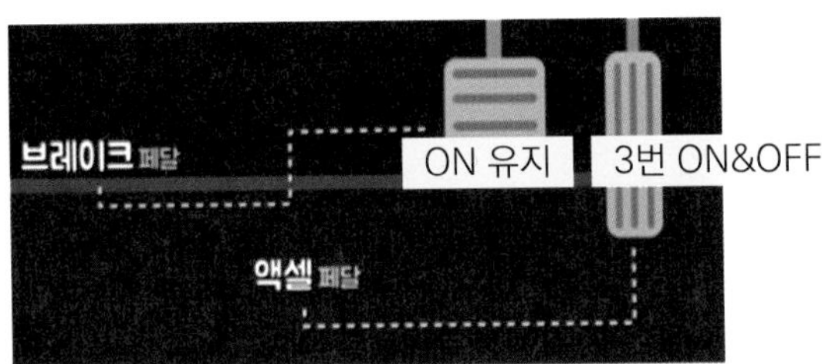

③ 브레이크 OFF 상태에서 액셀러레이터 페달만 깊게 3번 밟았다 놓는다.

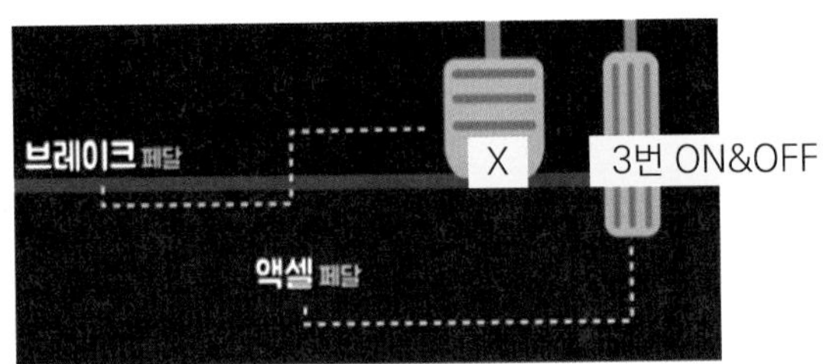

④ 브레이크 ON 상태에서(유지) + 액셀러레이터 페달을 깊게 3번 밟았다 놓는다.

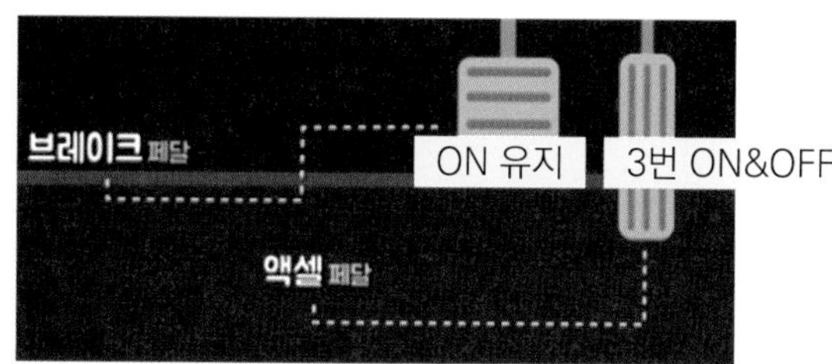

⑤ 부하모드 진입 성공 시 엔진 경고등( )이 점멸된다.
⑥ 엔진 시동 후 부하검사 실시 → 엔진 경고등이 소등된다.

2. 스마트 KEY 타입 차량

① 브레이크 페달을 밟지 않고 IG ON
② ②번부터는 일반 KEY 타입과 동일하다.

3. 부하모드 해제 방법

시동 OFF + 40초 후에 재시동 실시 → OK

※ 주의 : 부하모드 진입 불가 차량은 센터에 방문하여 프로그램을 업그레이드 실시한 후 다시 검사를 받는다.

■ 쌍용자동차

1. 쌍용자동차 RV 일반

(1) 해제 방법 및 순서

▶ 쌍용자동차 부하검사 불가 차량

쌍용자동차는 초기 럭다운에서 → 현재 KD-147로 부하검사 모드가 변경 되었다. DI 엔진에서는 TOD(상시 4륜), ESP, ABS(4바퀴 스피드 센싱 해당) 옵션 장착 차량에서는 배출가스 정밀검사 시 럭다운 모드(구동 롤러 약 4,000RPM)로 검사가 불가하며, 특히 일부 차량에서는 ESP 스위치 OFF 또는 ABS 퓨즈를 제거한 이후 검사가 가능하다.

엔진구분	해당차종	변속기	구동방식	검사가능 유무	ESP 스위치	ABS 퓨즈	비고
5기통	렉스턴2 뉴렉스턴 로디우스 카이런	DC5단 A/T	상시 4륜	불가	-	-	TOD
			선택 4륜	불가	-	-	TCU 프로그램 영향
			2륜	가능	OFF조건	제거할 것	-
	이외 로디우스·뉴렉스턴 170마력(엔진 RPM 제어) 해당 전차종						
4기통	렉스턴 스포츠 카이런	4단 A/T	선택 4륜	가능	OFF조건	제거할 것	-
			2륜	가능	OFF조건	제거할 것	-
	카이런	5단 A/T	선택4륜	불가	-	-	TCU 프로그램 영향

배출가스 정밀검사 시 럭다운(LUG DOWN) 모드 테스트가 불가한 차량은 무부하 급가속 모드로 4,000RPM이하 최대 RPM에서 검사를 실시(한국교통안전공단 지침)

3. 체어맨 구형

(1) 해제 방법 및 순서

구형 체어맨은 별도의 ABS 해제 스위치가 없다. 그래서 후륜을 서서히 구동시켜 ABS 페일을 만들고 검사를 진행하거나 아니면 ABS 퓨즈를 제거 하여야 한다.

▶ 엔진 룸 내부 퓨즈 박스에서 30A 퓨즈 제거

※ 퓨즈 제거는 반드시 엔진 시동을 OFF시킨 후 실시하여야 한다.

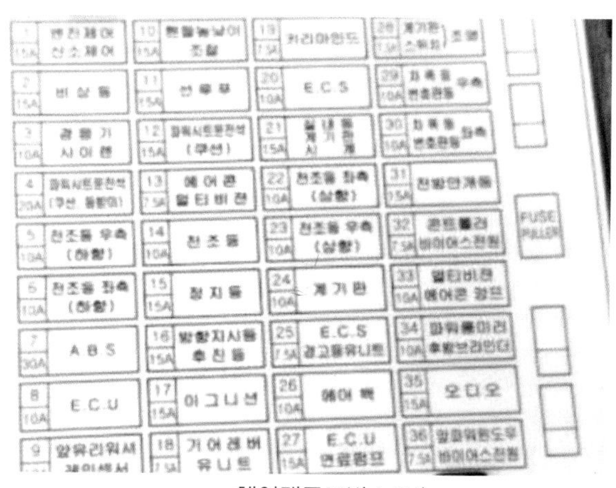

체어맨퓨즈박스6번

4. 코란도 스포츠(2WD 구동 가능 차량)

(1) 해제 방법 및 순서

쌍용자동차의 차량 중에 ESC OFF 스위치가 작동되지 않거나 또는 OFF시켜도 가속이 되지 않는 차량은 ABS 퓨즈를 제거하고 검사를 진행하면 된다. 단, 주의할 사항은 퓨즈를 빼기 전에 이 차량이 2H 모드로 구동이 가능한 부하검사 차량인지 "꼭" 확인을 하고 검사를 진행하여야 한다. 그렇지 않고 앞뒤 안 가리고 가속이 안 된다고 ABS 퓨즈를 제거하고 무리한 검사를 하면 안 된다.

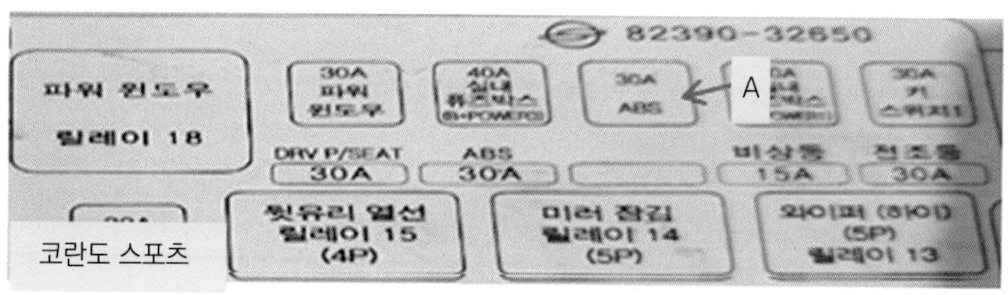

코란도 스포츠

■ GM대우자동차 · 기타

1. 말리부 2.0 디젤(2015)

(1) 해제 방법 및 순서

말리부 디젤은 ESC OFF 스위치를 작동시키는 방법과 ABS 퓨즈를 제거하고 검사를 진행하는 방법이 있다.

1. ESC OFF 스위치를 이용한 방법

① ESC OFF 스위치를 길게 누르면 TCS 기능이 OFF된 후 자동차 슬립 OFF 경고등이 점등된다. 이 상태에서 부하검사가 가능하며, 예열 모드 시 클러스터에 각종 경고등 점등이 점등된다.

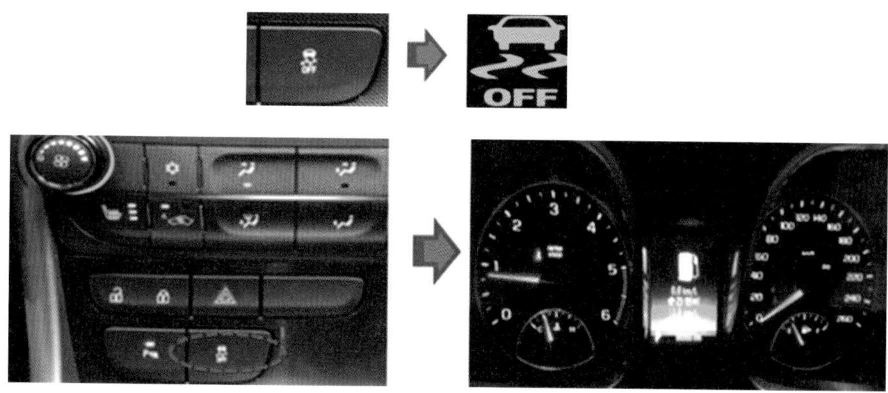

② 복원 : IG를 리셋시킨 후 주행하면 경고등이 소등된다.

2. ABS 퓨즈를 제거하는 방법

어떤 이유로 ESC OFF 스위치가 해제되지 않을 경우 엔진룸 퓨즈박스 내에서 ABS 퓨즈를 제거한다.

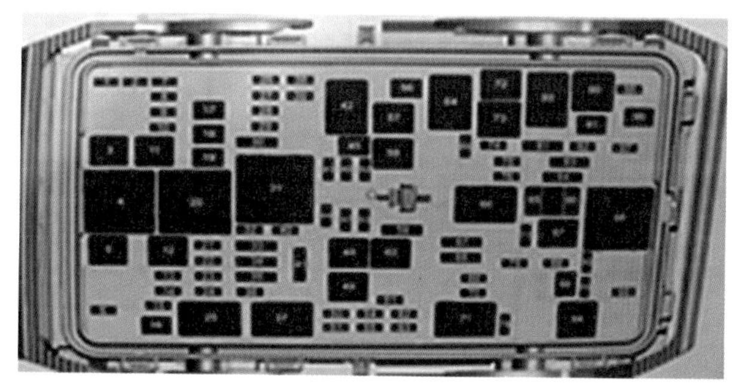

ABS 퓨즈 위치를 확인한 후 IG를 OFF시킨 후 해당 퓨즈 를 제거한다.

2. 쉐보레 뉴카마로

(1) 해제 방법 및 순서

ESC OFF 스위치 작동 → 클러스터 경고등 점등 → 부하검사 가능

3. 아베오 1.4 가솔린

(1) 해제 방법 및 순서

콘솔 박스의 ESC OFF 스위치 누르면 클러스터에 TC 경고등 이 점등되고 4~5초 정도 누르고 있으면 ESC OFF 경고등이 점등된다 → 부하검사 가능

(3) 수입 차량

<table>
<tr><th>구분</th><th>NO</th><th>해당 차량</th><th>페이지</th><th>비고</th></tr>
<tr><td rowspan="8">수입 차량</td><td>1</td><td>벤츠 S350</td><td>47</td><td>메뉴 방식</td></tr>
<tr><td>2</td><td>BMW 740e (신형 7시리즈차량)</td><td>48</td><td rowspan="2">스위치 방식</td></tr>
<tr><td>3</td><td>BMW 320i(Z3/528i/320d)</td><td>50</td></tr>
<tr><td>4</td><td>BMW 520d (2019)</td><td>51</td><td>메뉴&스위치</td></tr>
<tr><td>5</td><td>폭스바겐(Passat CC·Golf·Polo·Jetta·Beetle)·아우디 A6 35 TDI</td><td>52</td><td rowspan="4">지령 방식</td></tr>
<tr><td>6</td><td>렉서스 ES350(2008) / 캠리 (2008년식)</td><td>53</td></tr>
<tr><td>7</td><td>렉서스 ES300h 하이브리드
• 캠리 하이브리드(2012)</td><td>55</td></tr>
<tr><td>8</td><td>• 토요타 프리우스(하이브리드)</td><td>56</td></tr>
</table>

■ 벤츠·BMW·폭스바겐

유럽에서 수입된 대부분의 차량들은 폭스바겐 일부 차종을 제외하고, 운전자가 필요에 따라 쉽게 VDC 시스템을 ON·OFF시킬 수 있도록 하였다. 이유는 통상적으로 유럽 운전자 중 일부는 드라이빙 퍼포먼스를 즐기는 사람들이 많고, 이런 운전자들에게는 안전을 위해 운전자 의지에 관계없이 스스로 개입하는 VDC는 드라이빙 퍼포먼스를 방해함으로, 이런 경우 VDC의 개입을 하지 못하도록 스위치를 만들어 놓았다. 그 나라의 문화적인 특성이며, 현대·기아자동차도 이런 측면에서는 유럽의 방식을 따라가고 있다.

■ 토요타·렉서스 차량

최근에 출시되는 차량을 보면 차량을 개발할 때부터 운전자가 VDC를 OFF시킬 수 없도록 설계한 스타일이다. 이 또한 문화적인 차이인 것 같다. 안전장치인 VDC 시스템을 구태여 운

전자가 해제할 이유가 없다고 판단한 것이다. 단, 특수목적(배출가스 형식승인을 위한 다이나모 검사 또는 전자제어 제동장치 이상유무의 점검이 필요한 A/S 센터, 검사장의 부하검사)에 한해서 VDC를 해제할 수 있도록 지령방식으로 복잡하게 만들어 놓은 것이 특징이다.

■ 벤츠 BMW 폭스바겐

1. 벤츠 S350 (2015)

※ 4MATIC은 상시 4WD 차량이다.

▶ 속도계는 육안검사

▶ 배출가스는 무부하 검사를 한다.

(1) 해제방식 : 메뉴

(2) 해제 방법 및 순서

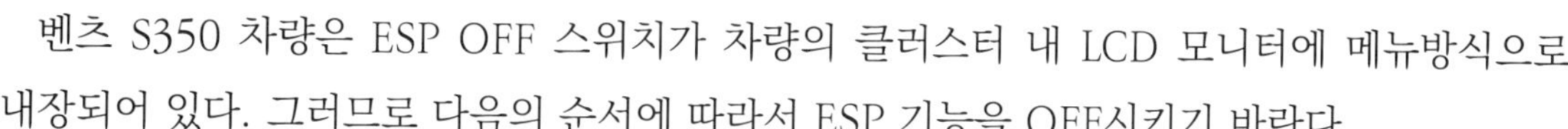

벤츠 S350 차량은 ESP OFF 스위치가 차량의 클러스터 내 LCD 모니터에 메뉴방식으로 내장되어 있다. 그러므로 다음의 순서에 따라서 ESP 기능을 OFF시키기 바란다.

1. 변속레버 N단 또는 P단에 위치시키고 센터 콘솔 ①의 홈 버튼을 누른다.
2. ②의 메뉴 이동버튼을 이용하여 설정에 놓고 OK → 보조 장치 OK → ESP OK → 시스템 OK
3. 클러스터 ⑤의 ESP 해제완료 경고등이 점등된 후 부하검사가 가능하다.
4. **복원** : 설정의 역순 또는 IG를 리셋하면 복원된다.

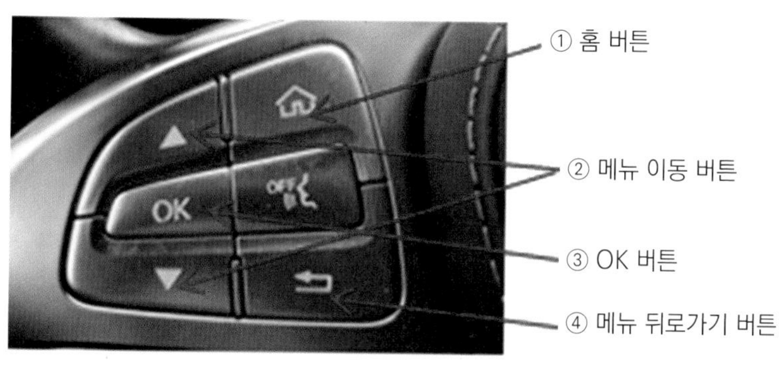

※ 주의 : 검사 끝나고 ESP 복원은 메뉴에 들어가서 ESP ON으로 설정 또는 IG를 리셋하면 클러스터에 경고등이 소등되고 ESP 시스템은 정상적으로 자동 복원된다. 또한 속도계 검사 시에도 ESP 기능을 OFF시키고 진행하여야 한다.

2. BMW 740e (신형 7시리즈차량)

▶ 비슷한 차종 : 신형 BMW 7시리즈

(1) 해제방식 : 스위치

(2) 해제 방법 및 순서

BMW 740e 차량은 DSC OFF 스위치가 차량의 센터 콘솔 변속레버 좌측에 별도로 설치가 되어 있다. 따라서 부하검사시 DSC 기능을 OFF시키기 바란다.

1. 변속레버 N단 또는 P단에서 센터 콘솔의 ① DSC버튼을 짧게누른다. ② 클러스터에 경고등점등 및 "다이나믹 트랙션 컨트롤 활성화됨" 글자가 디스플레이 된다.

2. 다시 ① DSC버튼을 길게누른다(약5초) ③ 센터페시아 디스플레이에 DSC OFF글자가 디스플레이 되고 ④클러스터에 DSC OFF 글자가 점등 된다.
이상태에서 → 부하검사를 진행한다.

※ 주의 : 검사가 끝나고 ESC 기능의 복원은 메뉴에 들어가서 ESP ON으로 설정 또는 IG를 리셋하면 클러스터에 경고등이 꺼지고 ESP 시스템의 정상 복원 후 출고 또는 ABS 경고등이 점등이 유지된 상태에서는 고객에게 정상 주행을 하면 소등된다는 부연 설명을 해 주기 바란다.

3. BMW 320i (2007년)

▶ 비슷한 차종 : Z3, 528i, 320d

(1) 해제방식 : 버튼

(2) 해제 방법 및 순서

BMW 320계열과 528 계열의 차량들은 DSC OFF 스위치를 통해서 ABS 기능을 해제시킬 수 있다. 단, 차종 별로 스위치 명칭이 조금씩 다르므로 이점 참고하기 바란다.

1. 변속레버 N단 또는 P단에 위치시킨다.
2. ABS 해제 ① DTC 스위치를 3~5초 이상 누르고 있으면 클러스터에 삼각형 모양의 해제 경고등이 점등된다. 그러면 이 상태에서 부하모드 검사가 가능하다.
3. 복원 : IG 리셋 후 재시동 하면 자동으로 복원된다.

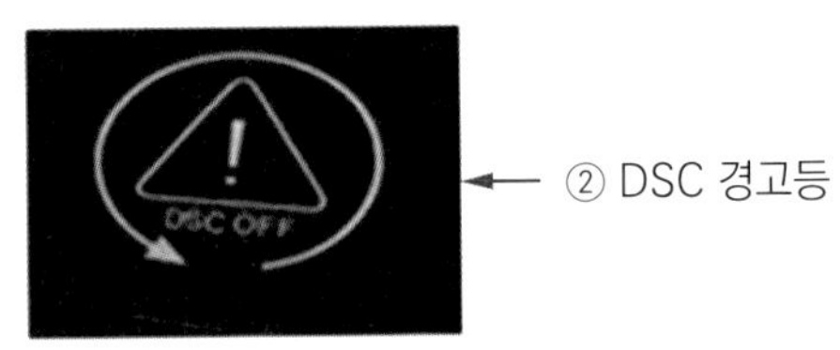

DTC(Dynamic Traction Control) → 구 동력제어
DSC(Dynamic Stability Control) → 차체 자세제어

※ 주의 : DTC 스위치를 3초 이하로 짧게 누르면 TCS 기능이 활성화 된다. 이 상태에서 부하검사를 시행하면 안 된다. 반드시 3초 이상 길게 눌러서 DSC 기능을 OFF시켜야 하며, DSC 기능이 OFF되면 클러스터에 위에 ② 삼각형 모양의 경고등이 점등된다. 그래야 정상적인 부하검사가 가능하다.

4. BMW 520d (2019년)

(1) 해제방식 : 메뉴

(2) 해제 방법 및 순서

BMW 520d(2019) 차종은 ESC OFF 버튼 외에 클러스터의 메뉴를 이용하여 다이나모 모드에 설정하면 부하검사가 가능하다. Key ON 상태에서 클러스터 좌측 하단의 버튼을 길게 누르고 있으면 RPM 게이지 부분에 메인 메뉴가 표출된다. 다시 버튼을 짧게 눌러 선택항목을 이동하여 섀시 다이나모 모드가 나오면 모드를 선택한 후 다시 버튼을 눌러 모드를 설정한다.

그러면 클러스터에 ESC OFF 경고등이 점등 된다. 이 상태에서 엔진의 시동을 걸고 주행하면 부하모드 검사가 가능하다. 단, 부하검사 중 차체가 흔들려 조향 핸들의 조작 등이 발생하면 안전 모드로 전환되어 다이나모 모드가 해제되며, 이런 경우 처음부터 다시 설정을 하고 진행을 하여야 한다. 부하검사 후 IG를 리셋하면 모든 경고등이 소등된다.

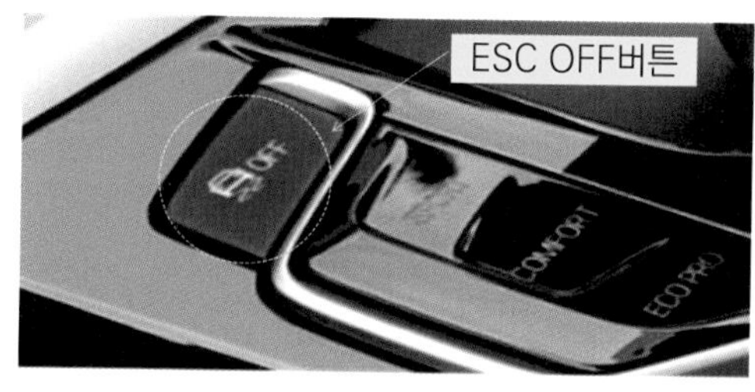

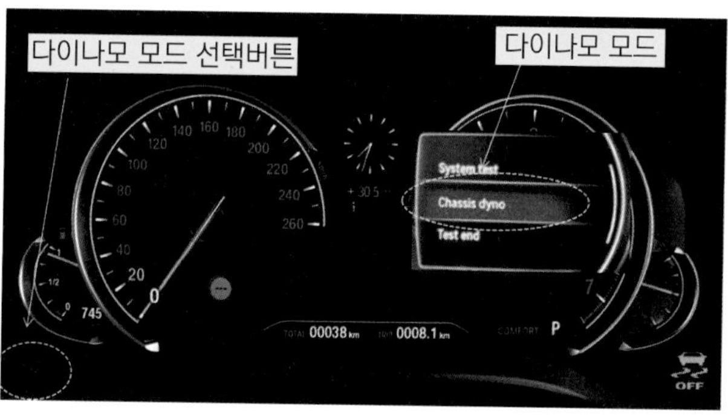

※ 최근 출시되는 차량 중에 ESC OFF 버튼 외에 다이나모 모드 선택기능이 있는 차량은 가능한 한 다이나모 모드 조건에서 부하검사를 진행하기 바란다.

5. 폭스바겐

▶ 차량 : Passat CC, Golf, Polo, Jetta, Beetle, Arteon 2.0TDI
아우디 A6 35, TDI

(1) 해제방식 : 메뉴

(2) 해제 방법 및 순서

폭스바겐 차량들은 대부분 별도의 ESC OFF 스위치가 없는 대표적인 차종이다. 그러므로 속도계 검사 및 부하검사 시 필히 다음의 순서에 따라서 ESC 기능을 OFF시키고 성공이 되었을 때만 부하검사를 진행하여야 한다. 만약 ESC OFF 모드의 진입에 성공하지 못했다면 부하검사를 할 수가 없다.

1. 스마트 KEY 차량

① IG ON ⏻ (스마트키를 확실하도록 깊게 삽입한다. 시동키 눌러지기 전까지)

② 비상등을 ON (부하검사 끝날 때 까지 점등 유지)

③ 액셀러레이터 페달을 깊게 5번 밟았다 놓는다(마지막 OFF)

④ 브레이크 ON 상태에서(유지) + 엔진 시동 

\+ 

⑤ 부하 모드 진입 성공 시 클러스터에 ABS 경고등이 점등된다. 

2. 부하 모드 해제(정상 복원)

IG 리셋 후 엔진을 시동한다.(클러스터 내 경고등이 소등되었는지 확인한다)

6. 렉서스 ES350 (2008)

▶ 동일차종 : 캠리(2008), 마크X

(1) 해제방식 : 지령

(2) 해제 방법 및 순서

렉서스 ES350 차량 등은 별도의 ESC OFF 스위치가 없는 차종이므로 속도계 검사 및 부하검사 시 필히 다음의 순서에 따라서 ESC 기능을 OFF시키고 성공이 되었을 때만 부하검사를 하여야 한다. 만약 ESC OFF 모드의 진입에 성공하지 못하였다면 부하검사를 할 수 없다.

1. 부하 모드 진입 순서 및 방법

※ 준비 : 엔진 시동이 OFF되어 있어야 하고 문이 모두 닫힌 상태(보닛도 닫혀 있어야 한다)

① P단 + 주차 ON + 브레이크 ON + 엔진 시동

② 브레이크 2회{ON·OFF → ON(유지) 상태에서}

③ 주차 브레이크 2회{ON·OFF → ON(유지) 상태에서}

④ 다시 브레이크 2회{OFF·ON → OFF·ON}

⑤ 계기판에 ESC 경고등이 점등되면 부하검사 가능

⑥ **복원** : IG를 Reset시킨 후 엔진을 시동한다.

7. 토요타·렉서스 ES300 하이브리드

▶ Nx 300h, CT 200h, 캠리(2012), 하이브리

(1) 해제방식 : 지령

(2) 해제 방법 및 순서

렉서스 ES300h 하이브리드 차량 등은 별도의 ESC OFF 스위치가 없는 차종이므로, 속도계 검사 및 부하검사 시 필히 다음의 순서에 따라서 ESC 기능을 OFF시키고, 성공이 되었을 때만 부하검사를 하여야 한다. 만약 ESC OFF 모드 진입에 성공하지 못하였다면 부하검사를 할 수 없다.

1. 부하모드 진입순서 및 방법

※ 준비 : 엔진 시동이 OFF되어 있어야 하며, 문이 모두 닫힌 상태에서 변속기는 P단에(보닛도 닫혀 있어야 한다)

① 브레이크 페달을 밟지 않고 스타트 버튼 2회 클릭

  +  = 클러스터 ON(IG ON)

② 현재 P단에서 브레이크 페달을 밟지 않고, 액셀러레이터 페달 2회 ON, OFF

③ 브레이크 페달을 밟고 변속기어 “N”단 위치 후 브레이크 페달을 놓고 액셀러레이터 페달 ON, OFF 2회

④ 브레이크 페달을 밟고 변속기어 “P”단 위치 후 브레이크 페달을 놓고 액셀러레이터 페달 ON, OFF 2회

⑤ 계기판에 “Maintenance mode” 또는 FWD(구 버전) 디스플레이

⑥ 브레이크 페달을 밟고 + 시동실시 = ESC 경고등 OFF 점등. 클러스터에 ESC 경고등이 점등되면 부하검사가 가능하다.

⑦ 복원 : IG Reset 후 엔진 재시동

7. 토요타 프리우스 (하이브리드)/ RAV4 (하이브리드4WD) 후륜 모터방식 NX300h(하이브리드4WD) 후륜 모터방식

(1) 해제방식 : 지령

(2) 해제 방법 및 순서

토요타 프리우스 하이브리드 차량 등은 별도의 ESC OFF 스위치가 없는 차종이므로, 속도계검사 및 부하검사 시 필히 다음의 순서에 따라서 ESC 기능을 OFF시키고, 성공이 되었을 때만 부하검사를 하여야 한다. 만약 ESC OFF 모드 진입에 성공하지 못하였다면 부하검사를 할 수가 없다.

1. 부하모드 진입순서 및 방법

※ 준비 : 엔진 시동을 OFF시키고 문이 모두 닫힌 상태에서 변속기는 P단에(보닛도 닫혀 있어야 한다)

① 브레이크 페달을 밟지 않고 IG ON

 = 클러스터 ON(IG ON)

② 현재 변속기어 "P"단 위치에서 브레이크 페달을 밟지 않고 액셀러레이터 페달 ON, OFF 2회

③ 브레이크 페달을 밟고 변속기어 "N"단에 위치시킨 후 브레이크 페달을 놓고 액셀러레이터 페달 ON, OFF 2회

④ 브레이크 페달을 밟고 변속기어 "P"단에 위치시킨 후 브레이크 페달을 놓고 액셀러레이터 페달 ON, OFF 2회

⑤ 클러스터 메인 표시 창에 하이브리드 경고등의 점등을 확인(자동차 모양에 느낌표)한다.

⑥ 브레이크 페달을 밟고 + 시동 실시 → 부하모드 검사 가능

⑦ **복원** : IG Reset

Part 03

상용차 럭다운 부하검사

대형차량 LUG Down 모드검사 Manual

매뉴얼 사용에 대하여

본 교재는 필자가 대형 검사장에 입사한 후 처음으로 접하는 대형트럭 종합검사를 하면서 나름대로 작성한 「럭다운 검사모드 매뉴얼」이다. 본 매뉴얼의 사용에 있어 다음과 같이 몇 가지 유념사항을 기록한다.

(1) 본 매뉴얼은 상용검사소 대형 입문 신입 종합검사원 실무 습득 목적으로 만들었다.

(2) 교재에 기술된 기술적인 내용과 경험은 필자의 생각과 지식을 기준으로 작성된 내용이며, 일부 본의 아니게 내용의 오류가 있을 수 있다. 혹, 잘못된 내용은 E-mail : kimyc35@hanmail.net을 보내오면 검토 후 반영하겠다.
네이버밴드 : 실전자동차 검사원 밴드

(3) 내용의 전개는 대형 종합 신입 검사원 입문 초기에 최소한의 차량 조작법 및 요령에 대해 간략하게 기술하였다. 실전 경험은 단순한 매뉴얼 습득에서 오는 것이 아니라, 꾸준한 연습과 집념으로 모르는 것은 배우고 아는 지식은 나누어 주는 과정에서 진정한 실력이 쌓을 수 있다고 판단된다.

(4) 이 교재를 참고하여 만약, 연습 중 차량 또는 안전사고가 발생할 경우, 상황에 따라 검사원 능력의 편차가 있을 수 있으므로 귀책 사유는 당사자에게 있음을 밝힌다.

그다지 넉넉치 않는 연봉으로 전국 민간 검사소에서 묵묵히 맡은 바 책임을 다하는 선후배 검사원님들께 진심으로 감사를 드린다.

고맙습니다.

럭다운 모드 검사 시 공통 주의사항 

1. 다이나모 위에 차량 진입 및 안착

시험에 앞서 가장 중요한 사항으로 다음 사항에 대해 확실하게 세팅을 하고 검사를 진행하여야 한다.

대형 다이나모는 일반적으로 그림처럼 3축 롤러 형태로 구성되어 있다.

구동륜(일반적으로 후륜)을 1축과 2축 사이에 올리고 비 구동륜(3축 이상인 경우)은 3축의 롤러 위에 올려놓는다. 이때 좌우 바퀴가 가능한 다이나모 커버(노란 점선)에 간섭되지 않도록 좌우 안쪽 바퀴가 커버에서 동일한 간격으로 이격 되도록 차량을 직진 상태로 운전하여 진입하고 한쪽으로 편중 되었다면 다시 차량을 움직여 똑바로 안착을 해야 한다. 그렇지 않은 경우 다이나모 구동 중에 안쪽바퀴가 다이나모 커버에 간섭되면 타이어가 터지는 사고가 발생한다.

3축 차량 중 공축(가변축)은 롤러 진입 시 반드시 상승한 상태에서 진입을 하여야 한다. 하강 상태로 진입 시 구동 바퀴가 롤러에 정상적으로 안착이 되지 않아 출력 부족의 현상을 발생할 수 있다.

1) 노치가 있는 차량(후륜 2축 구동이 가능한 차량)

대형트럭 중 3축인 차량 중에서 후륜 2축이 구동 가능한 차량이 있다. 즉, 운전석에서 승용차 수동 4륜 기어 넣고 빼듯이 노치라는 것을 넣다뺏다 할 수 있다. 통상 주행 시 노치를 사용하지 않지만 노치가 들어간 상태에서 빠지지 않는 차량(고장) 또는 운전자가 어떤 일로 잠시 집어놓고 빼지 않은 경우 등이 있다.

이러한 차량(노치가 들어가 있거나, 노치가 고장으로 항시 작동되는 차량)들은 다이나모 진입 전에 제동력 시험기에서 간단하게 확인이 됨으로 잘 확인 하였다가 상기와 같이 문제의 차량이라 판단되면 노치를 풀고 또는 수리 후 다이나모에 진입을 하여야 한다.

그렇지 않은 경우 럭다운 모드에 정상적으로 진입할 수 없다. 대형차는 무조건 다이나모에 올려 차량을 구동하는 것이 중요하지 않고 사전에 문제가 없는 차량을 정확하게 판단하고, 검사를 진행하는 요령이 선행되어야 한다. 이러한 상황을 모르고 럭다운 시험 시 문제가 발생하면 경제적인 손실과 손발이 고생을 한다.

2) 노치가 정상으로 풀려있는지 확인하는 방법

제동력 시험기에서 2축을 올려놓고 리프트가 내려가면 시험기의 롤러가 회전하고 이때 브레이크 페달을 밟지 않았을 때 프리로드 제동력이 좌·우 동일하게 걸리는 경우 노치가 들어가 있거나, 들어간 상태에서 빠지지 않은 차량일 확률이 크므로 확인한 후 다음의 검사를 진행한다.

2. 고임목 설치

반드시 앞바퀴에 고임목을 설치하여야 한다. 특히 엔진 마력이 400PS를 넘어가는 차량은 가능한 앞바퀴 좌·우 각각 1개씩 2개를 고임목을 권장한다. 그리고 트랙터 차량은 마력은 높은 반면 뒤쪽에 무게가 실리지 않아 차량을 확실하게 고정시키지 않으면 앞으로 튕겨 나갈 수 있으므로 아래의 사진과 같이 사전 작업을 하여야 한다.

앞바퀴 좌·우에 1개씩 고임목을 고인다. 롤러에 리프트를 하강한 후 트랙터 뒤쪽 프레임과 검사장 바닥의 앵커에 X 바를 설치한다.

3. RPM 센서 설치 및 확인

그 다음 중요한 것으로 럭다운 시험은 엔진 RPM 센서를 잘 설치하는 것이다. 현재 검사장에서 엔진의 RPM 측정은 보통 2가지 방식으로 하며, 다음과 같은 특징이 있다. 사전에 내용을 숙지하여 시험 중에 문제가 발생되지 않도록 하여야 한다.

1) RPM 계측 센서의 종류

OBD II 연결 RPM 센서

진동 센서 방식 RPM 센서

OBD 단자에 꼽으면 단자에서 출력되는 엔진 RPM의 신호를 와이파이로 연결하여 장비의 PC로 전송하며, 한 번 연결되면 특별한 트러블이 없이 정확하게 작동을 한다. 하지만, 통상 대우 상용차와 수입차들은 CAN DB가 호환되지 않아 사용에 제약이 있다. 주의 할 점은 특별이 없지만. ABS에서 차량의 자기진단을 실시했을 때 엔진 쪽의 진단이 되지 않거나 통신의 불량이 발생하는 차량은 일반적으로 RPM의 측정이 되지 않는다. 미련을 버리고 진동 센서를 장착하여 계측을 하여야 한다.

2) 진동 센서 장착을 통한 RPM 계측

호환성이 가장 좋으며, 대부분의 엔진에 부착하여 엔진의 RPM을 측정하는 편리함도 있지만, 엔진의 종류, 센서의 부착 위치, 센서의 노후와 등등으로 말썽도 많고 트러블이 잦은 계측 장비 중 하나이다. 하지만. 현재로서는 OBD로 측정할 수 없는 차량은 선택에 폭이 없다. 무조건 잘 설치하여 엔진의 RPM을 계측하여야 럭다운 검사를 진행할 수가 있다.

다음 장은 간단하게 일반적인 RPM 센서의 장착위치 및 트러블 발생 시 조치 방법에 대해 정리해 보았다.

3) 진동 RPM 센서의 작동 원리 및 장착 포인트

진동 RPM 센서의 내부에는 진동 소자(가속도 센서)가 내장되어 있으며, 엔진에서 발생하는 폭발 진동을 주파수로 변환하여, 분당 RPM으로 출력하는 방식으로 엔진에 붙이는 센서는 진동신호를 검출하여 RPM 센서의 본체로 보내는 역할을 한다. 그러므로 엔진의 폭발 진동이 주변 떨림의 노이즈 없이 잘 계측 될 수 있는 곳에 설치하여야 한다.

다음의 순서는 RPM 계측이 잘되는 순위 별로 나열한 것으로 차량에서 쉽게 장착 할 수 있고 순위가 높은 곳부터 장착을 하는 것이 유리하다.

① 엔진 인젝터 분사 파이프(마이티, 메가트럭 등 클립(집게 팔)을 이용하여 장착용이)
② 엔진 블럭 측면 및 엔진 탈착 체인 고리
③ 오일 팬 엔진오일 교환 플러그(볼트 머리)
④ 평탄한 엔진 오일 팬 하부 & 측면
⑤ 엔진 오일 팬 고정용 볼트 머리

⑥ 실린더 헤드 커버 고정 볼트 머리

⑦ 엔진 오일 게이지 집어넣는 케이스 측면

※ 공통 주의 사항 : ①, ⑦ 을 제외하고 센서 접촉부위가 가능한 평탄한 곳에 기름기를 제거하고 장착한다.

4) 대표적인 발생트러블 및 대처방법

① 아이들 RPM(450~600)이 고정된 상태에서 액셀러레이터 페달을 밟아도 전혀 변화가 없는 경우

접촉 부위에 엔진 진동의 변화가 약한 경우이다. 접촉 부위 청소 및 밀착이 잘 되도록 접촉하여야 한다. 그래도 안 되면 다른 부위로 센서를 옮겨 장착한다.

② 엔진 RPM이 "0"인 상태에서 전혀 변화가 없는 경우

센서 본체의 전원 리셋 후에도 동일한 경우 센서의 장착 위치 변경 또는 센서에 붙이기 전 센서 몸체가 적색불이 점등되고 붙이고난 후 황색불로 바뀌는지 확인하여야 하며, 계속 적색불이면 센서를 교환하여 계측을 실시한다.

③ 엔진 RPM이 나왔다 안 나왔다 하는 경우

센서의 접촉상태가 불량인 경우가 많다. 센서의 접촉부위 청소상태를 확인하고 센서가 평탄한 곳에 안착할 수 있도록 하여야 한다.

④ 엔진 RPM의 값이 아이들 상태에서 높게 측정되는 경우

센서 탈거·센서 본체의 전원을 리셋한 후 센서 본체에 디스플레이 값이 준비로 표시되는 경우 정상이다. 차에 설치하지도 않았는데 RPM이 계측되는 경우는 통상 센서 케이블에서 노이즈가 발생되는 경우이다. 이러한 경우 몇 번 리셋을 해보고 그래도 현상이 동일하면 센서를 교체하여야 한다.

5) 실무에서 겪게 되는 일반적인 RPM 센서 트러블

센서에 문제가 있는 경우도 있지만 대부분은 차종별로 엔진의 진동 계측이 잘 되는 부분이 다르고, 특히 수입차는 오일 팬 또는 엔진 블록이 알루미늄인 경우 센서를 장착하기가 더욱 더 문제가 되는 경우가 종종 있다. 하지만 대부분의 문제는 센서의 재장착 및 장착부위의 변경으로 문제가 해결된다.

6) RPM 센서 관리 및 취급

① 절대로 바닥에 던지지 말 것. 특히 대형차에 장착 시 엔진 밑바닥으로 던진 다음 장착하는 행위는 센서의 고장 및 오작동에 가장 큰 문제를 일으킨다.

② 센서 탈거 시 자동차 밑에 들어가기 싫다고 센서 케이블을 잡아당겨 탈거하지 말 것. 이 또한 센서 고장 및 오작동에 원인이 된다.

③ 센서의 자석 부위에 철 성분의 이물질 및 기름이 묻어 있지 않도록 깨끗하게 관리할 것.

④ 센서는 非 사용 시 몸체는 벽면의 철판에 붙이고 와이어는 바닥에 끌리지 않도록 적당히 말아서 벽에 걸어 놓는다.

※ 중요 : 진동 RPM 센서는 소모품이므로 언제든지 고장이 발생한다. 그러므로 사전에 여분의 RPM 센서를 미리 준비해 놓으면 급할 때 편리하게 사용할 수 있다.

4. 예열 모드에서의 판단 및 주의 사항

본 모드에 들어가기 전 통상 예열모드(50km/h)에서 40초 동안 차량과 장비의 상태를 점검하여야 한다.

1) 장비 점검

① 매연측정기의 작동상태

② 엔진 rpm의 출력상태

③ 엔진의 수정마력 표시 및 다이나모 롤러 구동상태

④ 다이나모 정상 차속의 출력상태(계기판 차속과 디스플레이 되는 차속이 비슷해야 한다) 만약 계기판의 차속과 다이나모의 차속 편차가 크거나, 다이나모의 차속 값이 불규칙하게 표시되거나 나오지 않으면, 다이나모 롤러 옆에 배치되어 있는 엔코더를 점검해야 한다.

통상 상기와 같은 경우 엔코더가 고장 난 경우보다 롤러 축에서 엔코더를 연결되는 커플링이 손상되어 실제 롤러의 차속이 장비에 입력되지 않아 생기는 문제도 있으므로, 예열모드에서 이러한 부분을 잘 확인하여야 한다.

2) 차량의 점검

예열모드에서 가장 중요한 사항이며, 본 모드 진입 전에 차량의 상태를 신속하게 파악하여, 정상적인 본 모드 진입을 할 것인지, 아니면, 추가 점검 및 확인 후 진행할 것인지 검사원은 현명하게 판단하여야 한다. 만약 본 모드 검사의 진행에 문제가 있다고 판단되면 무리하게 본 모드를 시도하지 말고, 확인된 근거로 불합격으로 판정할 수 있으며, 충분한 차량 점검 및 정비 후 검사가 이루어지도록 해야 한다.

예열모드 운전에서 검사원은 다음 사항에 대해 자율적으로 판단하여 문제가 있는 경우 본 모드 진입을 자제하여야 한다.

차체 관련 내용

① 롤러에서 구동 시 말을 타는 듯한 느낌으로 엉덩이가 위·아래로 통통 치는 현상이 심한 차량
후륜 타이어 및 림 런아웃 불량, 허브 베어링 파손, 타이어 공기압 부족 및 불균일 → 점검 및 확인한 후 본 모드로 진행이 필요.

② 구동 시 후륜 타이어에서 일정한 간격으로 "탁,탁" 소음이 나는 경우
이는 대부분 타이어 홈에 돌 또는 금속의 이물질이 박혀있는 차량이다. 확인한 후 진행하면 된다.

③ 일정속도를 넘어서 가속할 때 차체가 심하게 떨리는 경우 또는 금속성의 소음이 유발될 때
유 조인트 베어링 또는 프로펠러 샤프트의 휨 등을 의심해 보아야 한다.

5. 본 모드에서의 판단 및 주의 사항

① 본 모드 엔진 가속 시 "다다다닥" 등 소음이 가속과 함께 증가하거나, 특정 RPM에서 발생하는 차량
엔진 오일의 부족, 밸브 간격의 과다 및 밸브의 파손 등을 의심해 볼 수 있다.
※ 차주에게 확인한 후 검사여부를 결정하여야 한다.

② 예열 & 본 모드 진입 시 매연이 과다하게 나오는 차량은 주로 연식이 되는 차량 중에서 에어클리너 및 엔진 오일의 미 교환 또는 엔진 공연비 관련 센서 이상 등이 주요 원인이다. 이러한 차량들은 일단 차량의 관리가 잘 되지 않은 차량일 가능성이 높으므로 본 모드 진입 전에 차주에게 엔진 오일의 교환여부 등을 물어보고 제대로 확인이 되지 않는 차량들은 가능한 확인을 하고 고객에게 검사 중 차량에 문제가 생길 수 있다는 설명하고 검

사를 진행하기 바란다. 구형 마이티 차량의 경우 차량의 관리가 되지 않은 차량들은 녁다운 검사 중에 엔진 오일이 오버 히트하여 검사장 바닥에 수북이 흘러내리는 차량도 종종 있으니, 각별히 주의해서 검사를 진행하기 바란다.

③ 예열 또는 본 모드에서 급가속시 클러스터에 표시되는 엔진 과열 램프 또는 온도계를 수시로 체크하기 바란다. 간혹 냉각수 부족 또는 라디에이터 호스가 터지는 차량도 종종 발생하므로 이러한 경우 신속히 엔진을 정지시켜야 한다.

④ 그리고 본 모드에 진입해서 끝날 때까지 후각, 청각, 시각 등을 최대한 활용하여 차량에서 발생하는 이상 징후(냄새, 연기, 소리)등에 신경을 써야 하며, 문제 발생 시 바로 기어를 중립에 위치시키고 문제점을 파악해야 한다.(절대로 브레이크는 사용하지 말 것)

엔진 관련 내용(출력 부족)

① 엔진의 출력 부족은 1모드 진입 시에 확인되며, 그 값이 문제의 수준이라고 판단되면 구태여 나머지 모드를 모두 완료한 후 출력의 부족함을 판정할 필요는 없다. 정밀 관능에서 출력 부적합을 판정하고 고객과 상의하여 정비를 한 후 재검사 받을 것을 권유하기 바란다.

② DPF가 장착된 차량에서 출력이 안 나오는 가장 큰 이유는 여러 가지가 있지만 일반적으로 그 순위는 아래와 같다.

- DPF가 막힌 경우(일반적으로 70% 정도 된다)
- 터보 작동불량 및 고장(일반적으로 10%)
- 엔진 센서 불량 및 고장(일반적으로 10%)
- 기타 (10%)

6. ASR 스위치 OFF 관련

다이나모 위에서 ASR 스위치가 정상적으로 OFF 되어야 예열 및 본 모드 검사가 가능하다. 하지만 대형차량 중에 다음과 같은 3가지 특성의 차량이 있으므로 확인한 후 필요한 조치를 하고 검사를 진행해야 한다.

여기서 특히 초보 검사원들이 주의해야 할 사항은 기어가 잘못 들어가서(고단) 차량의 가속이 안 되는 것인지 아니면, ASR이 작동하여 가속이 안 되는 것인지 확실하게 판단을 해야 한다. 따라서 ASR이 해제되지 않아서 가속이 되지 않는다면 그에 합당한 조치를 하고 검사를 진행해야 한다.

① 일반적으로 ASR 스위치를 누르면 스위치에 램프가 점등되고, 클러스터에도 ASR 램프가 점등된다. 이때 기어를 넣고 액셀러레이터 페달을 밟으면 정상적으로 가속이 된다. 최근에 국내에서 출시된 상용차는 상기와 같은 형태로 별 문제 없이 예열 및 본 모드 진입을 할 수 있다.

② 보통 10년 이상 된 상용차 트라고 이전의 현대차량 및 대우차중에 일부는 ASR 스위치를 OFF 하고 클러스터에 ASR 램프가 점등되어 있어도 가속하면 가속이 되지 않는 차량이 있다. 이러한 차량들은 동승석 근처에 있는 퓨즈박스 커버를 열고 ABS 퓨즈(일반적으로 2개)를 제거한 후 검사를 진행하여야 한다.

③ 그리고 수입차량들은 차종마다 특성이 조금씩 차이가 있다.

보통 국내차량 처럼 ASR OFF 버튼을 누르면 클러스터에 경고등이 점등되고 해제가 되어 정상적인 럭다운 모드 진입이 가능한 차량도 있지만, MAN 트럭처럼 스위치를 눌러 클러스터에 경고등이 점등 되었지만 차량을 구동하면 바로 ASR 기능이 작동되어 통상 ABS 퓨즈를 제거하고 모드 진입을 실시한다.

또 다른 케이스는 ASR OFF 스위치를 한번 누르면 클러스터에 경고등이 점등되지만 이러한 차량들은 ASR OFF 스위치를 5초 이상 누루고 있으면, 버튼에 설치된 램프가 점멸로 바뀌고 ASR이 해제 되기도한다. 그리고 일반적으로 사전에 경험이 있는차량은 관계없으나, 400 마력이 넘어가는 차량들은 통상 스타트를 3~4단으로 시작해서 50Km/h 예열모드를 8단, 또는 9단에서 운전을 한다.

여기서 중요한 사항은 예열모드 변속단수 선정 시 50km/h가 나오는 이 차량의 엔진 RPM은 MAX 부근에서 나와야 한다. 즉 7단으로 풀 가속하여 MAX RPM까지 가속했더니 45Km/h가 나왔다면 이 차량은 한단 업으로 변속하여 즉, 8단이 예열모드 단수가 된다. 본 모드는 여기서 1단이 업된 즉, 9단이 본 모드 진입 단수가 된다.

그러므로 처음 접하는 차량의 본 모드 단수를 정할 때 예열모드 때부터 순차적으로 확인해야 본 모드에서 무리 없이 검사를 할 수 있다. 처음부터 예열을 높은 단으로 진행할 수 있지만 본 모드에서는 적정한 단수(변속비 1:1)를 넘는 단수에서는 출력 부적합이 발생 될 수 있다.

8. 기타 관련

1) 세미 오토 변속기 운전 중 클러스터에 스패너 모양의 경고등이 점등되는 경우 가능한 IG를 리셋한 후 다시 시동을 걸고 스패너 모양의 경고등이 소등되면 검사를 진행을 하는 것이 좋다. 스패너 모양(점검)의 경고등이 점등되어도 정상적인 수동변속은 가능하지만 차종에 따라 엔진의 출력을 제한하는 차량도 있으므로 본 모드에서 출력의 부적합 원인이 될 수도 있다.

2) 진동 RPM 센서는 엔진 블록과 오일 팬 드레인 플러그 중 어디에 붙이는 것이 좋을까요?

가능한 오일 팬에 붙이는 것을 추천한다. 하지만 차종에 따라서 오일 팬에 붙였을 때 RPM 신호가 불안정한 차량은 차선책으로 엔진 블록에 붙이고 가능한 빨리 검사를 끝내야 한다. 이유는 엔진 블록의 주변 온도가 높아 센서를 오래 방치하면 센서가 과열되고 그러면 엔진 RPM이 측정 중에 Error가 발생한다. 그러므로 가급적 진동 RPM 센서는 엔진의 열을 덜 받고 진동 감지가 용이한 곳에 장착하는 것이 유리하다.

대형차량 LUG Down 모드검사 Manual Ⅰ

현대자동차 상용

NO	차명	페이지	비고
1	엑시언트 L540	72	세미오토 ZF12단
2	트라고 440	78	
3	트라고 수동	81	ZF 16단
4	엑시언트 수동	84	
5	엑시언트 H350 수동	85	6단
6	메가트럭 오토	86	오토밋션
7	메가트럭 G280 수동	87	6단
8	마이티(2.5&3.5) 수동	89	5단
9	현대 유니버스 수동	92	6단
10	현대 유니버스 오토	93	오토밋션
11	메가트럭 4.5톤	94	수동 ZF 8단
12	뉴파워트럭 440PS	95	ZF 아스트로닉 12단
13	트라고 카고 수동 410PS	97	ZF 16단
14	GRANBIRD (SILKROAD)	99	수동6단
15	GRANBIRD (BLUE SKY)	100	수동6단
16	현대 UNIVERSE (2020년) 기아 GRANBIRD(2020년)	101	ZF6단 오토밋션

※ 럭다운 검사 차량은 반드시 보조 브레이크(엔진 브레이크 & 리타더) OFF 후 검사를 하기 바란다. 그렇지 않으면, 차량의 가속이 잘 되지 않는다.

1 엑시언트 L540

차명	엑시언트 L540	변속기	ZF 세미오토 12단
차량			
변속레버	M 3 수동3단 A 3 자동3단 D. 수동/자동(M,A) 모드스위치 E. 수동변속 Up/Down 레버	C. 변속기 포지션 레버 (RM,R,N,D,DM)	
ASR 버튼	A. ASR OFF 스위치	B. 클러스터 ASR 경고 등	
운전 준비	A: ASR OFF 스위치를 누른다. B: 클러스터에 ASR 경고등 점등 확인 C: 브레이크 페달을 밟고 변속포지션을 "D"에 위치한다. D: 수동·자동(M·A) 버튼을 눌러 "M"을 설정한다. M 3 (클러스터의 변속단수 옆에 M 표시 확인 통상 3단 표시) E: 브레이크 페달 OFF 하고 액셀러레이터 페달을 밟으면서 변속단수를 한 단씩 UP 한다. ※ 5단 스타트 가능		
운전 방법 및 기타	1. 액셀러레이터 페달을 밟은 상태에서 변속단수 UP 시점은 엔진 RPM이 Max RPM에서 70% 이상 도달할 때 한단씩 UP시킨다. 2. 일반적으로 ZF 12단의 예열모드는 8단, 본 모드는 9단에서 Full 가속하여 럭다운 모드에 진입을 한다. 3. 변속 타이밍을 놓쳐 엔진이 탄력을 받기 전에 고단 기어가 들어가 가속이 버벅 거릴 때 N 단으로 기어를 빼고 처음부터 진입을 시도한다.(무리하게 가속을 할 때 시동 꺼짐이 발생한다)		

1. 변속레버 UP 시점과 가속 페달의 관계

처음 엑시언트 차량을 수동으로 운전하여 예열모드와 본 모드 진입 시 수동변속 UP시점과 엔진 RPM 상태의 타이밍이 중요하며, 이 타이밍이 맞지 않으면 구동 바퀴에 탄력이 받기 전에 고단기어가 들어가 가속이 되지 않고, 심하면 시동이 꺼지는 현상이 발생한다. 또한 이 타이밍은 똑같은 엑시언트 차종이라고 해도 차량마다 조금씩 차이가 있다.

2. 엔진 RPM과 수동변속 UP 시점 타이밍 맞추기

1) 브레이크 페달을 밟고 D단에 위치한 상태에서 수동 모드에 놓으면 통상 3단 위치가 된다. 만약 1단에 있다면(스패너 모양의 경고등 점등 시) IG를 리셋하면 정상으로 복원된다. 그래도 되지 않으면 정차 중 레버를 UP하여 3단에 위치시킨다.
   ※ 5단 스타트가 가능하다.

2) 3단에서 액셀러레이터 페달을 밟아 가속하여 엔진의 RPM이 15,00~2,000 RPM으로 올라갈 때(약 1,700~1,800) 액셀러레이터 페달을 밟은 상태에서 4단으로 UP시킨다. 그러면 기어가 들어감과 동시에 1,500RPM 대로 떨어졌다가 다시 2,000RPM으로 올라간다. 이때 다시(1,700~1,800) 5단으로 UP시킨다. (액셀러레이터 페달은 가속상태를 계속 유지하거나 필요시 더 밟는다)

이런 방법으로 변속하여 통상 8단에 위치하면 예열모드를 수행할 수 있다.

그리고 예열(40초)모드가 완료되면 액셀러레이터 페달에서 발을 떼고 변속 포지션을 “N” 위치로 한다. 그러면 기어는 알아서 자동으로 내려간다. 절대 수동으로 DOWN 변속을 해서는 안 된다. 그 이유는 다이나모 벨트가 파손될 수 있다.

본 모드의 진입 방법도 상기와 같은 방법으로 진입하며, 엑시언트는 통상 9단에서 본 모드 진입이 가능하다.

3. 기타사항 1

① 본 모드 진입시 변속단수는 최대한 낮은 단에서 67km/h로 진입하는 단수를 고정하고 유지한 뒤 안정화 시간 5초 후에 Full 가속지시가 나오면 액셀러레이터 페달을 Full로 밟아 수정마력이 목표치를 넘으면 엔진 RPM을 타겟 RPM으로 맞춘다.

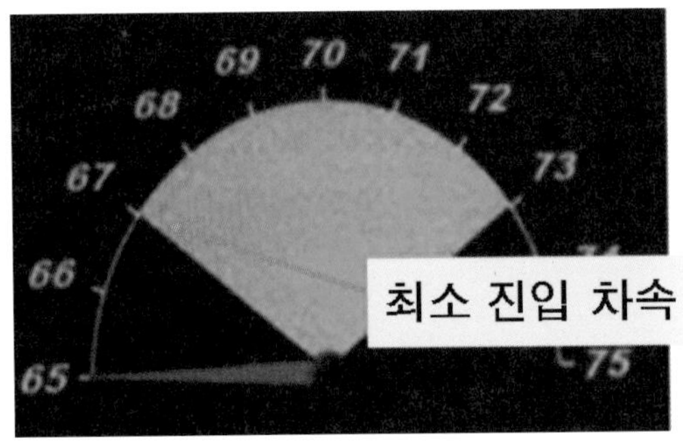

② **수정마력과 타겟 RPM**

- 차량등록증에 명기된 정격출력 440/2,000 PS/rpm
- 여기서 440PS 에 50% = 220 PS (1모드 진입 최소 수정마력)
- 타겟 RPM = 2,000

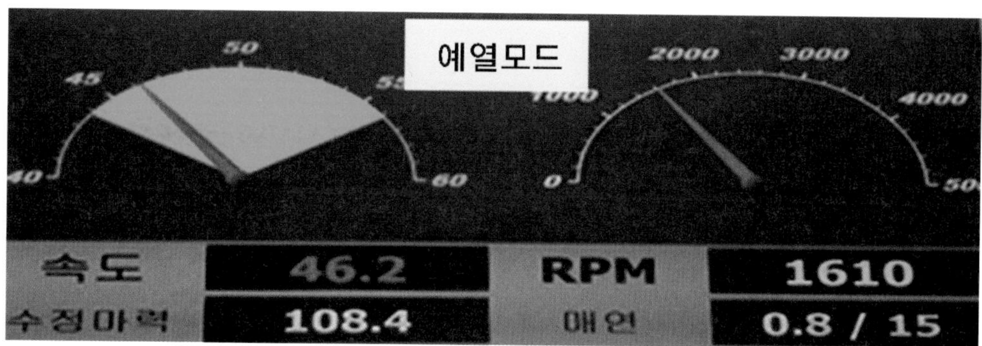

장비의 모니터에 표시되는 수정마력은 대기압력·대기온도 등 실측 엔진마력에 보정치를 적용하여 계산된 값이다. 그러므로 대기압력 센서 등이 문제가 있는 경우 정상적인 수정마력이 나오지 않아 출력 부적합이 발생할 수 있다. 그러면 장비는 언제 출력 부족·정상 판정에 관련하여 수정마력을 판단하는 위치는 어디일까?

1모드에서 수정마력과 타겟 RPM이 맞으면 1모드 안정화 시간이 5초 정도 유지되고 5초 후에 10초 동안 1모드 매연을 측정한다. 즉, 1모드 진입 안정화 유지시간이 끝나는 4.5~5초 사이에 수정마력이 규정치가 나오면 정상으로 판정하고 그 다음 나머지 구간에서는 타겟 RPM만 맞으면 된다.(수정마력 판정은 1모드 진입시에만 한다)

즉, 1모드 끝에 마지막 0.5초가 출력 부적합 판단에 근거가 되므로 디스플레이 되는 수정마력을 모니터링 하다가 이하로 떨어지면 액셀러레이터 페달을 더 밟아 목표치 이상 수정마력을 유지해야 한다. 만약 타이밍을 놓쳤다면 더 진행하지 말고 정지 & 초기화하여 다시 처음부터 모드 진입을 하기 바란다.(엔진 과열 등 문제예방 차원)

5. 주의사항 및 안전수칙

1) 다이나모 위에서 변속기어를 UP시킨 후 가속은 가능하나 엔진 브레이크가 걸리는 다운 변속 및 브레이크 사용은 절대로 금물이다. 만약 다운 변속이 필요하다면 N위치에서 자연 감속 시킨 뒤 롤러가 완전히 정지하면 다시 처음부터 UP 변속으로 시작하여야 한다.
2) 반드시 차량의 앞바퀴에 고임목을 고이고 리프트를 하강시킨다. 그리고 마력이 400PS를 넘는 차량은 좌·우에 하나씩 2개의 고임목을 고인다. 트랙터 차량은 필히 뒤쪽을 X바로 바닥에 고정시키고 주행하여야 한다. 잘못하면 차량이 롤러 위에서 튕겨나가 대형사고를 유발한다.

※ 트랙터 차량은 마력은 높은데 뒷바퀴에 무게가 실리지 않아 급가속 조건에서 뒷바퀴가 튕겨 나갈 수 있다.

3) 본 모드의 정상 변속단수에서 Full 가속을 했을 때 엔진RPM은 타겟에 들어오는데 수정마력이 부족한 경우 적정 변속단수인지 다시 확인하고 차량의 문제 여부를 판단하기 바란다.

6. 참고사항 1

- 1모드 RPM = 정격 RPM 100%
- 2모드 RPM = 정격 RPM 90%
- 3모드 RPM = 정격 RPM 80%

예열모드(40Sec)	1 Mode 100% (10Sec)	2 Mode 90% (10Sec)	3 Mode 80% (10Sec)
40.0/40	10.0/10	10.0/10	10.0/10

- 모드별 안정화 및 매연 측정시간
  - 안정화 시간 : 5초
  - 매연 측정시간 : 10초

엑시언트에 적용된 ZF 12단 세미오토 변속기에 대한 간단한 설명

대부분의 상용차에 적용된 세미오토 변속기는 기계식 수동변속기이지만 기계식 변속레버와 클러치 페달을 제거한 변속기로 그 역할을 변속레버 액추에이터와 클러치 액추에이터가 운전자의 운전 정보를 바탕으로 기어를 넣고 클러치를 제어하는 역할을 한다. 승용차에 적용된 DCT 변속기라고 생각하면 된다.

■ 수동·자동 선택 버튼 및 수동기어 변속레버

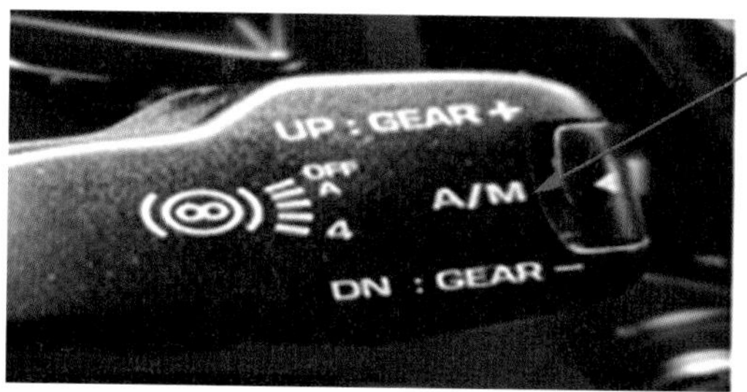

A : 기어가 자동으로 변속
M: 운전자가 변속(수동)

신형차량 — M 3 — 수동표지

구형차량

수동표지

구형차량

자동표지

■ 변속모드 선택 다이얼

RM

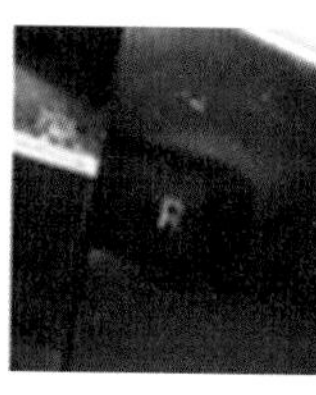

R

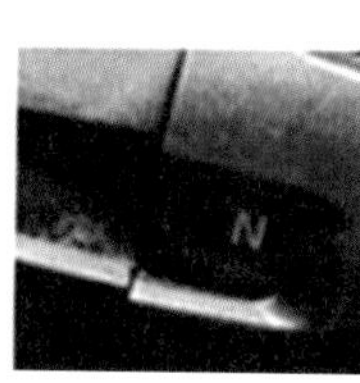

N

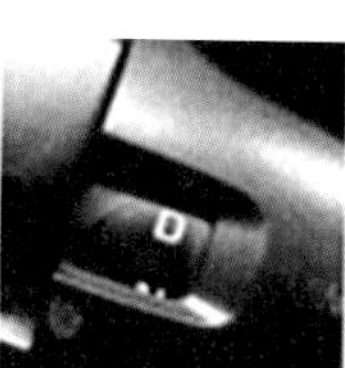

D

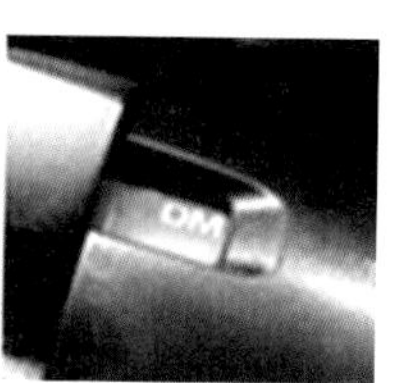

DM

- RM·R : RM = 저속 후진, R = 일반 차속 후진
- N : 중립
- D : 자동모드(M·A 선택가능)
- DM : 저속전진(0.5단)

D + A : 완전오토 액셀러레이터와 브레이크만으로 운전 변속은 ECU가 자동으로 수행한다.

D + M : 클러치는 자동 단, 변속기어의 선택은 운전자가 필요에 따라 UP·DOWN 해야 한다.

2 트라고 440

차명	트라고 440	변속기	ZF 세미오토 12단
차량			
변속레버	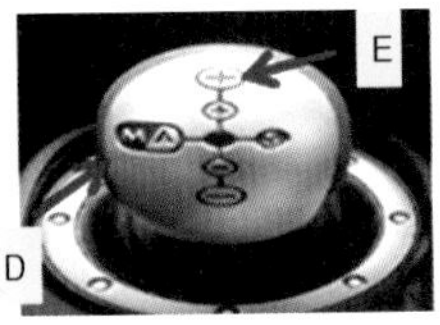  수동(M) D. 수동/자동(M,A) 모드스위치 E. 수동변속 UP·DOWN 레버	  자동(A) C. 변속기 포지션 레버 (DM, D, N, R, RM)	
ASR 버튼	 ASR OFF 스위치	 클러스터 ASR 경고등	
운전 준비	A: ASR OFF 스위치를 누른다. B: 클러스터에 ASR 경고등의 점등을 확인한다. C: 브레이크 페달을 밟고 변속포지션을 “D”에 위치시킨다. D: 수동·자동(M·A) 버튼을 눌러 “M”을 설정한다.  (클러스터에 수동 M 표시 확인 통상 3단을 표시) E: 브레이크 페달 OFF하고 액셀러레이터 페달을 밟으면서 변속레버를 밀어 변속단수를 1단 또는 2단씩 UP시킨다.		
운전 방법 및 기타	1. 액셀러레이터 페달을 밟은 상태에서 변속 UP 시점은 엔진의 RPM이 Max RPM에서 70% 이상 도달했을 때 1단 또는 2단씩 UP시킨다. ※ 5단 스타트 가능 2. 트라고 ZF 12단의 예열은 9단, 본 모드는 10단에서 Full 가속하여 럭다운 모드에 진입이 가능하다. ※ 자세한 운전방법은 다음 장을 참조한다.		

변속기 조작에 관련된 상세 설명

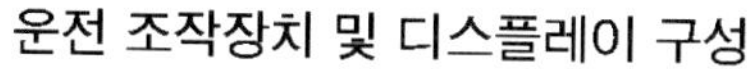

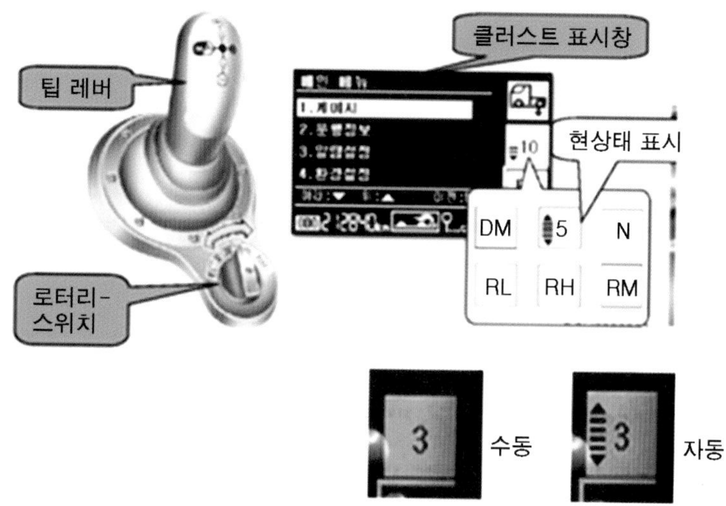

1) 팁 레버(수동·자동 선택)

레버 중앙에서 왼쪽으로 당길 때 마다 M·A 모드로 바뀐다. 일반적으로 클러스터에 점검(스패너) 경고등 없는 한 3단이 기본으로 설정된다. 만약 점검 경고등이 점등되고 1단으로 표시되어 있다면 IG를 리셋하여 초기화시킨다.

2) 팁 레버(수동변속 UP·DOWN)

+소·+대는 UP 변속시 사용하며, 중립에서 짧게 밀면 +소가 작동하여 1단씩만 UP으로 변속된다. 그리고 중립에서 길게 밀면 +대가 작동하여 한 번에 2단씩 변속된다. DOWN 변속은 아래로 당기면 되고 동작은 UP 변속과 동일하다.

3) 트라고 럭다운 예열 및 본 모드 변속

초기 스타트는 M 5단에서 출발이 가능하다. 즉, 브레이크 페달을 밟고 로터리 스위치를 "D"위치로 하면 M 3단이 기본으로 세팅된다. 이 상태에서 팁 레버를 길게 앞으로 밀었다 놓으면 5단 변속이 되고 브레이크 페달에서 발을 떼고 액셀러레이터 페달을 밟아 스타트를 하면 된다.

트라고 440의 예열모드는 9단에서 이루어지고, 본 모드는 10단에서 진입이 가능하다. 즉, 5단에서 출발하여 팁 레버를 길게 앞으로 밀면 7단, 다시 한 번 더 밀면 9단이 되며, 이 상태에서 예열모드 운전이 가능하다. 본 모드의 진입은 10단에서 이루어지므로 5단에서 출발하여 팁 레버를 길게 2번 밀고 다시 짧게 한번 밀면 10단에 진입한다.

중요

▶ 스타트하여 수동변속 시점

수동 변속시점은 앞서 엑시언트에서 서술하였듯이 타이밍이 아주 중요하다. 그리고 변속 타이밍은 엑시언트에서 서술한 방법으로 진입하면 된다. 혹시 타이밍을 놓쳤다면(예열 모드는 변속단수가 9단인데 10단에서 진행해도 문제가 없다)

▶ 단 본 모드의 진입이 10단 인데 11단에 진입한 경우

진행을 계속하면 출력부족으로 불합격 될 수 있다. 이러한 경우 가장 안전한 방법은 로터리 스위치를 N 위치에 놓고 바퀴가 정지하면 다시 처음부터 시작하는 것이 좋다. 그렇지 않고 11단에서 팁 레버를 뒤로 살짝 밀어 10단으로 떨어트린 상태에서 가속하여 본 모드 진입을 시도 할 수 있지만 이 방법은 초보자에게는 권장하지 않는다. 어느 정도 변속레버의 조작이 숙달된 검사원에 한해서 제한적으로 권장을 한다. 이는 모든 상용차를 다이나모 위에서 운전할 때 반드시 주의해야 하는 사항이다.

3 트라고 구형(수동)

차명	트라고 구형(수동)	변속기	ZF 수동 16단
차량			
변속레버	C. 보조기어1 : Low·High (다음 페이지 참조) D. 보조기어2 : 거북이·토끼 버튼(레버 측면)		
ASR 버튼	ASR OFF 스위치	클러스터 ASR 경고등	
운전 준비	A: ASR OFF 스위치를 누른다.(필요시 ABS 퓨즈 제거) B: 클러스터에 ASR 경고등이 점등되었는지 확인한다. C: 클러치 페달을 밟고 변속레버를 오른쪽으로 끝까지 밀었다 놓는다.(High 모드 선택) 클러치 페달을 밟고 보조기어2를 토끼 위치에(토끼 램프 점등) 변속기어를 5단에 넣고 클러치 페달을 밟고 가속한다.		
운전 방법 및 기타	1. 상기와 같이 선택하면 5, 6, 7, 8단 변속이 진행된다. 16단으로 표시하면 13, 14, 15, 16단이 된다. 중립에서 왼쪽으로 살짝 밀고 앞으로 밀면 5단 뒤로 당기면 6단, 레버를 중립에서 바로 앞으로 밀면 7단, 뒤로 당기면 8단이 된다. 2. 통상 예열은 5단으로 스타트 하여 차속을 맞추면 된다. 그리고 본 모드(70km/h)는 5단으로 스타트 6단에서 가속하면 된다. 혹시 6단에서 본 모드의 차속이 나오지 않으면 7단으로 변속한다.		

1. ZF 16단 수동변속기의 이해

구형 트라고 수동변속기는 변속레버를 통해 구분이 가능하며, 이를 기준으로 변속방법을 사전에 숙지한 후 진행해야 한다.

■ 구형 트라고 변속레버의 구조

클러치 페달을 밟고 변속레버 옆 버튼(L, H)을 누르면 작동하며, L일 때 거북이 램프가 점등되고 H일 때 토끼 램프가 점등된다(일명 반단 기어라 칭한다)

■ Hi·Low 버튼(일명 싸대기)

변속레버 아래 커버 좌·우에 내장 되어 있으며, 클러치 페달을 밟고 변속레버를 중립에서 오른쪽으로 끝까지 밀었다 중립에 놓으면 "척" 소리가 나면서 Hi로 작동되고 다시 중립에서 레버를 왼쪽으로 끝까지 밀었다 중립에 놓으면 "척" 소리가 나면서 Low로 작동된다.(클러스터에 별도 표시등이 없음)

2. 예열 및 본 모드 진입 변속하기(8단으로 설명)

클러치 페달을 밟고 H 버튼을 눌러 토끼 램프가 점등되면 이 상태에서 변속레버를 오른쪽으로 끝까지 밀어 Hi 상태로 진입, 중립에서 왼쪽으로 살짝 밀어 5단 뒤로 당겨 6단으로 변속하고 예열 및 본 모드를 진입한다.

3. 부연 설명

수동변속기 16단 기어는 일명 싸대기 기어라고 하는데 중립에서 클러치 페달을 밟고 왼쪽으로 툭 치면 후진을 포함 1, 2, 3, 4단으로 변속되고 다시 기어를 중립으로 빼고 오른쪽으로 툭 치면 5, 6, 7, 8단으로 변속된다.

왼쪽에 있는 스위치가 반단 스위치이며, 각 단마다 저속, 고속이 있다고 생각하면 된다. 즉, 8단 × 반단(2) = 16단 기어이며, 반단은 스위치를 올리고 클러치 페달을 밟았다 놓으면 된다.

최근의 트라고 수동 16단 기어는 싸대기 대신에 스플리터 스위치가 왼쪽에 하나, 앞에 하나를 배치하는 방식으로 두 개를 만들어 놓았으며, 나머지 기능은 동일하다.

4. 트라고 구형 ASR 스위치를 OFF 해도 가속이 안 되는 경우

트라고 구형에서 ASR 스위치를 OFF시키고 가속을 해도 ABS ECU가 가속을 방해하는 경우에는 ABS 퓨즈를 제거하고 검사모드를 진행하여야 한다.(F5, F6 퓨즈 제거)

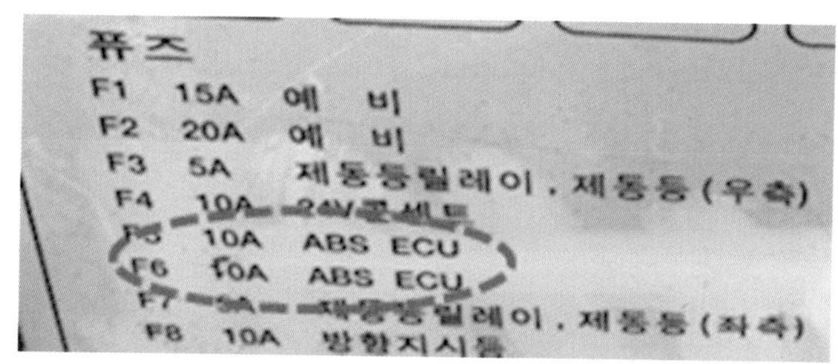

퓨즈 박스 설명서

퓨즈 박스 F5, F6의 10A 퓨즈 제거

4 엑시언트 수동

차명	엑시언트 수동	변속기	ZF 수동 8단(16단)
차량			
변속레버	C. 보조기어1 : Low·High 버튼(레버 전면) D. 보조기어2 : 거북이·토끼 버튼(레버 측면)		
ASR 버튼	ASR OFF 스위치	클러스터 ASR 경고등	
운전 준비	A: ASR OFF 스위치를 누른다. B: 클러스터에 ASR 경고등이 점등되었는지 확인한다. C: 클러치 페달을 밟고 보조기어1을 High 위치에(Low 램프 소등) • 클러치 페달을 밟고 보조기어2를 토끼 위치에(토끼 램프 점등) • 변속기어를 5단에 넣고 클러치 페달을 밟고 가속한다.		
운전 방법 및 기타	1. 상기와 같이 선택하면 5, 6, 7, 8단 변속이 진행된다. 변속레버를 중립에서 왼쪽으로 살짝 밀고 앞으로 밀면 5단, 뒤로 당기면 6단으로 변속이 된다. 변속레버를 중립에서 바로 앞으로 밀면 7단, 뒤로 당기면 8단으로 변속된다. 2. 통상 예열은 5단으로 스타트하여 차속을 맞추면 된다. 그리고 본 모드(70km/h)는 5단으로 스타트 하여 6단에서 가속하면 된다. 혹시 6단에서 본 모드에서 차속이 나오지 않으면 7단으로 변속한다. ※ 중립에서 왼쪽으로 살짝 밀면 5단 및 6단으로 변속이 가능하고 완전히 끝까지 밀면 후진 변속이 가능하다. 단, 후진은 "L" 모드에서만 가능하다		

5 엑시언트 H350

차명	엑시언트 H350	변속기	수동 6단
차량			
변속레버	수동변속 레버(R, 1, 2, 3, 4, 5, 6)		
ASR 버튼	ASR OFF 스위치	클러스터 ASR 경고등	
운전 준비	A: ASR OFF 스위치를 누른다. B: 클러스터에 ASR 경고등이 점등되었는지 확인한다. C: 클러치 페달을 밟고 중립에서 3단을 넣고 스타트 한다. Full 가속하면서 4단으로 변속하고 예열 및 본 모드 평가를 진행한다.		
운전 방법 및 기타	1. 보통 엑시언트 6단 수동은 4단에서 예열(50km/h), 5단에서 본 모드(70km/h) 주행이 가능하지만, 5단에서 Full 가속시 타겟 수정마력이 나오지 않을 수 있다. 이런 경우 차속제한 스위치를 ON으로 하여 타겟 속도를 60km/h로 낮춘 상태에서 4단으로 Full 가속하면 된다. 2. 특별히 주의할 점은 없지만 무진동 차량(리어 축 에어 스프링 장착 차량) 으로 리프트가 내려가면서 리어쪽 차고가 높아지는 경우 본 모드 가속 시 유조인트의 위상각 문제로 조인트 소음이 발생하고 심하면 조인트가 파손될 수 있으므로 이런 조건의 차량들은 무부하 급가속을 권장한다.		

6 메가 트럭

차명	메가 트럭	변속기	오토 트랜스미션
차량			
변속레버	 오토 트랜스미션 변속레버 (R, N, D, ③, 2, 1) 럭다운 시 3단 고정에서 실시		
ASR 버튼	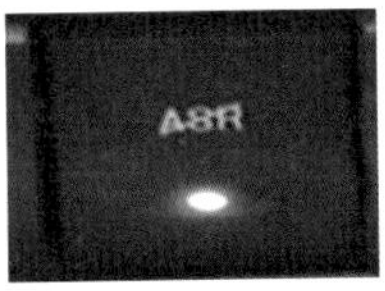 ASR OFF 스위치	 클러스터 ASR 경고등	
운전 준비	A: ASR OFF 스위치를 누른다. B: 클러스터에 ASR 경고등의 점등을 확인한다. C: 브레이크 페달을 밟고 중립에서 3단으로 변속 고정하고 스타트 한다. ※ 3단 고정에서 예열 및 본 모드 평가를 진행한다.		
운전 방법 및 기타	1. 자동변속기 장착 메가트럭은 3단 고정 모드에서 예열(50km/h) 및 본 모드(70km/h) 주행이 가능하다. 특별히 주의할 점은 없지만 연식이 된 차량들은 본 모드 진입 시 67~70km/h 사이에서 RPM을 유지하다 Full로 가속하라는 메시지가 뜨면 급 가속하여 타겟 수정마력이 나올 때까지 액셀러레이터 페달을 밟고 타겟 수정마력에 도달하면 엔진의 RPM을 녹색라인 안에 들어오도록 맞추면 된다. ※ 그리고 시험이 완료되면 변속레버를 중립인 "N"에 위치시키면 된다.		

7 메가 트럭 G280

차명	메가 트럭 G280	변속기	수동 6단
차량			
변속레버	수동 변속레버		
ASR 버튼	ASR OFF 스위치	클러스터 ASR 경고등	
운전 준비	A: ASR OFF 스위치를 누른다 B: 클러스터에 ASR 경고등의 점등을 확인한다. C: 클러치 페달을 밟고 중립에서 3단으로 변속하고 스타트를 한다. ※ Full 가속하면서 4단으로 변속하고 예열 및 본 모드 평가를 진행한다.		
운전 방법 및 기타	1. 보통 메가트럭 들은 4단에서 예열(50km/h) 및 본 모드(70km/h) 주행이 가능하다. 특별히 주의할 점은 없지만 연식이 된 차량들은 본 모드 진입 시 67~70km/h 사이에서 RPM을 유지하다 Full로 가속하라는 메시지가 뜨면 급 가속하여 타겟 수정마력이 나올 때까지 액셀러레이터 페달을 밟고 타겟 수정마력에 도달하면 엔진의 RPM을 녹색라인 안에 들어오도록 맞추면 된다. ※ 중립에서 왼쪽으로 살짝 밀면 5단, 6단 변속이 가능하고 완전히 끝까지 밀면 후진 변속이 가능하다.		

메가트럭에서 발생될 수 있는 트러블

1) 4단에서 급가속 하였을 때 수정마력이 목표치에 도달하지 못하고 더 이상 올라가지 않는 경우 중에서 그 차이가 15마력이상 차이가 날 때(차령이 많은 중고차들은 변속기어가 5단에 들어갈 수도 있으니 필히 확인하여야 한다)

이러한 경우 통상 엔진의 노후화 또는 관리부족으로 발생되는 문제가 많으며, 출력의 부족으로 불합격 처리해도 문제는 없지만. 다음과 같이 최종 확인해 볼 수도 있다. 엔진 오일·에어클리너의 교체가 1개월이 넘었으면 교체를 권장한다. 만약 확인이 되었다면, 기본적으로 이 차량은 Full 가속할 때 차속을 가능한 낮은 상태로 유지하고 있다가 한 번에 Full 가속하여 엔진의 탄력을 받도록 하면, 목표로 하는 수정마력에 도달하는 경우가 있다.

단, 상기와 같은 방법으로도 출력의 부적합이 발생하면, 고객에게 차량의 점검 및 정비 후 재검을 받도록 권장을 한다.

2) 간혹 드물긴 하지만 4단으로 풀 가속하여 수정마력까지 올라갔지만 최고 차속(90km)의 제한으로 엔진의 출력이 오르락 내리락 하는 경우

이러한 경우 차량의 엔진에는 문제가 없고 최고 차속의 제한으로 출력의 리미트에 도달한 경우 다음과 같이 확인해 볼 수 있다.

차속제한 스위치 ON → 검사 차속이 60km/h로 설정된다(원래는 70km/h) 이렇게 되면 통상 3단 수동변속 상태에서 풀 가속하여 차속과 엔진의 RPM을 맞추고 시험을 진행할 수 있다.

8 마이티(2.5 & 3.5)

차명	마이티(2.5 & 3.5)	변속기	수동 5단
차량			
변속레버	수동 변속레버		
ASR 버튼	ASR OFF 스위치	클러스터 ASR 경고등	
운전 준비	A: ASR OFF 스위치를 누른다 B: 클러스터에 ASR 경고등의 점등을 확인한다. C: 클러치 페달을 밟고 중립에서 3단으로 변속하고 스타트를 한다. ※ Full 가속하면서 4단으로 변속하고 예열 및 본 모드 평가를 진행한다.		
운전 방법 및 기타	1. 보통 마이티 트럭들은 4단에서 예열(50km/h) 및 본 모드(70km/h) 주행이 가능하다. 특별히 주의할 점은 없지만 연식이 된 차량들은 본 모드 진입 시 67~70km/h 사이에서 RPM을 유지하다 Full로 가속하라는 메시지가 뜨면 급 가속하여 타겟 수정마력이 나올 때까지 액셀러레이터 페달을 밟고 타겟 수정마력에 도달하면 엔진의 RPM을 녹색라인 안에 들어오도록 맞추면 된다. ※ D4GA·D4GB 엔진 중 차속 제한 장치가 작동되는 차량들은 가능한 장비의 PC에서 차속 제한 ON을 설정하고 타겟속도 60km/h에서 급 가속하여 측정을 한다.		

1. 마이티 차량이 차속 제한 장치의 작동에 따라 타겟 수정마력이 잘 나오지 않는 경우

마이티에 적용된 D4GA·D4GB 엔진의 경우 4단에서 급가속을 진행하면 타겟 수정마력에 도달하기 전 엔진에서 차속 제한이 이루어져 원활한 마력의 출력이 잘 되지 않는다. 이러한 차량들은 장비에서 차속의 제한을 ON으로 하면 타겟속도가 60km/h로 낮아지며, 통상 3단으로 고정 가속하면 타겟 마력에 접근 할 수가 있다.

통상 13년식부터 대부분 차속 제한이 설정 되어 있으며. 그 이하 연식의 차종들은 차속 제한이 풀려 있는 차량들이 있다. 이러한 차량들은 4단으로 가속하여 정상적인 평가를 하면 된다.

1) 마이티 차량의 넉다운 시 주의사항

특히 유로6 차량의 예열모드 또는 본 모드에서 매연이 많이 검출되는데 막상 머플러 후단이 깨끗한 차량은 배출가스에 수분이 과다 유입되어 발생된 현상이 종종 있으므로 불합격 판정에 심려를 기해 주기 바란다.

2) 예열모드에서 매연이 과다한 차량

이러한 차량들은 바로 본 모드 진입에 앞서 차주에게 엔진 오일 교체시기 등을 확인하고 필요시 엔진 오일 점검을 실시하여 차량의 노후화에 따른 고장에 책임이 없음을 차주에게 확인한 후 본 검사를 진행해야 한다. 가능한 매연 불합격이 확실시 되는 차량은 무리하게 럭다운 검사를 하지 않도록 하고 신중하게 판단하여 차주에게 점검 및 정비를 시행한 후 검사를 받도록 권고가 필요하다.

2. 차속 제한 스위치를 ON과 OFF 시 타겟 차속

1) 차속 제한 스위치 ON 시 타겟 차속이 60km/h로 설정된다.

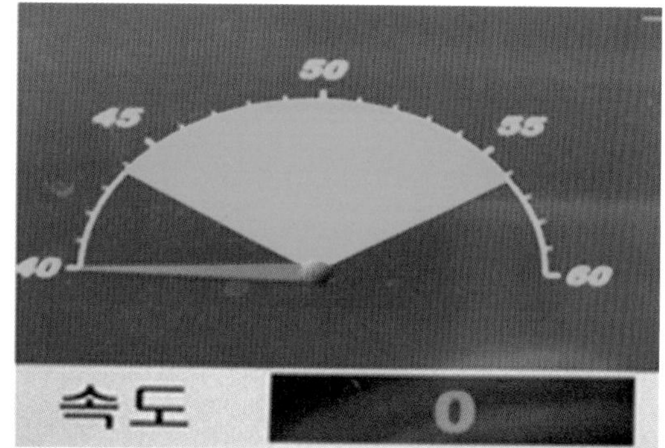

2) 차속 제한 스위치 OFF 시 타겟 차속이 70km/h로 설정된다.

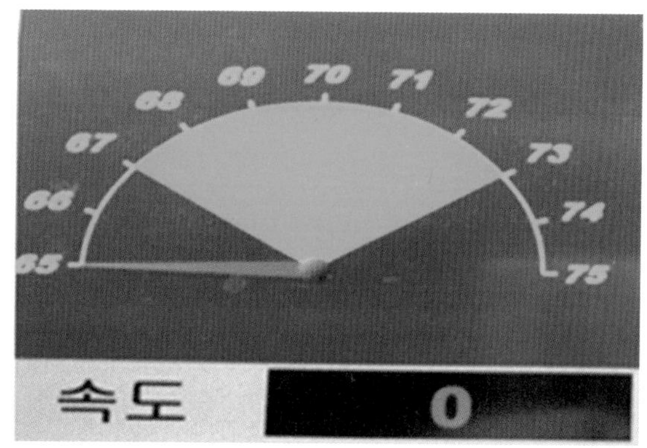

※ 참고로 차속 제한 스위치를 ON으로 하면 럭다운 본 모드 진입 시 변속단수를 통상 1단 정도 낮춘 상태에서 본 모드로 진입할 수 있다.

단, 본 모드 진입의 수정마력과 최고출력 RPM은 동일하다.

9 현대 유니버스

차명	현대 유니버스	변속기	수동 6단
차량			
변속레버	 수동 변속레버		
ASR 버튼	ASR 스위치  ASR OFF 스위치	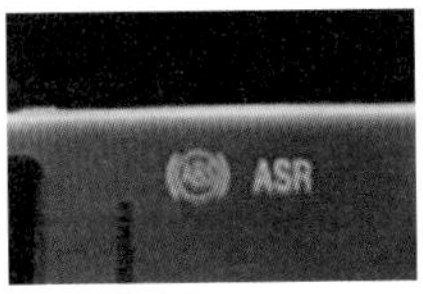 클러스터 ASR 경고등	
운전 준비	A: ASR OFF 스위치를 누른다 B: 클러스터에 ASR 경고등의 점등을 확인한다. C: 클러치 페달을 밟고 중립에서 3단으로 변속하고 스타트를 한다. Full 가속하면서 4단으로 변속하고 예열 및 본 모드의 평가를 진행한다.		
운전 방법 및 기타	1. 보통 현대 & 기아 버스는 4단에서 예열(50km/h) 및 본 모드(70km/h) 주행이 가능하다. 특별히 주의할 점은 없지만 연식이 된 차량들은 본 모드 진입 시 67~70km/h 사이에서 RPM을 유지하다 Full로 가속하라는 메시지가 뜨면 급 가속하여 타겟 수정마력이 나올 때까지 액셀러레이터 페달을 밟고 타겟 수정마력에 도달하면 엔진의 RPM 을 녹색라인 안에 들어오도록 맞추면 된다. ※ 중립에서 앞으로 밀면 3단 뒤로 당기면 4단으로 변속이 된다.		

10 현대 유니버스

차명	현대 유니버스	변속기	자동변속기
차량			
변속레버	자동 변속레버 (R, N, D, ③, 2, 1)		
ASR 버튼	ASR 스위치 ASR OFF 스위치	클러스터 ASR 경고등	
운전 준비	A: ASR OFF 스위치를 누른다. B: 클러스터에 ASR 경고등의 점등을 확인한다. C: 클러치 페달을 밟고 중립에서 3단으로 변속 고정하고 스타트를 한다. Full 가속하면서 예열 및 본 모드의 평가를 진행한다.		
운전 방법 및 기타	1. 보통 자동변속기 버스는 3단 고정에서 예열(50km/h) 및 본 모드(70km/h) 주행이 가능하다. 특별히 주의할 점은 없지만 연식이 된 차량들은 본 모드 진입 시 67~70km/h 사이에서 RPM을 유지하다 Full로 가속하라는 메시지가 뜨면 급 가속하여 타겟 수정마력이 나올 때까지 액셀러레이터 페달을 밟고 타겟 수정마력에 도달하면 엔진의 RPM을 녹색라인 안에 들어오도록 맞추면 된다. ※ 평가가 완료되면 3단 고정에서 브레이크 페달을 밟지 않고 "N"위치로 레버를 이동하면 된다.		

11 메가 트럭 4.5톤

차명	메가 트럭 4.5톤	변속기	ZF 수동 8단
차량			
변속레버	C. 수동 변속레버 H L L모드 진입 램프	H : 레버를 위로 올리면 H모드 (5, 6, 7, 8단) L : 레버를 밑으로 내리면 L모드 (R, 1, 2, 3, 4단)	
ASR 버튼	ASR ASR OFF 스위치	ASR 클러스터 ASR 경고등	
운전 준비	A: ASR OFF 스위치를 누른다. B: 클러스터에 ASR 경고등의 점등을 확인한다. C: 클러치 페달을 밟고 "H"모드를 선택하고 5단으로 변속 가속하여 예열모드를 실시한다. 본 모드는 5단으로 출발한 후 6단으로 변속하고 Full 가속하면서 평가를 진행한다.		
운전 방법 및 기타	1. 보통 메가트럭 4.5톤 ZF 8단 수동변속기는 5단에서 예열(50km/h)하고 본 모드(70km/h) 6단에서 진행한다. 특별히 주의할 점은 없지만, 예열 및 본 모드 시 "H" 모드를 선택하고 변속을 하여야 한다. 진입시 67~70km/h 사이에서 RPM을 유지하다 Full로 가속하라는 메시지가 뜨면 급가속하여 타겟 수정마력이 나올 때까지 액셀러레이터 페달을 밟고 타겟 수정마력에 도달하면 엔진의 RPM을 녹색라인 안에 들어오도록 맞추면 된다. ※ H 모드로 선택하고 중립에서 왼쪽으로 살짝 당기고 앞으로 밀면 5단, 반대로 뒤로 당기면 6단으로 변속이 가능하고 후진은 L 모드에서만 가능하다.		

12 뉴 파워트럭

차명	뉴 파워트럭	변속기	ZF 아스트로닉(12단)
차량			
변속레버	• H : 레버를 위로 올리면 한 단씩 UP 변속 • L : 레버를 밑으로 내리면 한 단씩 DOWN • F : 레버를 왼쪽으로 당겼다 놓을 때마다 수동·자동 모드로 선택된다. • C : 변속 모드 스위치 D : 자동·수동 변속 모드 N : 중립 모드 R : 후진 모드		
ASR 버튼	ASR OFF 스위치 클러스터 OFF 경고등	자동모드 3단	수동모드 3단
운전 준비	A: ASR OFF 스위치를 누른다. B: 클러스터에 ASR 경고등의 점등을 확인한다. C: 브레이크 페달을 밟고 "D"모드를 선택한 후 선택레버 F를 왼쪽으로 당겼다 놓으면 수동 모드로 전환되고, 이 상태에서 브레이크 페달에서 발을 떼고 액셀러레이터 페달을 밟으면서 변속레버를 H 방향으로 한 단씩 UP시키면서 예열 및 본 모드 진입을 하면 된다.		
운전 방법 및 기타	보통 ZF 12단 아스트로닉 세미오토 변속기는 일반적으로 8단 (50km/h)에서 예열모드로 진입하고, 9단에서(70km/h) 본 모드로 진행하면 된다. 단, 차속이 맞지 않으면 변속단수를 조정하여 검사를 진행하기 바란다. ※ 주의 : ASR 스위치를 작동하고 가속이 되지 않으면 이 차량은 ABS 퓨즈를 제거하여야 한다.(다음 페이지 참조)		

1. ZF 아스트로닉 변속기의 기본기능

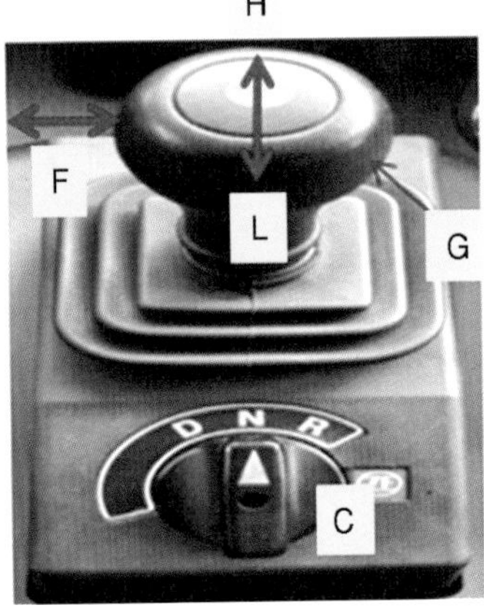

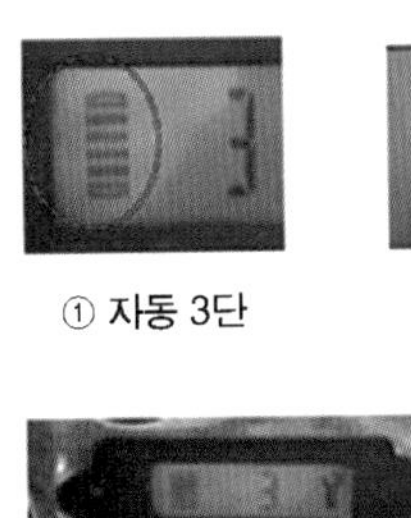

① 자동 3단 ② 수동 3단

변속모드 선택 스위치 C를 D위치에 놓고 변속레버 G를 F방향으로 (왼쪽)당겼다 놓으면 ② 수동모드 3단으로 선택되고, 다시 왼쪽으로 당겼다 놓으면 ① 자동모드 3단으로 선택된다. 럭다운 시 ② 수동모드 3단에서 액셀러레이터 페달을 밟으면서 변속레버 G를 H방향으로 밀었다 놓을 때 마다 한 단씩 UP으로 변속된다. 그리고 L위치로 당겼다 놓으면 반대로 한 단씩 다운 변속된다. 이때 주의할 사항은 절대로 다이나모 운전 중에 다운 변속을 하면 안된다. 만약 진입에 실패 했다면, 변속모드 선택 스위치를 N위치에 놓고, 처음부터 UP 변속으로 진행하기 바란다. 엔진 브레이크 작동 시 다이나모 벨트에 손상을 줄 수 있다.

2. ABS 퓨즈 제거(F44 5A 퓨즈만 제거하면 된다)

13 트라고 카고 수동410

차명	트라고 카고 수동410	변속기	ZF 수동 8단(16단)
차량	 		
변속레버	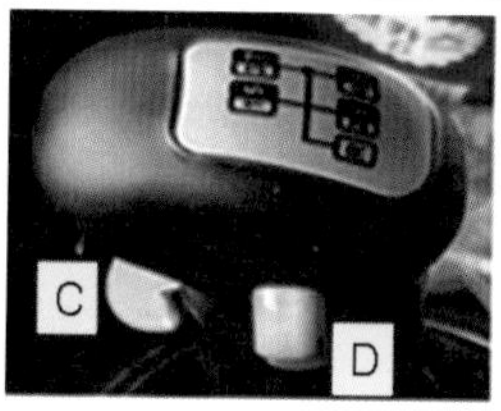 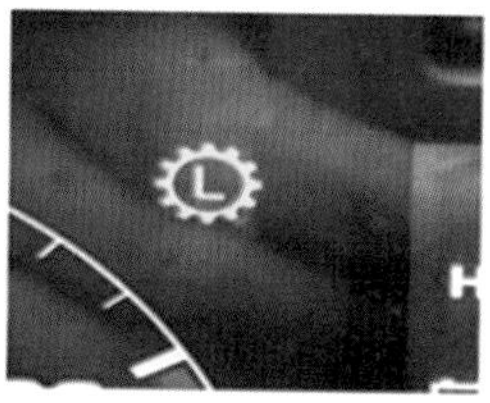 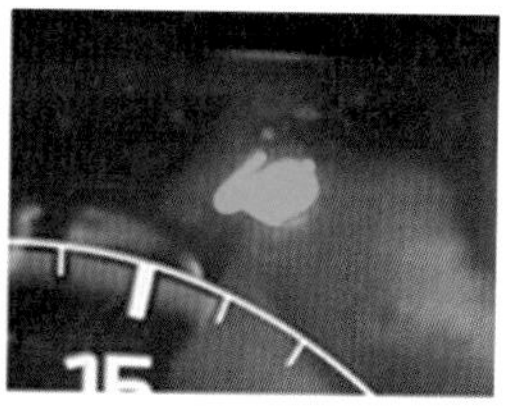 C. 보조기어1 : Low·High 버튼(레버 전면) D. 보조기어2 : 거북이·토끼 버튼(레버 측면)		
ASR 버튼	  ASR OFF 스위치·경고등	 클러스터 ABS 경고등	
운전 준비	A: ASR OFF 스위치를 누른다, 클러스터에 ASR 경고등의 점등을 확인(미점등 또는 ASR 작동 시 퓨즈 제거 → 뒤 페이지 참조) C: 클러치 페달을 밟고 보조기어 1을 High에(Low 램프 소등) 클러치 페달을 밟고 보조기어 2를 토끼에(토끼 램프 점등) 변속기어를 5단으로 변속하고 클러치를 OFF시키면서 가속한다.		
운전 방법 및 기타	1. 상기와 같이 선택하면 5, 6, 7, 8단으로 변속이 진행된다. 변속레버를 중립에서 왼쪽으로 살짝 밀고 앞으로 밀면 5단, 뒤로 당기면 6단, 변속레버를 중립에서 바로 앞으로 밀면 7단, 뒤로 당기면 8단이 된다. 2. 통상 예열은 5단으로 스타트하여 차속을 맞추면 된다. 그리고 본 모드(70Km/h)는 5단으로 스타트하고 6단에서 가속 하면 된다. 혹시 6단에서 본 모드의 차속이 되지 않으면 7단으로 변속한다. ※ 변속레버를 중립에서 왼쪽으로 살짝 당기고 앞으로 밀면 5 단, 뒤로 당기면 6단 변속이 가능하다. 단, 후진은 "L" 모드에서만 가능하다.		

트라고 카고 트럭 실전 트러블

구형 트라고 차량에서 ASR 스위치를 OFF시켰음에도 불구하고 변속한 후 액셀러레이터 페달을 밟아 가속이 되지 않고 일정 차속(통상 30km/h) 이하로 차속이 제한되는 경우 검사를 중지하고 ABS 퓨즈를 제거한 후 검사를 진행하기 바란다. 이러한 경우는 일반적으로 ASR OFF 스위치의 고장으로 작동이 되지 않는 경우이다.

ABS 퓨즈 제거(F44 5A 퓨즈만 제거하면 된다)

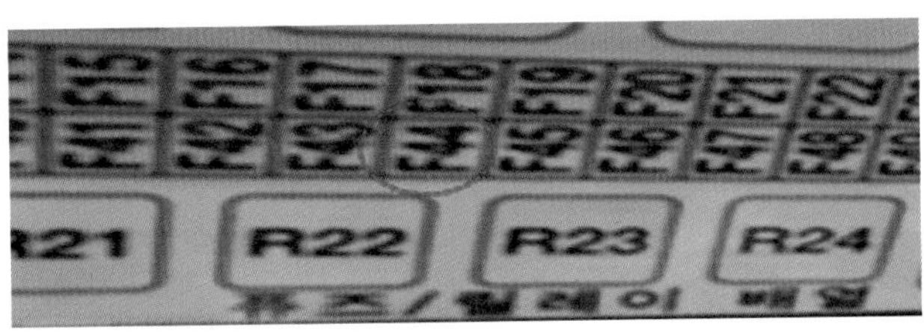

퓨즈 제거 후 정상적인 럭다운 검사를 진행하고, 검사가 종료되면 시동 OFF 후 퓨즈를 정상적으로 장착하여 출고하기 바란다.

14 GRANBIRD(SILKROAD)

차명	GRANBIRD(SILKROAD)	변속기	수동 6단
차량	  		
변속레버	 수동 변속레버		
ASR 버튼	 ASR 스위치 ASR OFF 스위치(운전석 창문 옆)	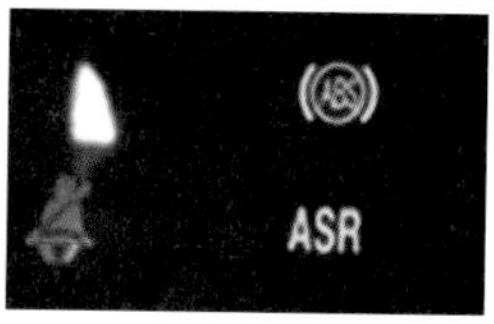 클러스터 ABS 경고등	
운전 준비	A: ASR OFF 스위치를 누른다. B: 클러스터에 ASR 경고등의 점등을 확인한다. C: 클러치 페달을 밟고 중립에서 3단으로 변속하고 스타트를 한다. ※ Full로 가속을 하면서 4단으로 변속하고 예열 및 본 모드 평가를 진행한다.		
운전 방법 및 기타	1. 보통 현대 &기아 버스는 4단에서 예열(50km/h) 및 본 모드(70km/h) 주행이 가능하다. 특별히 주의할 점은 없지만 연식이 된 차량들은 본 모드 진입 시 67~70km/h 사이에서 RPM을 유지하다 Full로 가속하라는 메시지가 뜨면 급 가속하여 타겟 수정마력이 나올 때까지 액셀러레이터 페달을 밟고 타겟 수정마력에 도달하면 엔진의 RPM을 녹색라인 안에 들어오도록 맞추면 된다. ※ 변속레버 중립에서 앞으로 밀면 3단, 뒤로 당기면 4단으로 변속된다.		

15 GRANBIRD(BLUE SKY)

차명	GRANBIRD(SILKROAD)	변속기	수동 6단
차량	  		
변속레버	 수동 변속레버		
ASR 버튼	ASR 스위치  ASR OFF 스위치	 클러스터 ABS 경고등	
운전 준비	A: ASR OFF 스위치를 누른다. B: 클러스터에 ASR 경고등의 점등을 확인한다. C: 클러치 페달을 밟고 중립에서 3단으로 변속하고 스타트를 한다. ※ Full로 가속하면서 4단으로 변속하고 예열 및 본 모드 평가를 진행한다		
운전 방법 및 기타	1. 보통 현대 &기아 버스는 4단에서 예열(50km/h) 및 본 모드(70km/h) 주행이 가능하다. 특별히 주의할 점은 없지만 연식이 된 차량들은 본 모드 진입 시 67~70km/h 사이에서 RPM을 유지하다 Full로 가속하라는 메시지가 뜨면 급 가속하여 타겟 수정마력이 나올 때까지 액셀러레이터 페달을 밟고 타겟 수정마력에 도달하면 엔진의 RPM을 녹색라인 안에 들어오도록 맞추면 된다. ※ 변속레버 중립에서 앞으로 밀면 3단, 뒤로 당기면 4단으로 변속된다.		

16 UNIVERSE(2020) GRANBIRD(2020)

차명	UNIVERSE(2020) / GRANBIRD(2020)	변속기	ZF 6단 자동변속기
차량			
변속레버	변속 모드 선택 레버	수동 단수 설정 버튼	
ASR 버튼	ASR OFF 스위치	클러스터 ABS 경고등	
운전 준비	A: ASR OFF 스위치를 누른다. B: 클러스터에 ASR 경고등의 점등을 확인한다. C: 브레이크 페달을 밟고 DM 모드에서 수동단수 설정 버튼 D를 눌러 D3단에 고정한 후 부하검사를 진행하면 된다. ※ 엑시언트에 적용된 세미오토 변속기가 아니다		
운전 방법 및 기타	1. D3단 고정모드에서 예열(50km/h) 및 본 모드(70km/h)로 주행하여 부하검사를 실시하면 된다. 만약 D3단 고정모드에서 본 모드 차속(70km/h)이가 나오지 않으면, 장비의 차속 제한 기능을 활성화시켜 60km/h의 속도로 진행하면 된다. ※ 참고로 상기 차종에 적용된 T/M은 토크컨버터가 내장된 순수 AUTO 변속기이며, 건식 클러치를 사용하는 세미오토가 아니다. 변속기 조작에 관련하여, 세부 사항은 다음 페이지를 참고하기 바란다.		

유니버스 오토트랜스미션의 세부 기능 및 작동 설명

1) 변속 모드 선택레버

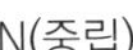
N(중립)

D(자동변속)

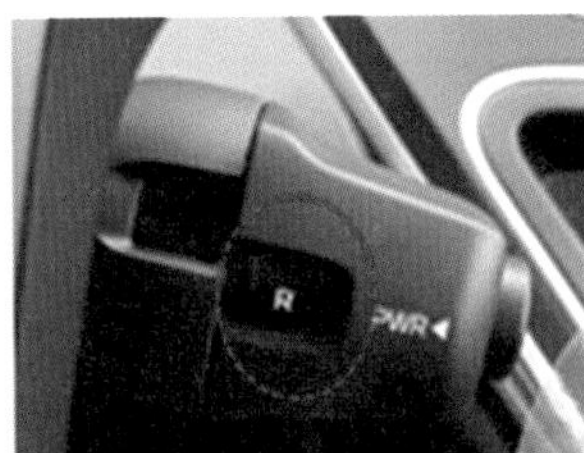

R(후진)

DM(수동변속)

수동 단수 설정 버튼(D1, D2, D3)

부하검사 시 변속 모드 선택을 DM에 놓고 수동단수 설정 버튼을 눌러 D3(3단 고정)에 놓고 풀 가속을 실시해야 원하는 마력이 형성된다. DM위치에 놓은 상태에서 수동단수 설정 버튼을 한 번씩 누를 때마다 클러스터에 1 D1, 1 D2, 1 D3로 변환된다.

1단 고정

2단 고정

3단 고정(부하검사 가능)

2) PWR 버튼

PWR 버튼은 변속시점을 낮추어 토크를 업시키는 역할을 하므로, 검사장에서는 가능한 사용하지 않는다. 버튼을 누르면 P1 으로 표시된다.

대형차량
LUG Down 모드검사 Manual Ⅱ

타타 & 자일대우 상용

NO	차명	페이지	비고
1	PRIMA 420	105	세미오토 ZF 12단
2	뉴 PRIMA 320PS	109	Allison Auto
3	대우25톤 카고트럭	116	수동 8단
4	대우16톤 카고트럭	119	수동 6단
5	자일 대우버스 FX120	120	수동 6단
6	대우 NOVUS 390PS	121	수동 6단
7	대우 PRIMA 340PS	122	수동 6단

※ 럭다운 검사 차량은 반드시 보조 브레이크(엔진 브레이크 & 리타더)를 OFF시킨 후 검사하기 바란다. 그렇지 않으면, 차량의 가속이 잘 되지 않는다.

타타 & 자일대우 상용차 럭다운 검사 시 유의사항 

타타대우 상용차의 럭다운 검사에 앞서 아래의 내용을 먼저 확인하고 검사를 진행하기 바란다. 타타대우 상용차는 4륜 차속의 조건이 많아 다이나모에서 후륜만 구동 시 엔진의 출력이 제한되어 럭다운을 수행할 수 없는 차량들이 종종 있다. 이런 차량들은 무부하 급가속으로 검사를 대신 한다. 그러므로 럭다운 검사 전에 아래의 내용을 필히 확인하고 진행하기 바란다.

종합검사 차량 입고시 아래 내용을 확인한 후 검사 방법을 선택한다.

엔진 연식	구분		PS/rpm	검사 방법	
	양산시점	업그레이드 시점		만족시	불만족시
F4AE3681D	2008년 1월 1일~2010년 9월30일		251/2,700	무부하 급가속	
F4AE3681	2010년 1월 1일 ~		260/2,500		
DX12P	2020년 2월 6일부터	-	440/1,900		
			460/1,900		
F3GFE611A	2018년 1월 15일부터	2018년 5월 30일~	480/1,900	무부하 급가속	럭다운
F3GFE611B			460/1,900		
F3GFE611D			420/1,900		
F4AFE611C	2018년 1월 195일부터	2018년 3월 29일~	280/2,500		
F4AFE611D			320/2,500		
DL06P	2017년 8월 31일~	-	280/2,500	무부하 급가속	
F2CFE611A	2017년 8월 31일~	2017년 10월 21일~	400/2,200	무부하 급가속	럭다운
F2CFE611F			360/2,200		
ISB6.7	ISB	중형승합차 (자일대우상용) BS090, BH090 (특수구조차량)	KD-147	럭다운	
	ISB6.7				
	ISB6.7E6				

※ 상기 자료 관련근거 : 빔스자료실 286/빔스 공지사항 목록 5060 참조

■ 검사방법 만족·불만족 확인 Process

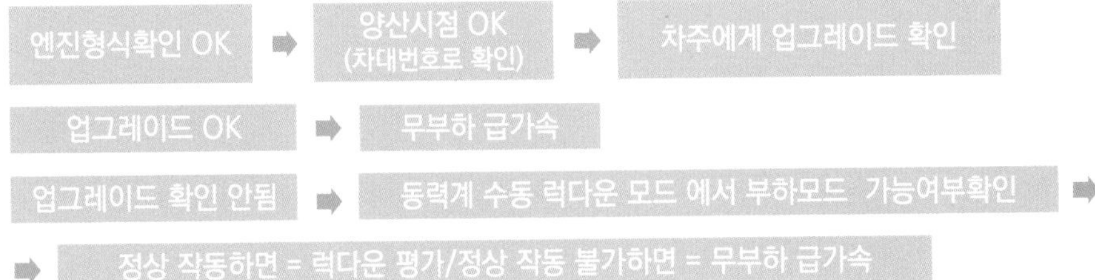

1 PRIMA 420

차명	PRIMA 420	변속기	세미오토 ZF 12단
차량			
변속레버	D. 수동·자동(M·A) 모드 버튼 C. 변속기 포지션 다이얼(DM, D, N, R, RM) E. 수동변속 UP·DOWN 레버 1 F. 수동변속 UP·DOWN 레버 2		
ASR 버튼	수동 3단 자동 3단 ASR OFF 스위치	클러스터 ASR 경고등	
운전 준비	A: ASR OFF 스위치를 누른다. B: 클러스터에 ASR OFF 경고등의 점등을 확인한다. C: 브레이크 페달을 밟고 변속 포지션을 “D”에 위치시킨다. D: 수동·자동(M·A) 버튼을 눌러 수동 3단 모양의 심벌을 확인한다.(클러스터에 변속단수 수동모드 확인 통상 3단 표시) E: 브레이크 페달을 놓고(OFF) 액셀러레이터 페달을 밟으면서 변속레버 1을 위로 당겨 한 단씩 UP시킨다.(요령 : 엑시언트와 동일)		
운전 방법 및 기타	1. 일반적으로 상기와 같이 준비하고 가속하면 특별한 문제없이 수동변속이 이루어지고 예열 모드는 8단, 본 모드 9단에서 진입이 가능하다. 2. 기타 운전 및 변속 가속의 타이밍은 엑시언트와 같은 방법으로 하면 된다. 단, 클러스터에 스패너(점검) 경고등이 점등되면 가능한 엔진을 정지 & IG 리셋 후 다시 시작하기 바란다.		

1. 세미오토 변속기 사용관련 세부 설명

1) 수동·자동 선택버튼 및 수동변속 UP·DOWN 레버

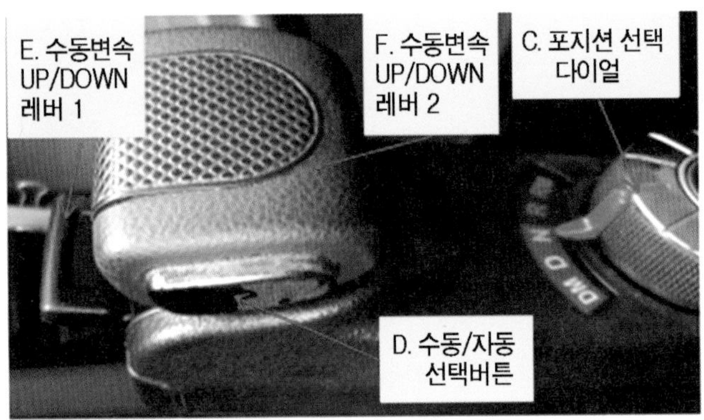

■ **D. 수동·자동 선택버튼**

버튼을 한번 눌렀다 놓을 때마다 변속모드가 변경된다. 이때 클러스터에 아래와 같이 표시된다.

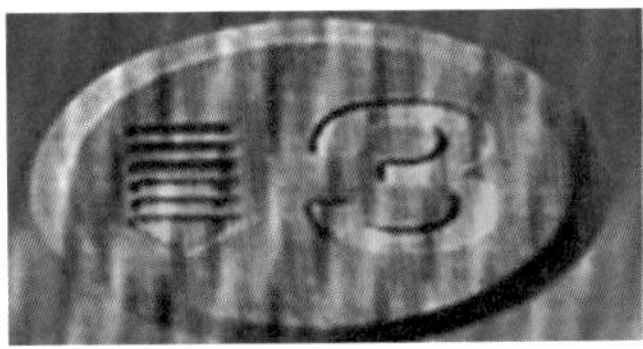

수동 3단

자동 3단

■ **E. 수동변속 UP·DOWN 레버 1**

수동변속 레버를 위로 당겼다 놓으면 1단씩 업 변속이 되고 클러스터에 현재의 단수가 표시된다. 그리고 반대로 레버를 밑으로 눌렀다 놓으면 1단씩 다운 변속이 된다.

■ **F. 수동변속 UP·DOWN 레버 2**

수동변속 레버를 중립에서 앞으로 밀면 한 번에 2단씩 업 변속이 되고, 반대로 중립에서 뒤로 당기면 한 번에 2단씩 다운 변속이 된다.

2) C. 변속기 포지션 선택 다이얼

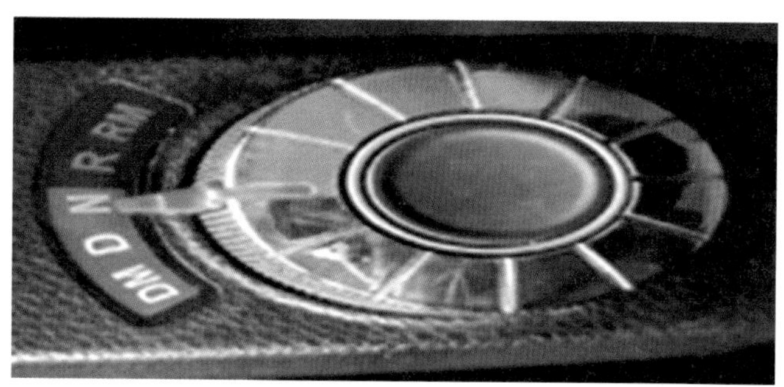

일반적으로 스위치 포지션의 기능은 엑시언트와 동일하다.

- DM : 저속전진(0.5단)
- D : 자동모드(M·A 선택가능)

  D +A : 완전 오토 액셀러레이터 페달과 브레이크 페달만으로 운전하고 변속은 ECU가 자동으로 변속한다.

  D +M : 클러치는 자동 단, 변속기어의 선택은 운전자가 필요에 따라 UP·DOWN시켜야 한다.
- N : 중립
- R·RM : RM = 저속후진, R = 일반차속 후진

2. 운전요령 및 기타 주의사항

프리마는 통상 5단으로 스타트가 가능하다. 차량에 문제가 없는 한 시동을 걸고 “D”위치에 놓은 상태에서 수동모드 버튼을 누르면 클러스터에 수동 3단이 표시된다.

이 상태에서 수동변속 레버 2를 앞으로 길게 밀었다 놓으면 5단으로 변속이 된다. 그러면 브레이크 페달에서 발을 떼고 액셀러레이터 페달을 밟으면서 엔진 Max RPM 70~80%에서 다시 변속레버 2를 앞으로 길게 밀었다 놓으면 7단으로 변속이 된다. 그리고 다시 RPM이 떨어졌다가 상승하면 이번에는 변속레버 1을 위로 살짝 당겼다 놓으면 8단으로 변속이 되며, 이 상태에서 예열모드를 운전하면 된다.

그리고 본 모드는 예열모드 운전방법과 동일하게 하면 된다. 단, 프리마는 통상 9단에서 본 모드가 진행되므로 5단으로 출발을 했을 때 수동변속 레버 2를 가속과 동시에 2회만 앞으로 밀었다 놓으면 9단으로 변속되므로 빠르게 본 모드로 진입이 가능하다.

타타대우·현대·대부분의 수입 상용차들이 ZF 12단 세미오토 변속기를 사용하므로 일반적인 작동 원리와 특성은 동일하다.

단, 차량 별로 수동변속 타이밍이 잘 맞지 않을 경우 이를 고장으로 진단하고 클러스터에 경고등이 점등된다. 통상 프리마와 엑시언트는 스패너(점검) 경고등을 표시하는데 이 경우 가능한 IG를 리셋하고 다시 시동을 걸어 스패너 경고등이 소등되면 검사를 진행하기 바란다. 통상 스패너 경고등이 점등되어도 정상적인 수동변속은 가능하지만, 일부 엔진의 출력을 제한하여 출력 부적합이 될 수 도 있다.

스패너(점검) 경고등

타타대우 차량에서 럭다운 검사 중 엔진의 출력이 부족한 경우 1차적으로, 이 차량이 럭다운 대상의 차량인지 먼저 확인하여야 한다. 잘 알고 있겠지만 엔진형식 F4AE3681D(08년 01~2010년 9월30일) 양산차량과 F4AE3681(2010년 10월1~)은 럭다운 시 엔진의 출력이 나오지 않아 무부하 급가속으로 검사하는 차량이다.

또한 그 밖에 추가되는 차량도 있으니, 관련 자료는 교통안전공단 빔스 자료실에서 사전에 스크랩하여 사용하기를 바란다.

2 뉴 PRIMA 320PS

차명	뉴 PRIMA 320PS	변속기	Allison Auto (자동 6단)
차량	  		
변속레버	C : 변속단수 모니터 D : 변속모드 버튼(이코노믹·퍼포먼스) E : 수동 UP 버튼 F : 수동 DOWN 버튼 G : 후진 버튼 H : 중립 버튼 I : D 버튼(자동변속)	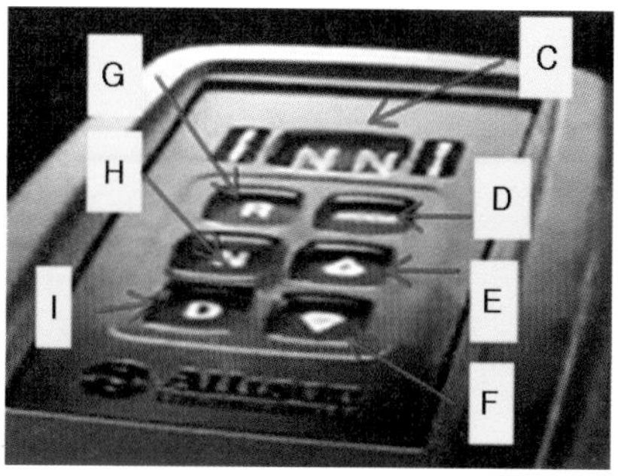	
ASR 버튼	 ASR OFF 스위치	 클러스터 ASR 경고등	
운전 준비	A: ASR OFF 스위치를 누른다. B: 클러스터에 ASR OFF 경고등의 점등을 확인한다. I : 브레이크 페달을 밟고 변속 포지션을 "D"에 위치 시킨다. E: 업·다운 버튼을 눌러 스타트 단수를 설정한다.(통상 6단 변속기는 3단으로 고정 3 | 1 로 출발한다(다음 페이지 참조)) J: 브레이크 페달을 놓고(OFF) 액셀러레이터 페달을 밟으면서 자동으로 변속되면 3 | 3 단에서 예열 및 본 모드 검사를 진행한다.		
운전 방법 및 기타	1. 초기 시동에 시동을 걸거나 N 버튼을 누르면 모니터 C에 NN으로 표기된다. 그리고 브레이크 페달을 밟고 D에 놓으면 6 | 1 , 3 | 1의 숫자가 모니터 C에 표시된다.(다음 페이지 참조) 2. 엘리슨은 미국회사가 만든 순수 자동변속기(토크 컨버터+유성기어 조합)로 승용차 자동변속기의 운전처럼 특별한 문제는 없다. 단, 모니터 C에 점검(스패너) 경고등이 점등되면 가능한 엔진 정지 & IG 리셋 후 다시 시작하기 바란다.		

1. 엘리슨 자동 변속기 사용관련 세부 설명

엘리슨 변속기는 미국회사가 만든 순수 자동변속기(토크컨버터 + 다단 유성기어 조합)이며, 승용차에 보편적으로 사용하고 있는 변속기와 특성이 같다고 생각하면 된다. 단, 조작 버튼에 대한 기능을 숙지하고 사용하기 바란다.

※ 참고로 국내에 들어와 있는 버튼식 엘리슨 변속기는 세대별로 조금씩 버튼 패널의 기능 및 모양에 변화가 있으나, 기본 작동 요령은 크게 다르지 않다.

1) 버튼 식 조작패널 기능 및 조작방법

- C : 현재 변속단수 표시 창
- D : 변속패턴 모드 스위치 (이코노믹·퍼포먼스)
- E : 수동 UP 버튼
- F : 수동 DOWN 버튼
- G : 후진 버튼
- N : 중립 버튼
- I : D단 버튼(자동변속)

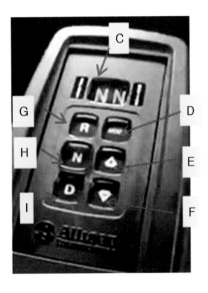

■ 초기 시동상태 및 "N" 버튼을 누른 경우

브레이크 페달을 밟고 초기에 시동을 걸거나 "N" 버튼을 누르면 현재의 변속단수 표시 창 "C"에 NN이란 표시가 나타난다. 즉, 현재는 기어가 모드 체결되지 않은 중립 상태를 나타낸 것이다.

현재 이 차량은 6단 변속기 차량이고 현재의 기어 포지션은 "N"위치라는 표시이다. 이 상태에서 잠시 후 오른쪽 N이 6 → 1단으로 바뀌면 출발이 가능하다.

NN상태에서 브레이크 페달을 밟고 "D"버튼을 누를 경우

이 표시는 6단 변속기에서 현재 체결된 기어는 6단임을 표시한 것이다.

현재 이 차량은 R단, 현재 기어 표지션은 “N”위치이다. 이 상태에서 오른쪽 N이 변속기에 따라 R, R1 또는 R2로 바뀌며, 필요 시 업·다운 버튼을 이용하여 변경이 가능하다.

NN 상태에서 브레이크 페달을 밟고 “R” 버튼을 누를 경우

일반적으로 차량에 따라 아래와 같이 표시된다.

후진 포지션에 후진기어 ON 상태(통상 6단 자동변속기에는 후진 1단만 있다)

후진 포지션에 후진기어 1단(10단 변속기 사양)

후진 포지션에 후진기어 2단(10단 변속기 사양)

한 번씩 누를 때 마다 이코노믹 모드와 퍼포먼스모드로 변환되며, 자동변속 조건에서 변속 패턴이 바뀐다.

모드 선택 버튼 “D”(자동변속 일 때만 해당된다)

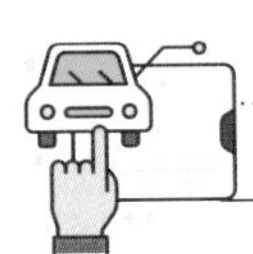

2) 그렇다면 럭다운 시험 시 수동모드 구현은 어떻게 하는가?

엘리슨 변속기에는 엑시언트나 기타 세미오토 변속기에 있는 M·A(수동·자동) 버튼이 별도로 없다. 그러므로 브레이크 페달을 밟은 상태에서 "D" 모드에 설정하고 다운 버튼을 누르면 디스플레이에 3 | 1로 표시된다. 즉, MAX 3단 고정 변속 모드에서 현재 1단 기어가 체결되어 있다는 표시이다.

이 상태에서 브레이크 페달에서 발을 떼고 액셀러레이터 페달을 밟아 가속하면 디스플레이에 3 | 3이 표시되고 더 이상 변속이 되지 않는다. 이 상태에서 예열 및 본 모드로 진입된다. 혹시 이 상태에서 70km/h의 차속이 나오지 않으면 다이나모 차속 조건을 60km/h(차속 제한 장치 모드)로 변경 후 본 모드를 진입하면 된다.(자세한 설명은 다음 페이지 참조)

3) 예열 및 본 모드 종료

3 | 3 조건에서 예열 및 본 모두가 종료되면 "N" 버튼을 눌러 기어를 중립에 위치시켜 변속기 및 다이나모에 무리가 없다.

4) 기타 주의사항

① 엘리슨 변속기 조작 패널 버튼 중 UP·DOWN 화살표를 동시에 누르지 않는다. 변속과 전혀 관계없는 변속기 오일량 체크 모드로 진입된다.

② 변속기 조작중에 디스플레이 창에 아래와 같은 표시 또는 이해 할 수 없는 기호가 출력될 경우 "N" 버튼을 누르고 차량이 완전히 정지하면 IG를 리셋하고 처음부터 다시 검사를 시작 하여야 한다.

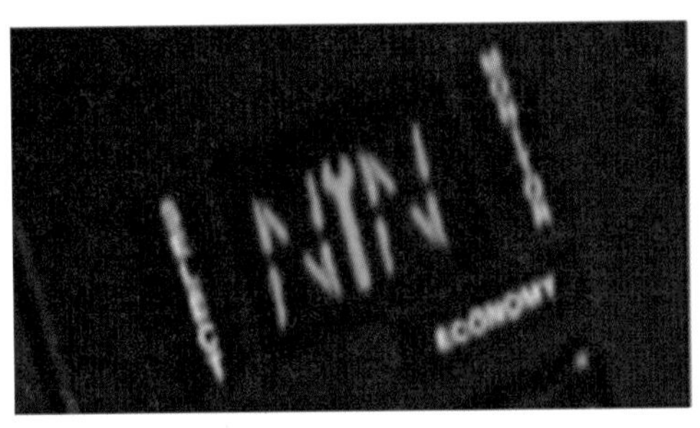

2. 엘리슨 6단 자동 변속기 실전 본 모드 진입하기

① 브레이크 페달을 밟고 “N” 버튼 누른다.

중립 상태 표시 N단

② 1번 조건에서 브레이크 페달을 놓은 ON상태를 유지하고 “D” 버튼을 누른다.

자동으로 Max 6단까지 변속되며 현재 1단 기어 상태이다.

이 상태에서 가속을 실시하면 오른쪽 숫자가 6 | 1, 6 | 2, 6 | 3, 6 | 4, 6 | 5, 6 | 6으로 바뀌면서 변속이 되어 차량이 가속된다.(오토 모드)

③ 럭다운 진입 시에는 변속 단을 고정해야 하므로 다음과 같이 실시하여 Max 자동변속 단수를 3으로 고정해야 한다. (참고로 엘리슨 6단 변속기는 자동변속 Max 단수를 6단 및 3단으로 고정할 수 있다.)

그러므로 2번 조건 상태에서(브레이크 페달은 ON상태 유지) 다운 버튼을 누르면 아래와 같이 디스플레이가 바뀐다.

자동 Max 변속은 3단 고정이고 현재 1단 기어가 체결되어 있다는 표시이다. 즉 3단 고정 변속을 의미한다. 승용차 자동변속기 수동 모드에 3, 2, 1단 표시와 비교하면 3 위치이다.

이 상태에서 브레이크 페달에서 발을 떼고 가속을 하면 3 | 2, 3 | 3으로 바뀌고 더 이상 변속이 되지 않는다.

그래서 통상 3 | 3 조건에서 예열 및 본 모드 진입이 가능하며, 만약 3 | 3 모드에서 본 모드 진입(70km/h) 속도가 나오지 않으면 차속 제한 조건으로 설정하여 60km/h로 본 모드 진입을 하면 된다. 예열 및 본 모드 끝나고 "N" 위치에 놓으면 3단 고정은 리셋됨으로 다시 처음부터 설정을 하여야 한다.

④ 그 밖에 주의사항

아래와 같은 디스플레이 상태에서는 럭다운 검사 진입을 해서는 안 된다.

1단부터 Max 6단까지 자동변속

1단부터 Max 2단까지 자동변속

1단 이상 변속 안됨

⑤ 3단 고정으로 놓고 럭다운 검사를 위해 풀 가속을 했더니, 목표 마력이 나오기 전에 자동으로 변속되어 상위 단수 4, 5, 6단으로 올라가는 경우

드물긴 하지만 럭다운 검사를 하다보면 상기와 같은 차량이 간혹 발생한다. 이러한 경우 일반적으로 엔진에 관련된 문제로 마력이 출력되지 않고 풀 가속이 진행될 경우 T/M 보호 차원에서 변속이 이루어진다. 이런 차량들은 당황하지 말고 A/S에서 차량을 수리한 후 재검을 받을 수 있도록 안내해 주기 바란다.

3 대우 25톤 카고 트럭

차명	대우 25톤 카고 트럭	변속기	수동 8단
차량			
변속레버	토끼 버튼 작동 시 점등 C. 보조기어1 : Low·High(다음 페이지 참조) D. 보조기어2 : 토끼 선택 스위치(스틱커버 하단 우측에 있다)		
ASR 버튼	ASR OFF 스위치	클러스터 ASR 경고등	
운전 준비	A: ASR OFF 스위치를 누른다(필요시 ABS 퓨즈 탈거) B: 클러스터에 ASR 경고등 또는 ABS 경고등의 점등을 확인한다. C: 클러치 페달을 밟고 변속레버의 앞쪽에 H 버튼을 누른다. D: 클러치 페달을 밟고 변속레버를 오른쪽으로 끝까지 밀었다 놓는다(토끼 모드 선택) → 토끼 램프 점등 변속기어를 5단으로 변속하고 클러치 페달을 밟고(OFF) 가속을 한다.		
운전 방법 및 기타	1. 상기와 같이 선택하면 5, 6, 7, 8단 변속이 진행된다. 변속레버 중립에서 왼쪽으로 살짝 밀고 앞으로 밀면 5단, 뒤로 당기면 6단이 되고, 변속레버를 중립에서 바로 앞으로 밀면 7단, 뒤로 당기면 8단이 된다. 2. 일반적으로 예열 모드는 5단으로 스타트 하여 차속을 맞추면 된다. 그리고 본 모드(70Km/h)는 5단으로 스타트, 6단에서 가속하면 된다. 혹시 6단에서 본 모드의 차속이 나오지 않으면 7단으로 변속한다.		

1. 8단 수동변속기의 이해

대우 25톤 8단 수동변속기는 변속레버를 통해 구분이 가능하며, 이를 기준으로 변속방법을 사전에 숙지한 후 진행하여야 한다.

1) 8단 수동변속기

클러치 페달을 밟고 변속레버 앞쪽에 있는 (L·H)버튼 중 H쪽으로 눌러준다.(H 선택) 토끼 버튼은 변속레버 아래 커버 우측에 내장 되어 있으며, 클러치 페달을 밟고 변속레버를 중립에서 오른쪽으로 끝까지 밀었다 중립에 놓으면 "척" 소리가 나면서 토끼 램프가 점등된다.

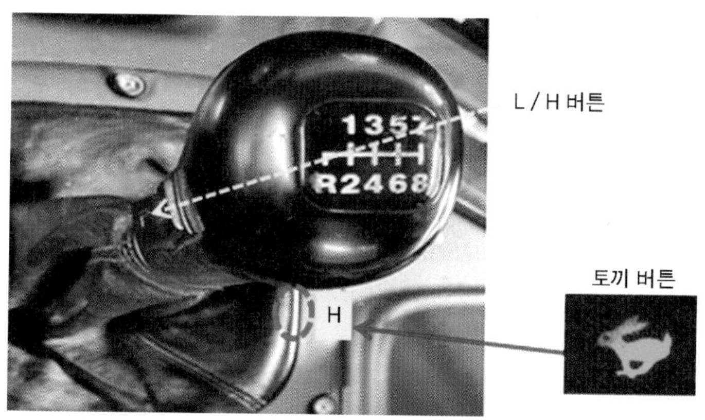

2. 예열 및 본 모드 진입 변속하기(8단으로 설명)

클러치 페달을 밟은 상태에서 H버튼을 선택하고, 이 상태에서 변속레버를 오른쪽으로 끝까지 밀어 토끼 모드의 중립에서 왼쪽으로 살짝 밀어 5단, 뒤로 당겨 6단으로 변속하여 예열 및 본 모드로 진입, 일반적으로 본 모드는 6단 또는 7단에서 이루어진다.

3. 변속단수 간단하게 설명

봉에 보면 R(후진) 1~8단까지 길이 있지만 실제 기어를 변속해보면 4단의 길 밖에 없다. 쉽게! H 버튼에 놓으면 1, 2, 3, 4단으로 변속되고 이 상태에서 토끼 램프가 점등되면 1(5),

2(6), 3(7), 4(8)단이 된다. ( )속에 표시된 단수가 토끼 램프 점등 시 길이 된다. 그래서 8단 변속기이다. 단, 후진기어는 L에 놓았을 때만 변속된다.

4. 기타(ASR OFF 관련)

대우 25톤 구형에서 ASR 스위치를 OFF시키고 가속을 해도 ABS ECU가 가속을 방해하는 경우에는 ABS 퓨즈를 제거하고 검사 모드를 진행하여야 한다.

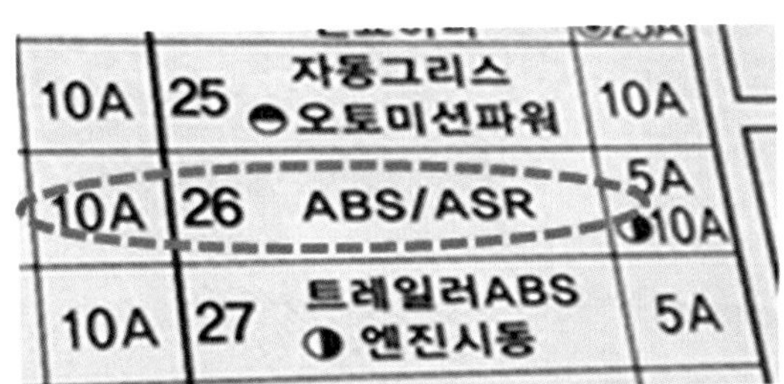

퓨즈박스 설명서
(26번 5A 퓨즈제거)

26번 퓨즈 위치

4 대우 16톤 카고 트럭

차명	대우 16톤 카고 트럭	변속기	수동 6단
차량			
변속레버	 수동 6단 변속기	 필요시 ABS 퓨즈 제거	
ASR 버튼	 ASR OFF 스위치	ASR OFF 스위치를 눌러도 클러스터 경고등의 점등이 되지 않는다.	
운전 준비	A: ASR OFF 스위치를 누른다.(필요시 ABS 퓨즈 제거) B: 클러스터에 ASR 경고등 또는 ABS 경고등이 점등되지 않는다. C: 클러치 페달을 밟고 4단으로 변속하여 예열모드 실시 D: 클러치 페달을 밟고 5단으로 변속하여 본 모드 검사 실시		
운전 방법 및 기타	1. 대우 16톤 카고 6단 변속기는 일반적으로 4단에서 예열하고, 5단에서 본 모드로 진입하면 된다. ※ 참고로 변속단수 선택이 애매한 차량은 처음 스타트 할 때 4단으로 변속하고 가속하여 예열모드로 진입하면 된다. 2. 본 모드는 4단에서 스타트하여 차속이 리미트에 걸리면 그대로 변속레버를 뒤로 당겨 5단으로 변속하고 본 모드 검사를 진행하면 된다.		

5 자일 대우버스 FX120

<table>
<tr><th>차명</th><th colspan="2">자일 대우버스 FX120</th><th>변속기</th><th>수동 6단</th></tr>
<tr><td>차량</td><td colspan="4"></td></tr>
<tr><td>변속레버</td><td>

수동 6단 변속기</td><td>ASR
버튼</td><td colspan="2">ASR 해제버튼 없음 퓨즈
제거 시 클러스터에 ASR 경고 등 점등

수동 6단 변속기</td></tr>
<tr><td>ABS
퓨즈 제거</td><td colspan="4">■ 퓨즈 박스 위치 : 안내양 석 앞 패널 안쪽에 F42번 20A 퓨즈 제거

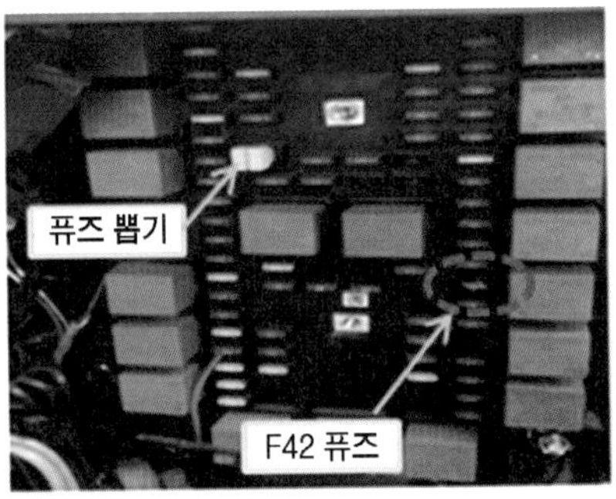
</td></tr>
<tr><td>운전 준비</td><td colspan="4">A: 퓨즈 박스 내 F42 20A ABS 퓨즈 제거
B: 클러스터에 ASR 경고등 또는 ABS 경고등의 점등을 확인한다.
C: 클러치 페달을 밟고 3~4단으로 변속하여 예열모드 실시
D: 클러치 페달을 밟고 4단으로 변속하여 본 모드 검사 실시</td></tr>
<tr><td>운전 방법
및 기타</td><td colspan="4">1. 자일 대우버스 FX120 차량은 별도의 ASR 스위치가 없으므 로 퓨즈 박스 내 ABS 퓨즈(F42번)를 제거한 후 3~4단에서 예열모드 진입 후 4단에서 본 모드 검사를 진행하면 된다.
※ 퓨즈를 제거하지 않으면 속도계 검사도 안 된다.</td></tr>
</table>

6 대우 NOVUS 390PS

차명	대우 NOVUS 390PS	변속기	수동 6단
차량			
변속레버	수동 6단 변속기	ABS 버튼을 누르면 클러스터에 ABS 경고등이 점등되지만 다이나모 구동시 바로 풀려서 부하검사가 안된다.(퓨즈 제거)	
ABS 퓨즈 제거	■ **퓨즈 박스 위치 :** 센터 콘솔 앞쪽에 커버를 열면 그 안에 있다. 자기진단 커넥터 26번 퓨즈		
운전 준비	A: ASR OFF 스위치를 누른다.(필요시 ABS 퓨즈 제거) B: 클러스터에 ASR 경고등 또는 ABS 경고등 점등확인 C: 클러치 페달을 밟고 4단으로 변속하여 예열모드 실시 D: 클러치 페달을 밟고 5단으로 변속하여 본 모드 검사 실시		
운전 방법 및 기타	1. 상기 차량은 ABS 스위치를 눌러도 다이나모에서 차량의 가속이 되지 않는다. ABS 퓨즈(26번)를 제거하고 4단에서 예열모드를 실시한 후 본 모드는 5단에서 풀 가속하여 검사를 진행 하면 된다. ※ 퓨즈를 제거하지 않아도 속도계 검사까지는 가능하지만 럭다운 검사는 안 된다.		

7 대우 프리마 340PS

차명	대우 프리마 340PS	변속기	수동 6단
차량			
변속레버	수동 6단 변속기	ABS OFF 스위치 ABS 해제 경고등 ABS 버튼을 누르면 클러스터에 ABS 경고등이 점등되고, 부하검사가 가능하다.	
운전 준비	A: 엔진을 시동한 후 ABS OFF 스위치를 누른다. B: 클러스터에 ABS 경고등의 점등을 확인한다. C: 클러치 페달을 밟고 4단으로 변속하여 예열모드 실시 D: 클러치 페달을 밟고 5단으로 변속하여 본 모드 검사 진행		
운전 방법 및 기타	프리마 340PS 6단 수동변속기는 통상 4단에서 스타트가 가능하고, 예열까지 할 수 있다. 본 모드는 4단에서 출발하여 5 단으로 변속한 후 Full 가속하면 본 모드 진입 및 안정적인 부하검사가 가능하다. ※ 본 모드에서 출력이 약간 부족한 경우는 통상 4단에서 충분히 가속한 후 5단으로 변속을 실시하고 액셀러레이터 페달을 Full로 유지한다.		

대형차량
LUG Down 모드검사 Manual Ⅲ

수입 상용자동차

NO	차명	페이지	비고
1	MAN (한성4.5t카고) 460/500PS	126	세미오토 T/M
2	VOLVO 280	130	
3	VOLVO 450	134	
4	벤츠I AROCS	140	
5	벤츠II AROCS	143	
6	SCANIA 420PS	147	
7	IVECO 320PS	153	
8	벤츠 ATEGO 286PS	158	수동 8단
9	DUEGO EX (중형승합)	160	수동 8단
10	UD Trucks 420 (Japan)	161	수동 12단
11	SCANIA 420PS (2002년식)	163	수동 12단

※ 럭다운 검사 차량은 반드시 보조 브레이크(엔진 브레이크 & 리타더)를 OFF시킨 후 검사하기 바란다. 그렇지 않으면, 차량의 가속이 잘 되지 않는다.

수입차량 럭다운 모드 검사 시 공통 주의사항

1. 수입 상용차 럭다운 검사에 앞서

수입 상용차 럭다운 검사를 하기 위해서는 먼저 국내 상용차에서 충분히 연습을 실시하고 진행하기를 부탁한다. 특히 세미오토 변속기는 필자가 모드검사 매뉴얼 I편(현대 상용차)을 충분히 이해하고 숙달한 후에 진행한다면 특별한 어려움은 없을 것으로 생각된다.

2. ASR 해제 관련

일부 수입 상용차들은 운전석에서 버튼으로 ASR 또는 TCS의 기능이 해제되지 않는 차들이 종종 있다. 그러므로 이러한 차량들은 사전에 관련 자료를 검토하여 근거에 준해서 퓨즈를 제거하여야 한다.

만약 충분한 자료나 경험이 없는 차량은 무리하게 검사를 진행하지 않는 것이 좋다. 잘 알겠지만, 까마귀 날자 배 떨어진다고 전혀 예상치 않는 일에 엮이면, 정말로 난처한 일이 발생한다. 그리고 부득이 하게 퓨즈를 제거할 경우 운전자에게 당위성을 설명하고, 고객이 동의한 경우에 한해서 검사를 진행하기 바란다.

검사 후 예기치 않은 경고등이 점등되면, A/S에 방문하여 소거를 하여야 하는데, 잘 알겠지만 수입 상용차는 A/S를 받기가 생각보다 어렵고, 차량의 이상으로 일을 못하게 되면, 생각지도 않는 신경전에 골머리를 쓰게 된다. 그리고 럭다운 중 클러스터에 경고등이 점등되면 검사를 멈추고 관련 내용을 충분히 확인한 후 검사를 진행하기 바란다.

3. ABS 퓨즈 제거 관련

국산 차량도 동일하지만 특히 수입 차량에서 부득이 하게 고객에 동의를 구하고 퓨즈를 제거할 때 반드시 차량의 전원을 OFF시키고 해당 퓨즈만을 제거하기 바란다. 그리고 처음 작업해 보는 차량은 주변 검사원들에게 확실하게 확인하고 작업을 하기 바란다.

퓨즈를 빼기 전에 휴대폰으로 사진 촬영을 한 뒤 검사가 완료되면 퓨즈 용량이 바뀌지 않도록 정확하게 장착하여야 한다. 물론 퓨즈를 장착할 때도 차량의 전원을 완전히 OFF시키고 작업을 하여야 한다. 특히 몸에 정전기가 많은 사람은 퓨즈를 꼽거나 제거 시 몸에 정전기를 방출하고 작업한다.

4. RPM 센서 장착

수입 상용차 중에 일부는 엔진 오일 팬이 알루미늄 또는 보호 커버가 덮여 있어 진동 센서를 장착하기가 용이하지 않은 경우가 종종 있다. 이런 경우 실린더 블록 또는 엔진의 측면에 붙이는 경우 가급적 엔진의 열을 덜 받는 장소에 붙인다.

그리고 어쩔 수 없이 열을 잘 받는 곳에 센서를 붙였다면, 가능한 짧은 시간에 검사를 끝내고 혹시 예상보다 시간이 지연되면 센서의 온도를 확인하여, 손으로 잡았을 때 뜨거운 열기가 느껴지면 온도를 낮춘 후 검사를 진행하여야 한다. 그렇게 함으로써 럭다운 본 모드 진행 중 RPM 센서의 문제를 최소화 할 수 있다.

1 MAN(한성 4.5t 카고)

차명	MAN(한성 4.5t 카고)	변속기	세미오토
차량	TGS 26.460		
변속레버	D : 수동·자동(M·A) 모드 스위치 선택 E : 수동변속 UP·DOWN 레버	C : 변속기 포지션 (DM, D, N, R, RM)	
ASR 버튼	ASR OFF 스위치	클러스터 ASR 경고등	
운전 준비	A: ASR·ESC OFF 스위치를 누른다. B: 클러스터에 ASR·ESC 오프로드 안내 표시판 및 경고등 점등된다. C: 브레이크 페달을 밟고 변속 포지션을 "D"에 위치시킨다. D: 수동·자동(M·A) 버튼을 눌러 "M"으로 설정한다. (클러스터에 변속단수 수동모드 확인 통상 3단 표시) 3. E: 브레이크 페달 놓고(OFF) 액셀러레이터 페달을 밟으면서 변속단수를 한 단씩 UP시킨다. (요령 : 엑시언트와 동일) ※ 통상 ABS 퓨즈 미 탈거시 차량가속이 안됨		
운전 방법 및 기타	1. 통상 상기와 같이 준비하고 가속 시 ASR OFF가 해제되고 가속이 되지 않는다. → ABS 퓨즈 탈거 필요(다음 페이지 참조) 2. 기타 운전 및 변속·가속 타이밍은 엑시언트와 같은 방법으로 하면 된다. MAN은 통상 예열 모드는 8~9단, 본 모드는 10단(500PS)에서 평가가 이루어진다.		

1. 세미 오토 변속기의 사용에 관련된 세부 설명

1) 수동·자동 선택버튼 및 수동변속 UP·DOWN 레버

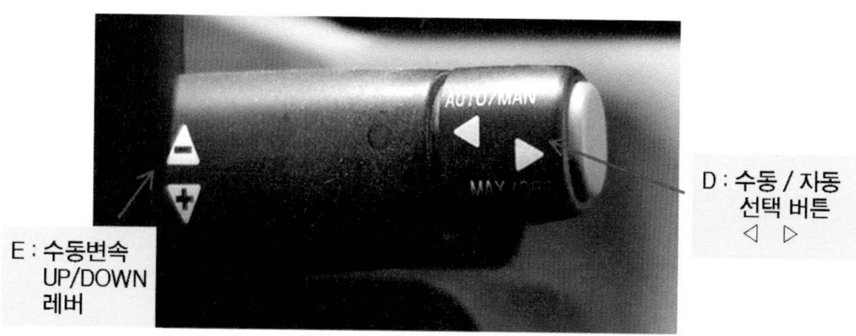

D : 수동·자동 선택 버튼

삼각형이 그려진 ◁ ▷케이스를 밀었다 놓으면 수동 모드가 되고, 다시 밀었다 놓으면 자동 모드로 바뀌고, 이때의 클러스터에는 아래와 같이 표시된다.

수동 3단 자동 3단

이때 브레이크 페달을 밟고 수동변속 UP·DOWN 레버 E를 위로당기면 (+), 당길 때마다 1단씩 업된다. 물론 반대로 눌렀다 놓으면 1단씩 다운 된다.

※ 단, 롤러 위에서 가능한 다운 버튼의 사용은 자제하고 감속이 필요한 경우 변속 포지션 레버를 "N"위치에 놓으면 된다.

기타 운전요령은 엑시언트와 동일하다.

2) 변속기 포지션 선택 스위치

전반적인 스위치 포지션 기능은 엑시언트와 동일하다.

- DM : 저속 전진(0.5단)
- D : 자동모드(M·A 선택 가능)
- D + A : 완전오토 액셀러레이터 페달과 브레이크 페달만으로 운전하며, 변속은 ECU가 자동으로 변속한다.
- D + M : 클러치는 자동 단, 변속기어 선택은 운전자 필요에 따라 UP·DOWN시켜야 한다.
- N : 중립
- R·RM : RM = 저속 후진, R = 일반 차속 후진

2. ABS 퓨즈 제거

MAN 차량은 일반적으로 ASR 스위치를 OFF시켜 클러스터에 경고등이 점등되어도 바퀴의 슬립이 크면 자동으로 ASR이 작동되므로 현실적으로 정상적인 럭다운 시험이 곤란하다. 그래서 일반적으로 ABS 퓨즈를 제거한 후 시험을 진행한다. 동승석 글로우 박스를 탈거하고 24번(15A)·26번(5A) 퓨즈를 제거한다.

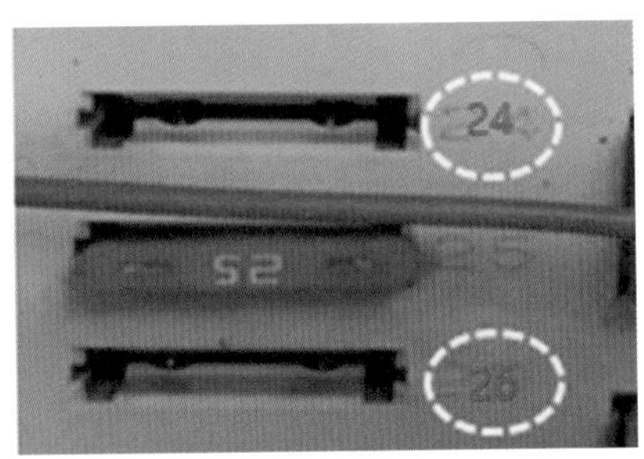

※ 퓨즈 장착 및 제거는 IG를 OFF시키고 진행하여야 한다.

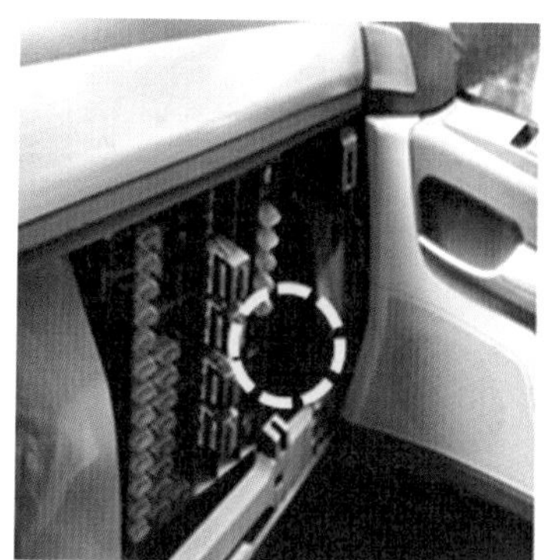

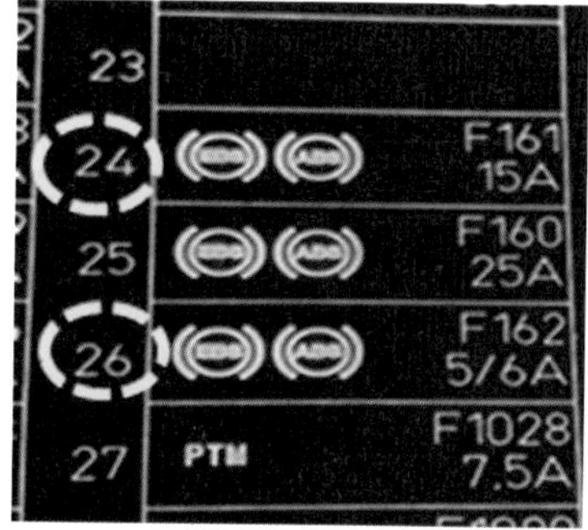

동승석 글로우 박스 탈거 24번(15A) / 26번(5A) 퓨즈를 탈거한다.
※ 퓨즈 장착 및 제거는 IG를 OFF시키고 진행하여야 한다.

퓨즈를 제거한 후 시동시 클러스터에 경고등이 점등된다.

※ 24번 퓨즈 하나만 제거해도 부하검사가 가능하지만 간혹,차종 및 연식에 따라 검사종료 후 자동변속이되지 않는 경우가 있으므로 유의 하여야한다.

3. RPM 센서 장착

운전석 앞바퀴 안쪽의 연료 파이프에 연결하면 비교적 잘 계측이 된다.

2 VOLVO 280

차명	VOLVO 280	변속기	세미오토
차량	 		
변속레버	 D : 수동·자동(M·A) 모드 스위치 E : 수동변속 UP·DOWN 레버 C : 변속기 포지션 선택(D, N) F : 후진 변속 스위치 및 후진 해제		
TCS 버튼	 TCS OFF 스위치	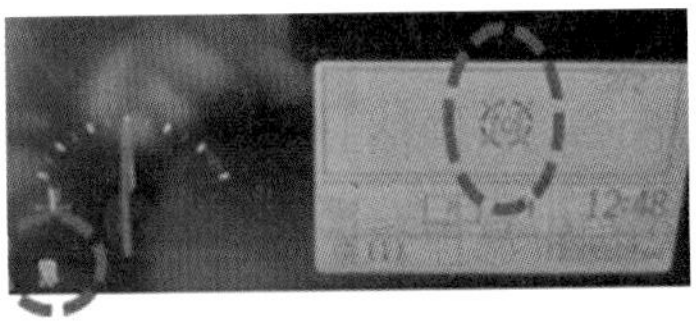 클러스터 TCS 경고등	
운전 준비	A: TCS OFF 스위치를 누른다.(10초 이상 길게) B: 클러스터에 TCS OFF 안내표시 및 경고등이 점등된다. C: 브레이크 페달을 밟고 변속 포지션을 C를 "D"단에 위치시킨다. D: 수동·자동(M·A) 버튼 레버 D를 위로 당겼다 놓으면 M 수동, 다시 당겼다 놓으면 A 자동으로 선택된다.(클러스터에 변속단수 수동모드 확인 일반적으로 1단 표시) E: 수동·자동 버튼 레버를 수동 M에 놓고 브레이크 페달 놓고(OFF) 액셀러레이터 페달을 밟으면서 레버 E를 전방으로 밀었다 놓으면서 한 단씩 변속단수를 UP시킨다.(요령 : 엑시언트와 동일)		
운전 방법 및 기타	1. 통상 M 3단에서 예열모드에 진입이 가능하다. 그리고 본 모드는 M 4단에서 진입하면 된다. 2. 기타 수동변속기의 작동에 관련하여 상세한 사항은 다음 페이지를 참조하기 바란다.		

1. 세미 오토 변속기의 사용에 관련된 세부 설명

1) 수동·자동 선택버튼 및 수동변속 UP·DOWN 레버

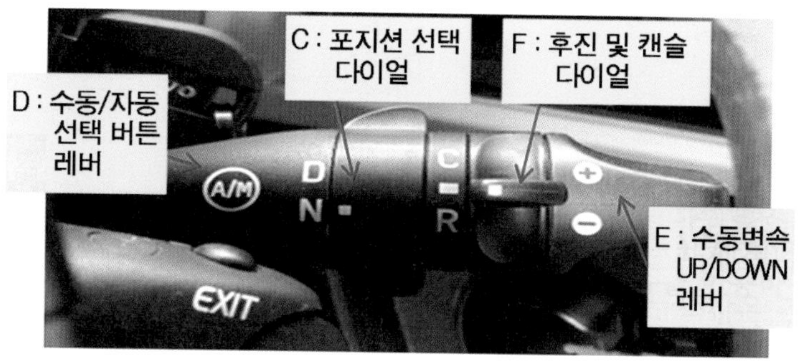

D : 수동·자동 선택 버튼

레버 전체를 위로 당겼다 놓으면 A(오토) 다시 한 번 당겼다 놓으면 M(수동)으로 바뀐다. 이때 클러스터에 아래와 같이 표시된다.

수동 1단

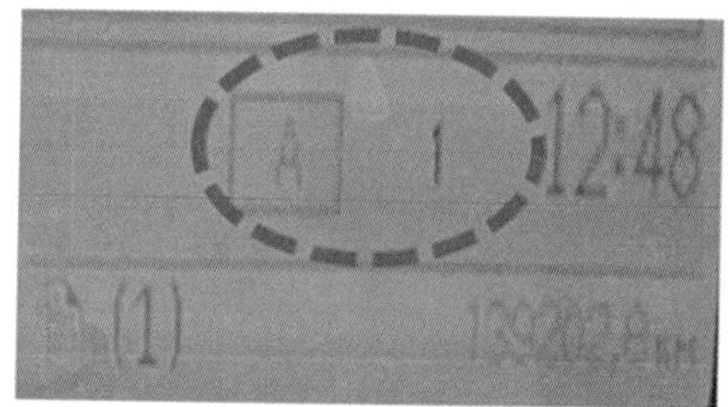

자동 1단

C : 포지션 선택 다이얼

다이얼을 돌려 "D"에 위치시키면 자동변속 모드이고 "N"에 위치시키면 기어는 중립 상태이다.

F : 후진 및 캔슬 다이얼

차량 후진 시 "R"에 위치시킨다. 그리고 "C"위치로 돌렸다가 놓으면 후진 기어가 이탈(해제)된다.

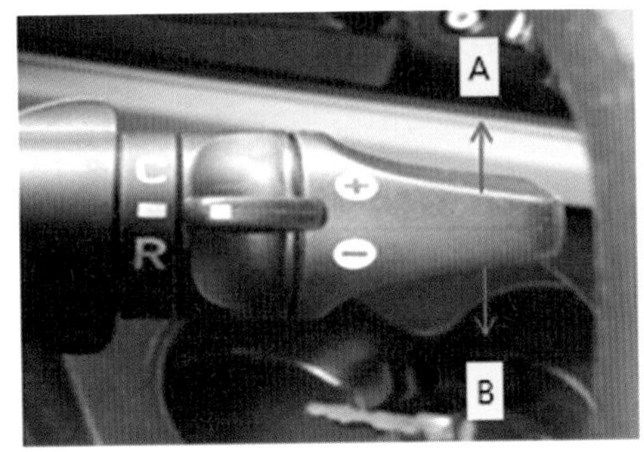

E : 수동변속 UP·DOWN 레버

수동 모드에서 D단에 위치시키고 레버를 A방향(+)으로 밀면 1단씩 변속 단수가 UP 된다. 그리고 반대로 B방향(-)으로 내리면 변속 단수가 1단씩 DOWN 된다.

■ 운전 방법

브레이크 페달을 밟은 상태에서 포지션 선택을 D에 위치시키고 수동·자동 레버를 위로 당겨 클러스터에 "M" 1단이 표시되면 브레이크 페달에서 발을 떼고 액셀러레이터 페달을 밟으면서 가속을 실시함과 동시에 엔진의 최고 RPM 70% 정도에서 수동변속 레버를 A 방향으로 밀었다 놓으면 1단씩 변속이 UP되고 클러스터에 현재 단수가 표시 된다.

일반적으로 3단에서 예열 모드를 진입할 수 있으며, 예열 모드가 끝나면 바로 변속기 포지션 선택을 "N"위치에 놓고 자연 감속시킨다. 차가 완전히 멈추면 예열 스타트와 똑같이 브레이크 페달을 밟고 포지션 선택을 "D"에 위치시키고, 수동·자동 레버를 이용하여 수동 모드 선택한 후 액셀러레이터 페달을 밟으면서 한 단계씩 UP시킨다. 일반적으로 본 모드는 4단에서 진입이 가능하다.

2. TCS OFF 관련 세부설명

1) TCS 스위치를 누르지 않았을 때 클러스터의 상태

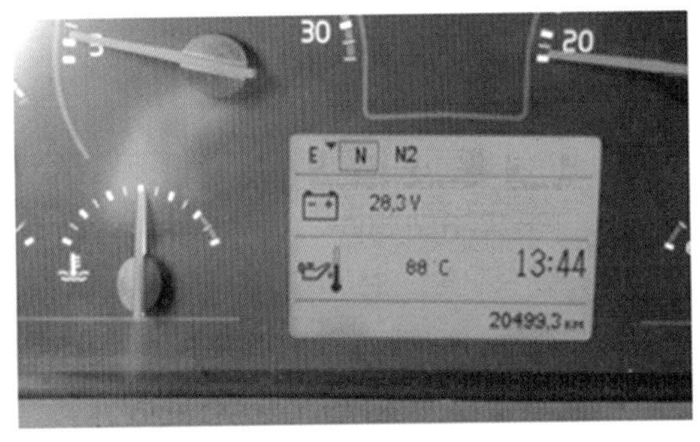

클러스터

TCS OFF 스위치

2) TCS 스위치를 3초 정도 눌렀을 때

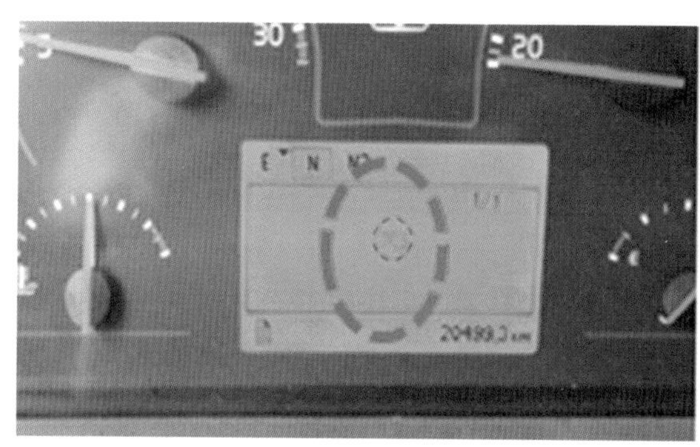

클러스터에 TCS 경고등이 점등되지만 바퀴의 슬립이 과도하면 TCS 제어 기능이 자동으로 해제되어 정상적으로 작동한다.

상기 2)번의 TCS 경고등이 점등된 상태에서 다시 10초 정도 계속 누르고 있으면 경고등 모양도 바뀌고 온도계 아래의 타이어 슬립 경고등이 점등된다. 이 상태에서 럭다운 진입이 가능하다.

3 VOLVO 450

차명	VOLVO 450	변속기	세미오토
차량	 		
변속레버	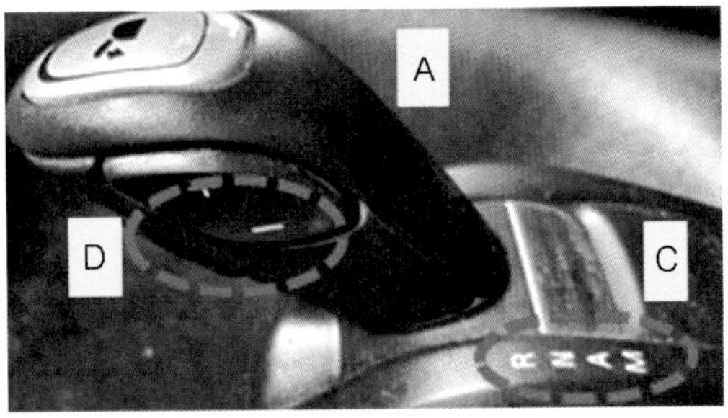   A / D / C 수동 M / 자동 A D : 변속 UP(+) / Down(-) 버튼 A : 포지션 레버 C : 포지션 선택 R : 후진 / N : 중립 A : 오토변속(D단에 해당) M : 수동변속		
TCS 버튼	 OFF ROAD / TCS / 점멸확인 TCS OFF 스위치	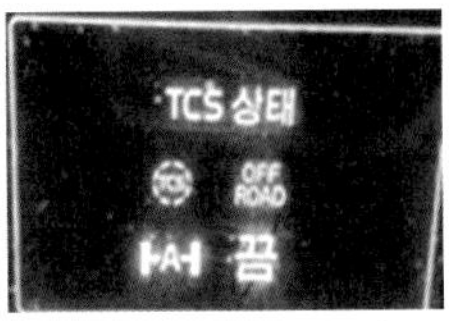 TCS 상태 / OFF ROAD / 끔 클러스터 TCS OFF 경고등	
운전 준비	A : TCS OFF 스위치를 5초 이상 누른다(버튼에 노란불 점멸) B : 클러스터에 TCS OFF 안내표시 및 경고등이 점등된다. C : 브레이크 페달을 밟고 포지션 레버 A를 움직여 변속 포지션을 "M"에 위치시킨다. (클러스터에 변속단수 수동모드 확인 통상 M3단 표시) D : 브레이크 페달을 놓고(OFF) 액셀러레이터 페달을 밟으면서 변속레버 옆 (+)버튼을 눌러 한 단씩 UP시킨다.(요령 : 엑시언트와 동일)		
운전 방법 및 기타	1. 통상 M 8단에서 예열 모드에 진입이 가능하며, 본 모드는 M 9단에서 진입하면 된다. ※ 참고로 스타트는 M 5단에서 가능하다. 2. 기타 수동변속기의 작동에 관련하여 상세한 사항은 다음 페이지를 참조해 주기 바란다.		

1. 세미오토 변속기의 사용에 관련된 세부 설명

변속 포지션 레버 및 수동변속 UP·DOWN 스위치

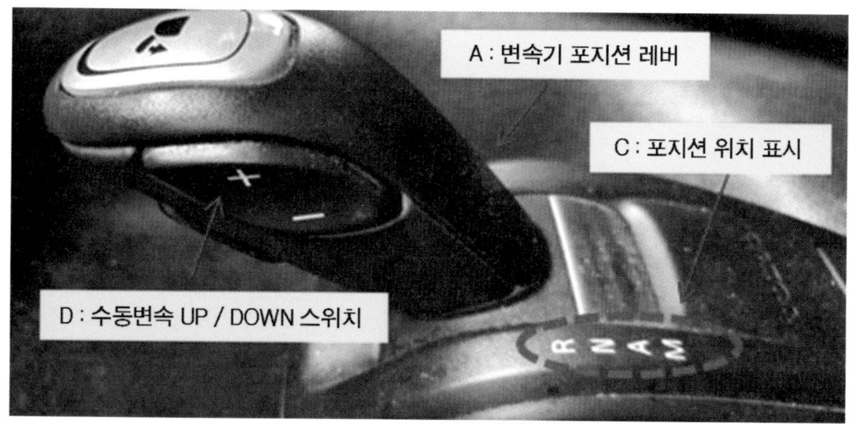

A : 포지션 레버 및 포지션 위치

브레이크를 밟고 포지션 레버 A를 아래로 움직여 원하는 위치에 놓는다.

R : 후진, N : 중립, A : 자동변속(D), M : 수동변속

D : 수동변속 UP·DOWN 레버

변속 포지션 위치를 M에 놓고 수동으로 변속 UP·DOWN 스위치(+)를 누르면 변속이 1단씩 업 된다. 그리고 반대로 UP·DOWN 스위치(-)를 누르면 변속이 1단씩 다운된다.

M 수동 6단

A 자동 4단

2. 기타 TCS OFF 스위치 관련 주의사항

• OFF Road 스위치를 한번 누르면 노란불이 점등된다.
(TCS 작동 둔감 모드) - 럭다운 진입불가.
• 이 상태에서 길게 5초 이상 누르면 노란불이 점멸된다.
(TCS 완전 OFF) - 럭다운 진입가능

3. 볼보 신형 트럭 450, 500, 540 TCS OFF시키는 방법

볼보 신형 트럭 TCS OFF는 두 가지 방법으로 할 수 있으나, 가능하면 TCS 버튼을 사용하지 말고 클러스터 메뉴판에 들어가 "롤러 벤치 모드"를 선택하고 진행하기 바란다.

TCS 버튼 스위치 사용

기존의 방식처럼 TCS OFF 버튼을 누르면, 클러스터에 표시되고 버튼에 불이 점등된다.

클러스터 메뉴 화면을 이용한 TCS 해제 방법

오른쪽 조향 핸들 옆에 메뉴 선택 버튼이 배치되어 있다.

① 메뉴 진입은 버튼을 누르고 설정화면 진입 → 아래 버튼을 눌러 → 차량을 선택 → 트랙션 컨트롤 → 롤러 벤치 모드 누르고 → 켬을 누른다. → 해제
원위치의 복원은 역순으로 하거나 IG를 리셋하면 초기화 된다.

② 볼보신형 트럭에서 클러스터 메뉴를 통해 롤러벤치 모드로 부하검사를 하지 않고, TCS OFF 버튼을 사용하여 부하검사 시, 부하검사 종료 후 핸들이 엄청 무거워지는 현상이 발생한다. 통상 이런 경우에는 IG OFF 후 30분 정도 방치했다가 시동을 걸면 복귀되는 경우가 있으므로 가능한 TCS OFF 버튼을 이용하여 부하검사를 하지 않기를 바란다.

② 볼보 신형 트럭 450, 500, 540 TCS OFF시키는 방법

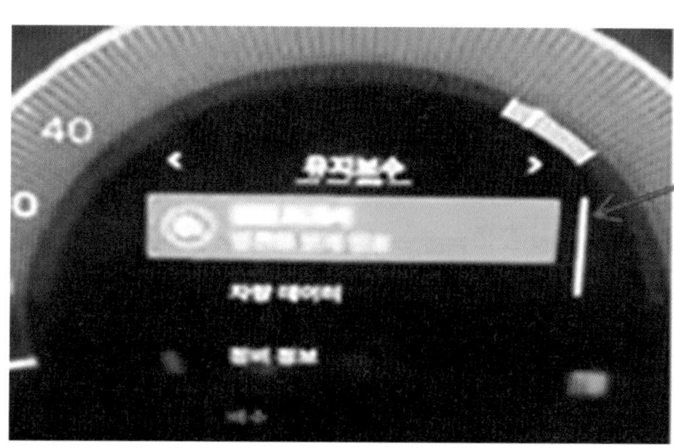

4. 변속레버 기타 기능

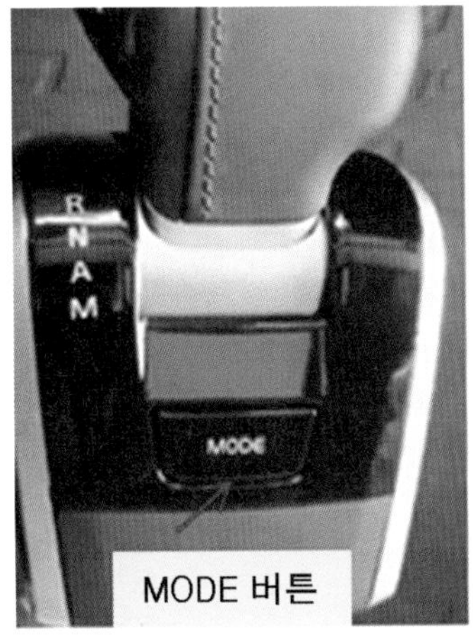

모드 버튼은 변속 모드를 선택하는
스위치로 한 번씩 누를 때마다 바뀐다

부하 검사 시 추천

5. 볼보 트럭의 진동 RPM 센서 장착위치

1) 볼보 450

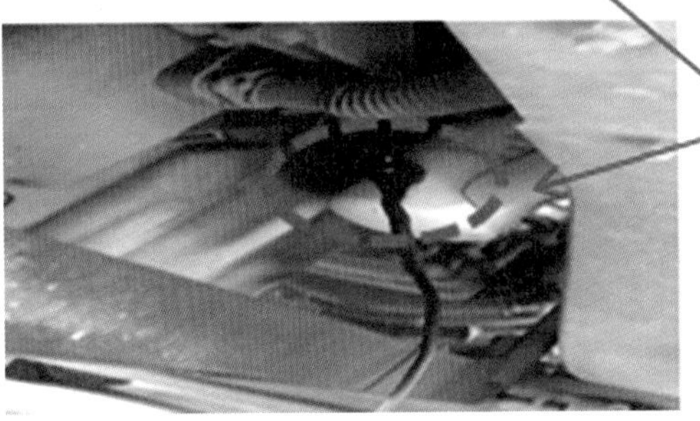

운전석 아래 백색 필터에 장착
하면 비교적 신호가 잘 측정된다.

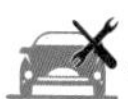

2) 볼보 540

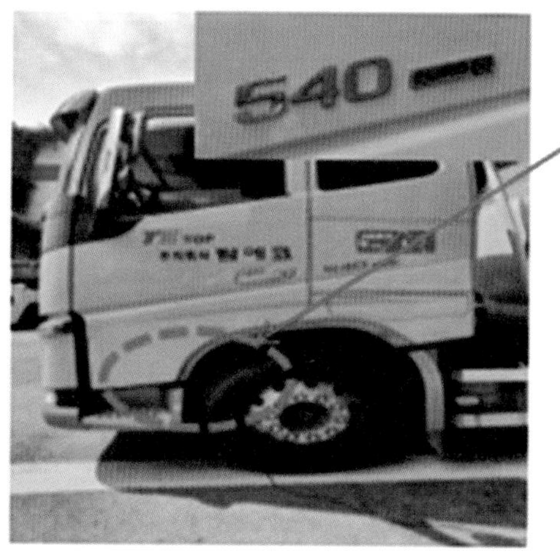

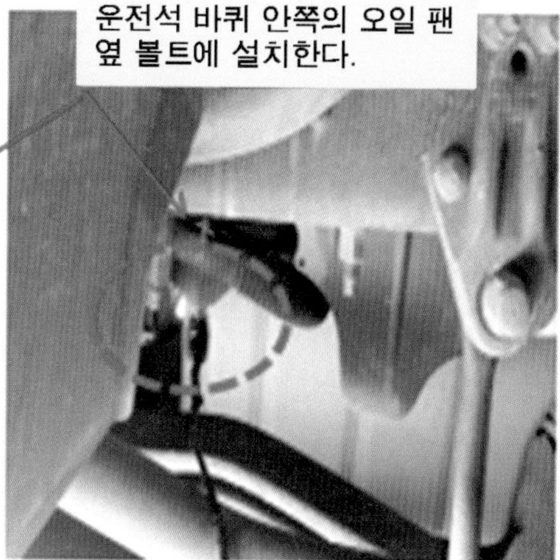

운전석 바퀴 안쪽의 오일 팬
옆 볼트에 설치한다.

3) 공통 장소(엔진 오일 팬 드레인 플러그 캡)

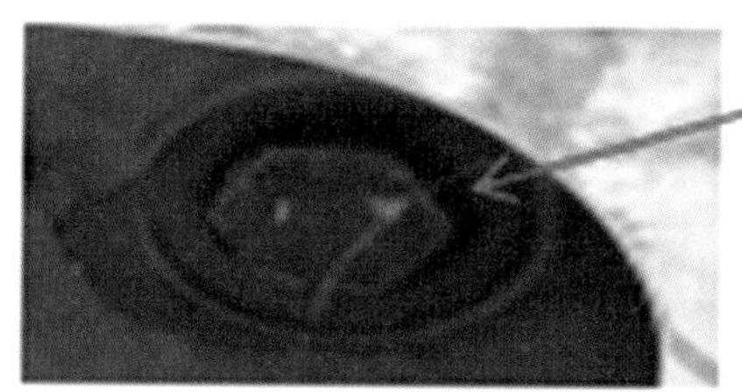

4 벤츠I AROCS

차명	벤츠I AROCS	변속기	세미오토
차량	 		
변속레버	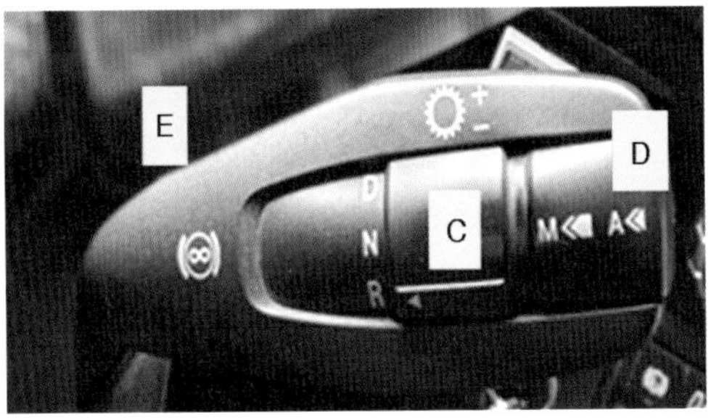 E : 수동변속 UP(+)/DOWN(−) 버튼 C : 변속기 모드 선택 다이얼 D : 자동변속 N : 중립 R : 후진 D : 수동 M/자동 A 선택 버튼		
ASR 버튼	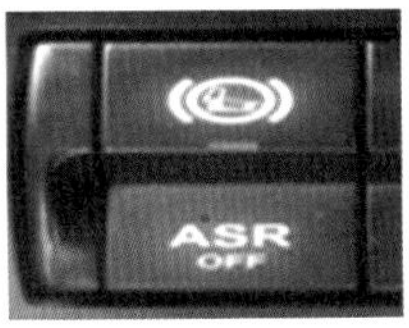 ASR OFF 스위치	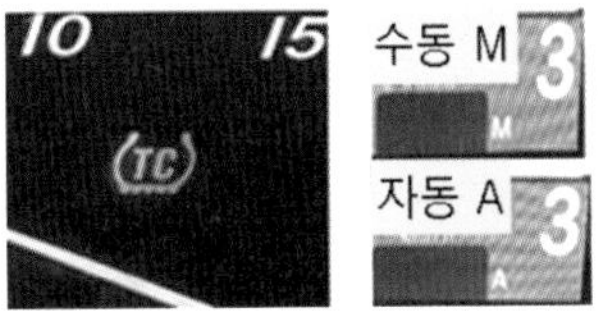 수동 3단 자동 3단 클러스터 TCS OFF 경고등	
운전 준비	A : ASR OFF 스위치를 누른다. B : 클러스터에 TCS OFF 경고등이 점등된다. C : 브레이크 페달을 밟고 변속 포지션을 "D"에 위치시킨다. D : 수동·자동(M·A) 버튼을 눌러 "M"으로 설정한다. (클러스터에 변속단수 수동모드 확인 통상 M 3단 표시) E : 브레이크 페달을 놓고(OFF) 액셀러레이터 페달을 밟으면서 수동변속 레버로 변속단수를 한 단씩 UP시킨다.(요령 : 엑시언트와 동일)		
운전 방법 및 기타	1. 일반적으로 M 5단으로 스타트 하고, M 8단에서 예열모드에 진입이 가능하며, 본 모드는 M 9단에서 진입하면 된다. 2. 기타 작동에 관련하여 상세한 사항은 다음 페이지를 참조해 주기 바란다.		

세미오토 변속기 사용에 관련된 세부 설명

1) 수동·자동 선택 버튼 및 수동변속 UP·DOWN 레버 / 모드 선택 다이얼

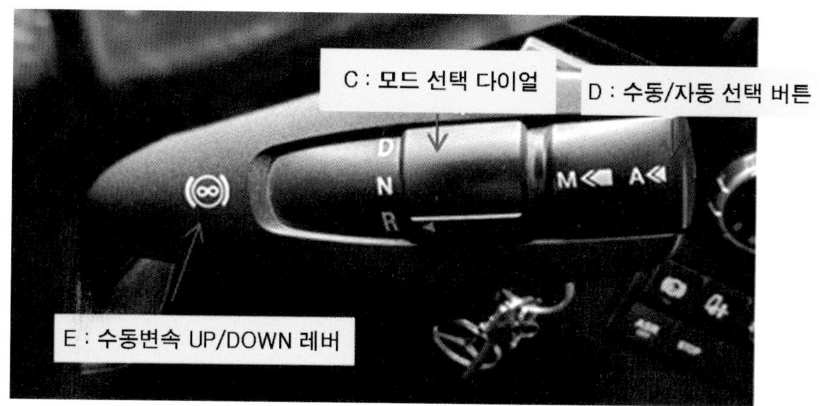

D : 수동·자동 선택 버튼

버튼을 눌렀다 놓으면, M 수동모드로 바뀌고 버튼을 다시 눌렀다 놓으면 A 자동 변속 모드로 바뀌며, 그 내용이 클러스터에 아래와 같이 표시된다.

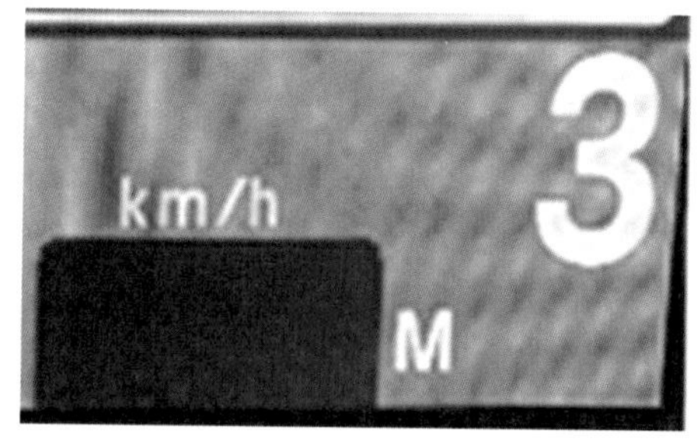

수동 3단

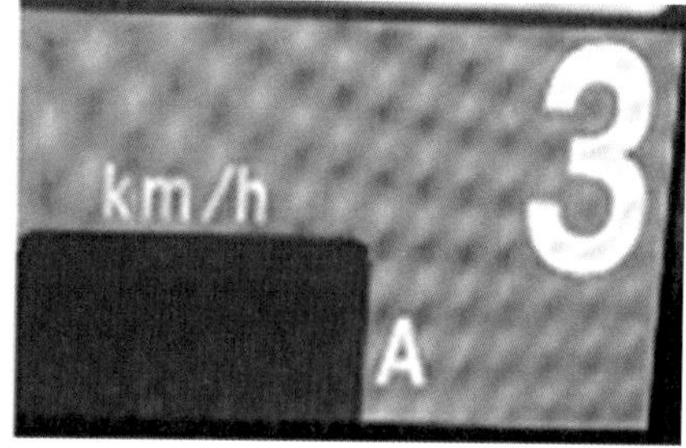

자동 3단

C : 모드 선택 다이얼

브레이크 페달을 밟고 다이얼을 돌려 "D"에 위치시키면 자동변속 모드이며, "N"에 위치시키면 기어 중립, R에 위치시키면 후진이다.

E : 수동변속 U·DOWN 레버

레버 전체를 조향 핸들 방향으로 당겼다 놓으면 1단씩 UP으로 변속이 되고, 바닥 방향으로 레버를 밀었다 놓으면 1단씩 DOWN으로 변속이 된다(엑시언트와 동일하다)

2) 진동 RPM 센서의 장착위치

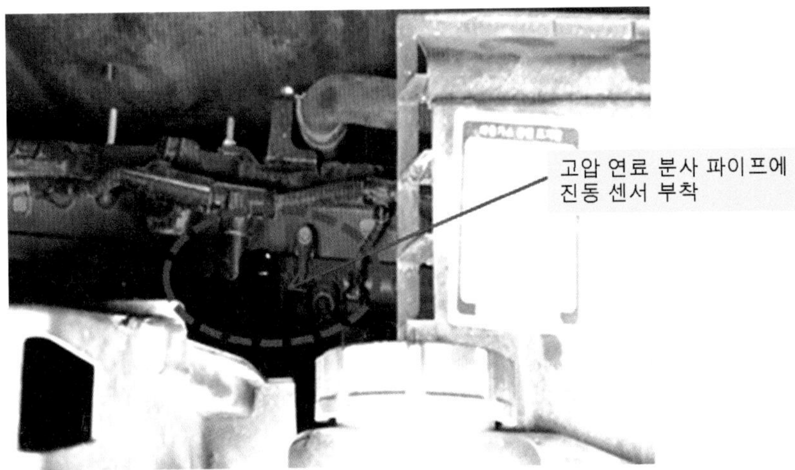

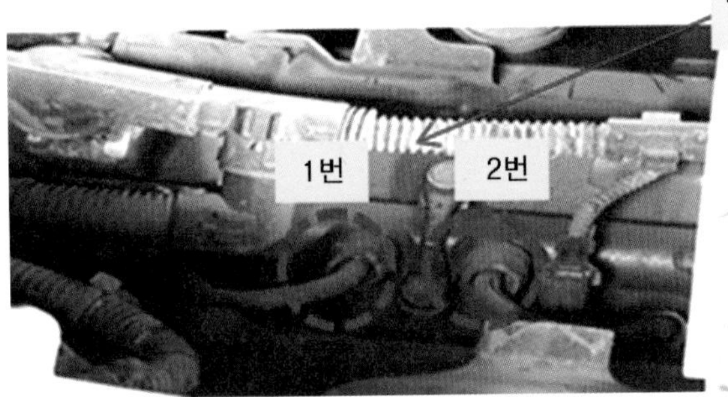

5 벤츠II AROCS

차명	벤츠II AROCS	변속기	세미오토
차량			
변속레버		E : 수동변속 레버1 : UP(+)/DOWN(-) 레버를 밀거나 당기면 2단씩 UP 또는 DOWN으로 변속된다. F : 수동변속 레버2 : UP(+)/DOWN(-) 레버를 올리거나 밑으로 내리면 1단씩 UP/DOWN으로 변속된다. G : N 버튼 : 누르면 N위치로 복귀 H : D & R 위치 변속 진입 버튼 I : M/A 버튼 : 수동 & 자동 선택 버튼	
ASR 버튼	ASR OFF 스위치	수동 M / 수동 3단 자동 A / 자동 3단 클러스터 TCS OFF 경고등	
운전 준비	A : ASR OFF 스위치를 누른다. B : 클러스터에 TCS OFF 경고등이 점등된다. C : 브레이크 페달을 밟고 "H" 버튼을 누르고 "E" 레버를 앞으로 민다. D : 수동·자동(M·A) 버튼 "I"를 눌러 "3M"모드로 설정한다.(클러스터에 변속단수 수동모드 확인 통상 3M으로 표시) E : 브레이크 페달을 놓고(OFF) 액셀러레이터 페달을 밟으면서 "F" 레버로 변속단수를 한 단씩 UP시킨다.(요령 : 엑시언트와 동일)		
운전 방법 및 기타	1. 일반적으로 M 4단으로 스타트 하고, M 8단에서 예열모드에 진입이 가능하며, 본 모드는 M 9단에서 진입하면 된다. 2. 기타 작동에 관련하여 상세한 사항은 다음 페이지를 참조해 주기 바란다.		

1. 세미오토 변속기의 사용에 관련된 세부 설명

수동·자동 선택 버튼 및 수동변속 UP / DOWN 레버 / D & R 위치 진입 버튼 / N 위치 버튼

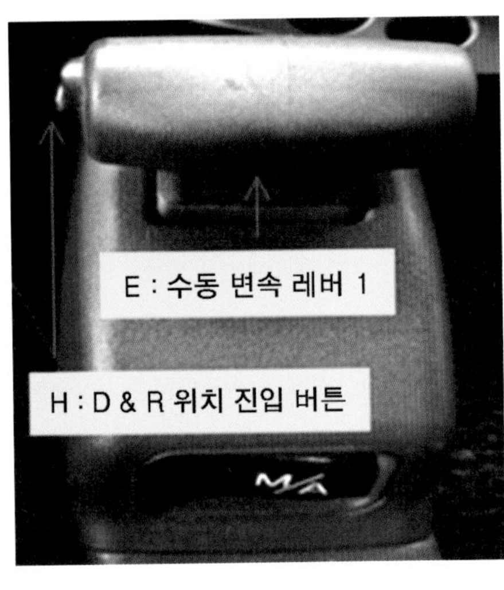

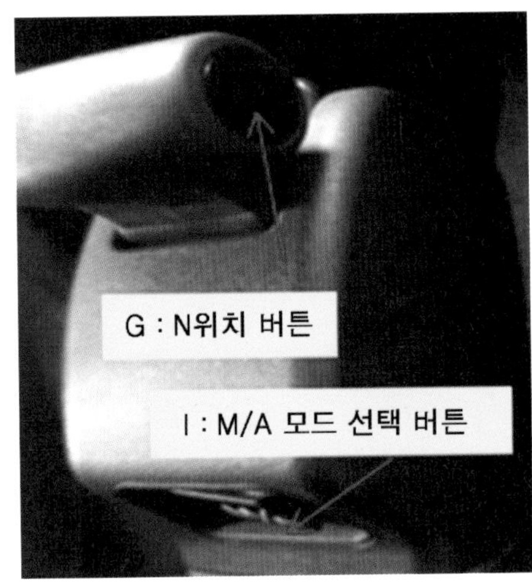

E : 수동변속 레버 1

D위치 수동모드에서 앞으로 밀면 2단씩 UP으로 변속되고 뒤로 당기면 2단씩 다운으로 변속된다.

H : D & R위치 진입 버튼

브레이크 페달을 밟은(ON) 상태에서 버튼을 누르고 "E" 레버를 앞으로 밀면 D위치에 들어가고 클러스터에 자동·수동 3단이 표시된다. 또한 정지상태에서 버튼을 누르고 뒤로 당기면 후진 R1 또는 R2를 선택할 수 있다.

G : N위치 버튼

"G" 버튼을 누르면 기어가 N위치로 이동된다.

I : M/A 모드 선택 버튼

D 모드에서 한번 누를 때마다 수동·자동 모드로 변환된다.

F : 수동변속 레버 2

D위치 수동모드에서 위로 당기면 1단씩 UP으로 변속되고, 밑으로 밀면 1단씩 다운으로 변속된다.

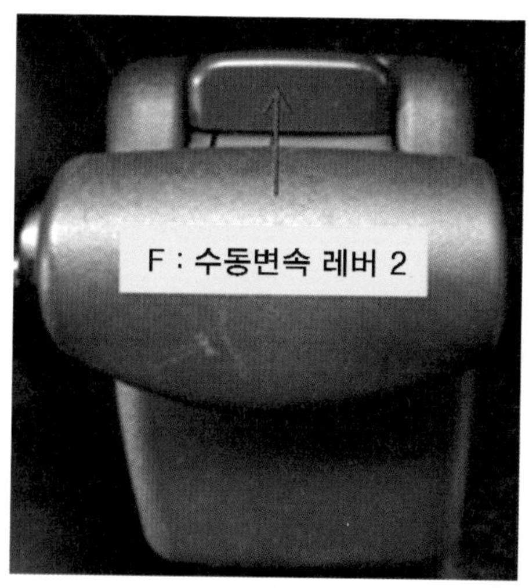

2. 실전 사용 설명

정차 조건 N위치에서 모드 진입하기

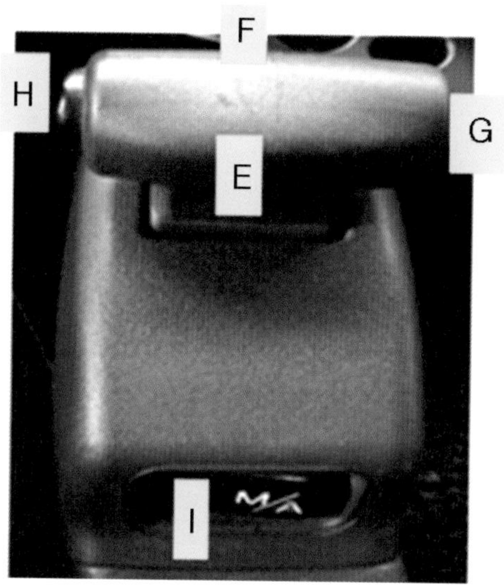

수동 모드 N위치

자동 모드 N위치

G 버튼을 눌렀거나 현재 기어가 N위치에 있음을 표시한다.

상기 N위치에서 브레이크 페달을 밟은 상태에서 "H" 버튼을 누르고 "E" 레버를 앞으로 밀면 D위치에 진입한다. 이때 "I" 버튼 선택에 따라 아래와 같이 표시된다.

3단 자동 모드 상태

3단 수동 모드 상태

상기 3단 수동 모드 상태에서 "F" 수동변속 레버 2를 위로 당기면 4M으로 변속되고 이 상태에서 브레이크 페달에서 발을 떼고 액셀러레이터 페달을 밟으면서 한 단씩 UP으로 변속을 실시하여 예열 및 본 모드를 수행한다.

※ 모드 수행이 완료되면 액셀러레이터 페달에서 발을 떼고 "G" 버튼을 눌러 기어를 중립인 "N"에 위치시킨다.

6 SCANIA 420PS

차명	SCANIA 420PS	변속기	세미오토 12단
차량			
변속레버	C : 수동변속 UP(+)/DOWN(-) 레버 D : 변속기 모드 선택 다이얼 N : 중립 D : 자동변속 E : 후진 변속 다이얼 F : 수동 M/자동 A 선택 버튼		
TCS 버튼	TCS OFF 스위치	수동 2단 수동 M 자동 2단 자동 A 클러스터 TCS OFF 경고등	
운전 준비	A : TCS OFF 스위치를 누른다. B : 클러스터에 TCS OFF 경고등이 점등된다. C : 브레이크 페달을 밟고 변속 포지션을 "D(M2)"에 위치시킨다. D : 수동·자동(M·A) 버튼을 눌러 "M"으로 설정한다. (클러스터에 변속단수 수동모드 확인 통상 M2로 표시) E : 브레이크 페달을 놓고(OFF) 액셀러레이터 페달을 밟으면서 "C" 레버로 변속단수를 한 단씩 UP시킨다.(요령 : 엑시언트와 동일)		
운전 방법 및 기타	1. 일반적으로 M 4단으로 스타트 하고, M 7단에서 예열모드에 진입이 가능하며, 본 모드는 M 8단에서 진입하면 된다. 2. 기타 작동에 관련하여 상세한 사항은 다음 페이지를 참조해 주기 바란다.		

1. 세미오토 변속기의 사용에 관련 세부 설명

1) 수동·자동 선택 버튼 및 수동변속 UP/DOWN 레버·N위치 버튼·모드 선택 다이얼·후진 다이얼

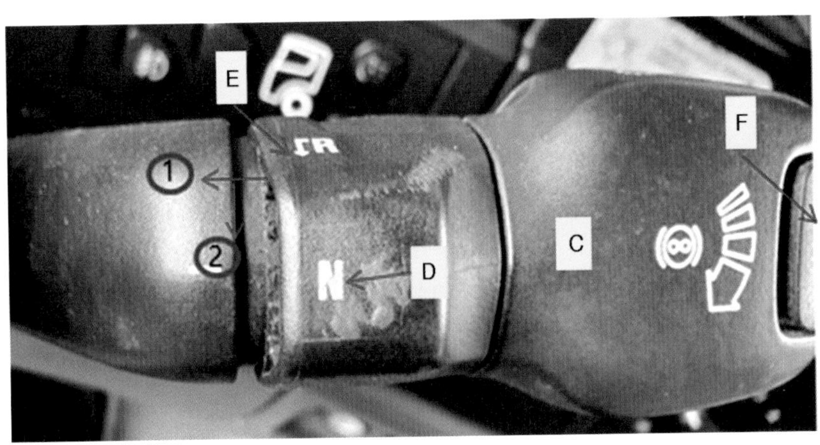

- C : 수동변속 Up(+)·Down(-)레버
- D : 변속기 모드 선택 다이얼

  N : 중립

  A, AO, AP·M, MO, MP : 모드 선택 다이얼(D위치임)
- E : 후진 변속 다이얼
- F : 수동 M·자동 A 선택 버튼

2) 세부 사용 설명(후진 다이얼·수동 & 자동 버튼)

E : 후진 다이얼은 브레이크 페달을 밟은 상태에서 ①방향으로 밀고 ②번 방향으로 돌리면 후진기어가 체결되고 클러스터에 R1으로 디스플레이 된다.

후진 1단 진입 표시

F : 수동 M·자동 A 선택 버튼

한 번씩 누를 때마다 수동·자동(M·A)으로 모드가 변경되며, 클러스터에 아래와 같이 표시된다.

자동 2단 표시

M 2

수동 2단 표시

3) 세부 설명(변속기 모드 선택 다이얼)

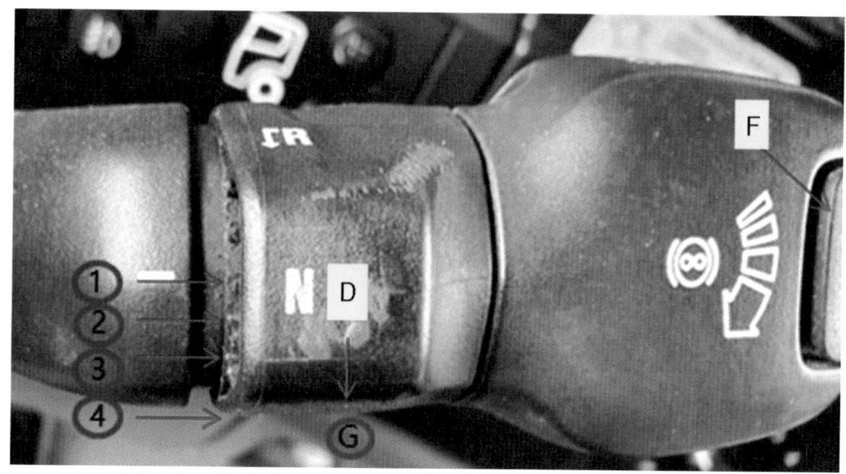

모드 선택 다이얼 D에서 "N"위치를 ① ↔ ④까지의 방향으로 돌려 모드를 선택할 수 있으며, 그 때마다 아래와 같이 포지션이 디스플레이 된다.

F : 수동·자동 선택 버튼으로 A(자동)를 설정하였을 때

①

기어 중립

②

자동(노멀)2단

③

자동(에코)2단

④

자동(파워)2단

F : 수동·자동 선택 버튼으로 M(수동)을 설정하였을 때

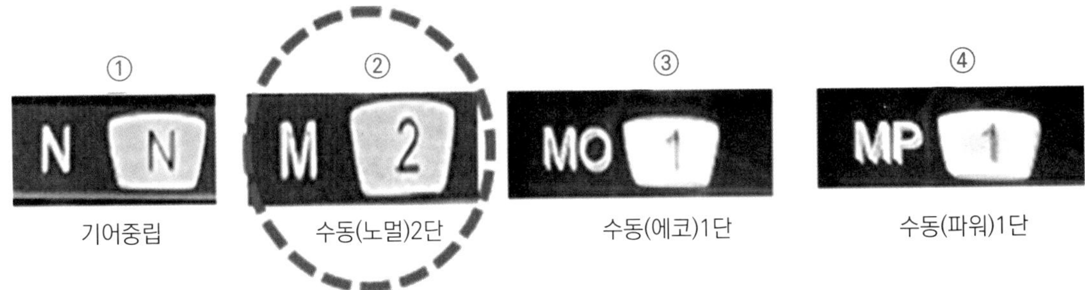

※ 일반적으로 럭 다운은 수동(노멀) 모드에서 진행을 한다.

4) 세부 설명(수동변속 UP·DOWN 레버)·자동 & 수동 버튼

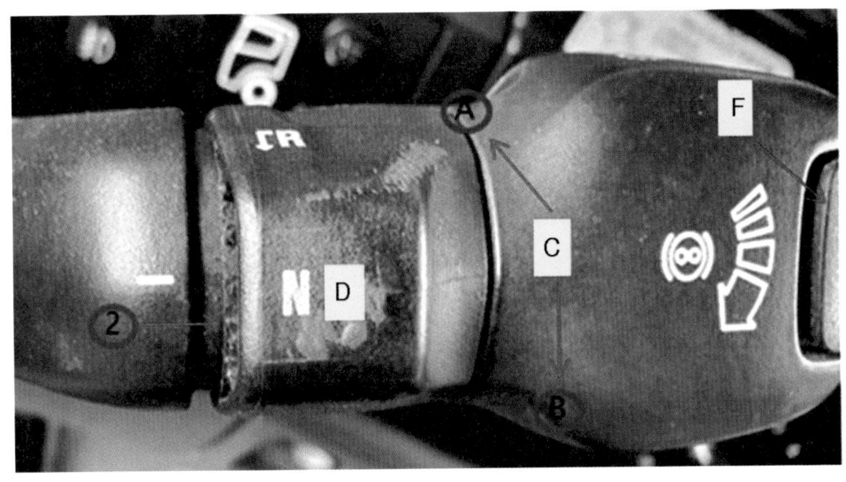

브레이크 페달을 밟고 변속기 모드 선택 다이얼 "D"를 ②위치에 놓고 "F"(수동·자동 버튼) 버튼을 M모드로 설정하면 현재 상태의 기어단수 M 2 가 표시되고 수동 UP·DOWN 변속레버 "C"를 조향 핸들 방향 로 당기면 기어 단수가 UP으로 변속되고 바닥 방향 로 밀면 기어단수가 한 단씩 DOWN으로 변속된다.

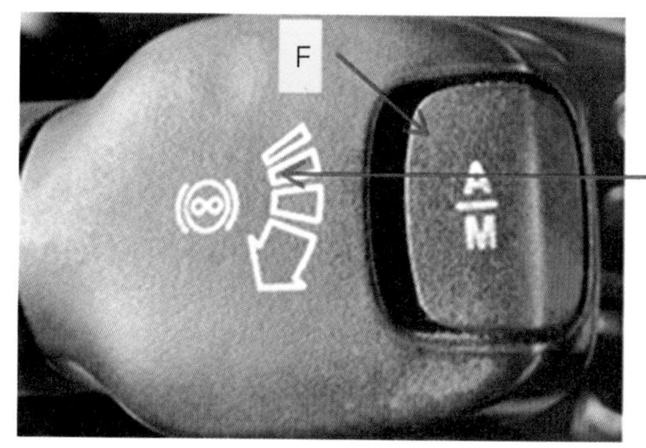

※ 반드시 리타더 스위치는 맨 위로 올려서 OFF
(리타더 작동 시 차량의 가속이 되지 않는다.)

"F" 버튼을 한 번씩 누를 때마다 클러스터에 A 또는 M으로 표시 된다.

5) TCS 스위치 OFF 설정

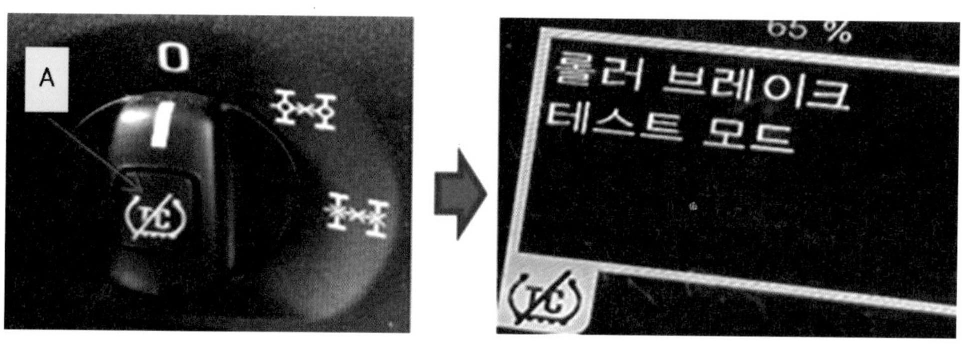

TCS OFF 버튼

TCS OFF 상태 표시 경고등

TCS OFF 버튼을 누르면 클러스터에 TCS OFF 경고등이 표시되고 정상적인 럭다운 검사가 가능하다.

2. 실전 운전 모드

앞서 전반적인 기능을 설명 하였으므로 럭다운 검사를 진행해 보도록 하겠다.

럭다운 검사

- 브레이크 페달을 밟고 "A" TCS OFF 스위치를 눌러 TCS 기능을 해제시킨다. 모드 선택 다이얼 "D"를 N위치 ① 번에서 ②번 위치로 변경하고, 선택 수동·자동 모드 버튼 "F"를 눌러 M모드로 설정한다.
- 수동변속 UP·DOWN 레버 "C"를 당겨 M3 또는 M4로 설정한 후 브레이크 페달에서 발을 떼고 액셀러레이터 페달을 밟으면서 예열 및 본 모드를 진행한다. 그리고 예열 및 본 모드 검사가 끝나면 모드 선택 다이얼 "D"를 N 위치로 설정한다.
- 스카니아 구형 차종 중에 TCS 스위치 고장으로 TCS 버튼을 사용 할 수 없는 차량은 통상 퓨즈박스에서 21번 퓨즈를 제거하고 부하검사를 진행합니다 (보통 퓨즈박스 내 퓨즈 위치 설명서가 없습니다)

※ 앞서 경험한 분들이 G410(410PS) 차량은 예열 모드를 7단에서, 본 모드를 8단에서 럭다운 검사를 진행하였다.
※ 반드시 TSC OFF 버튼을 길게 또는 한 번 더 눌러 "롤러 브레이크 테스트 모드"를 진입하여야 한다.

7 IVECO 320PS

차명	IVECO 320PS	변속기	세미오토 12단
차량			
변속레버	C : D 모드(자동/수동/슬로 모드) • 한 번 눌렀다 놓으면 AUTO(자동), 다시 누르면 SEMI(반자동) • 2초 이상 누르고 있으면 SLOW (저속 주행 시) D : N 중립 버튼 E : R 버튼 2초 이상 누르면 저속 후진		
TCS 버튼	TCS OFF 스위치	클러스터 TCS OFF 경고등	
운전 준비	A : TCS OFF 스위치를 누른다. B : 클러스터에 TCS OFF 경고등이 점등된다. → 바로 풀림 → 퓨즈 제거가 필요하다. C : 브레이크 페달을 밟고 변속 포지션을 "C"의 D 버튼을 눌러 SEMI 모드에 설정한다. • 클러스터에 변속단수 수동모드를 확인한다. 일반적으로 SEMI 2단으로 표시된다. • 브레이크 페달을 놓고(OFF) 액셀러레이터 페달을 밟으면서 핸들 우측 다기능 스위치로 변속단수를 한 단씩 UP으로 변속한다.(요령 : 엑시언트와 동일)		
운전 방법 및 기타	1. 일반적으로 SEMI 3단 또는 4단에 스타트하고 SEMI 7~8단에서 예열모드에 진입하며, 본 모드는 SEMI 8~9단에서 진입하면 된다. 2. 기타 작동에 관련하여 상세한 사항은 다음 페이지를 참조해 주기 바란다.		

세미오토 변속기 사용관련 세부 설명

1) TCS 스위치 OFF 설정

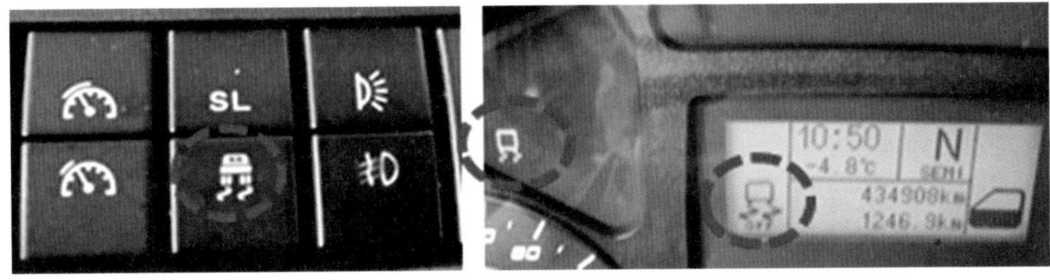

TCS OFF 버튼 TCS OFF 상태표시경고등

TCS OFF 버튼을 누르면 클러스터에 TCS OFF 경고등이 점등되지만 다이나모를 작동시키면 바로 TCS 기능이 작동하여 차량이 가속되지 않는다. 바로 풀림 → 퓨즈 제거 필요

2) 퓨즈 제거

동승석 앞쪽 패널에 퓨즈 박스가 내장되어 있으며, 커버를 제거하고 아래 사진에 명기된 퓨즈를 제거한다.

※ 주의 : 현재 확인된 사진은 3장이다. 일단은 아래 3장의 사진을 참조하기 바란다. 그리고 가장 유사한 사진에 퓨즈 박스 그림을 참조한다.

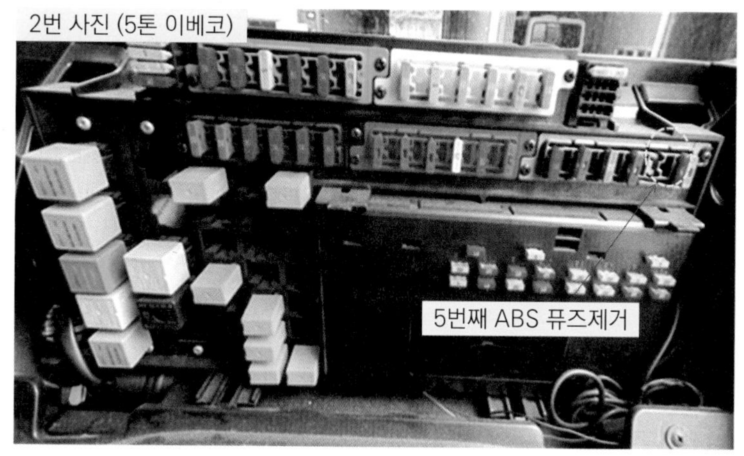
2번 사진 (5톤 이베코)
5번째 ABS 퓨즈제거

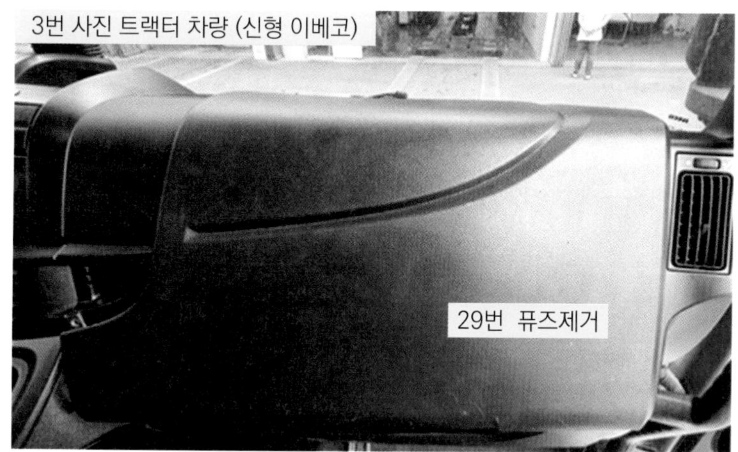
3번 사진 트랙터 차량 (신형 이베코)
29번 퓨즈제거

3) 변속 모드 선택

① C의 “D” 버튼을 한번 누르면 AUTO 모드로 변환되고, 다시 한 번 누르면 SEMI(반자동), 그리고 2초 동안 길게 누르면 SLOW(저속 주행) 모드로 변환된다. 그리고 현재의 상태가 아래와 같이 클러스터에 표시된다.

AUTO 모드 2단

SEMI 모드 2단

SLOW 모드 1단

4) 수동변속 업·다운

수동변속 SEMI는 조향 핸들 우측에 설치된 다기능 레버를 이용하여 한 단씩 업 & 다운으로 변속할 수 있다. A방향(핸들 쪽으로)으로 당기면 1단씩 업으로 변속되고, B방향(운전석 바닥 쪽)으로 밀면 1단씩 다운으로 변속이 된다.(엑시언트와 동일하다)

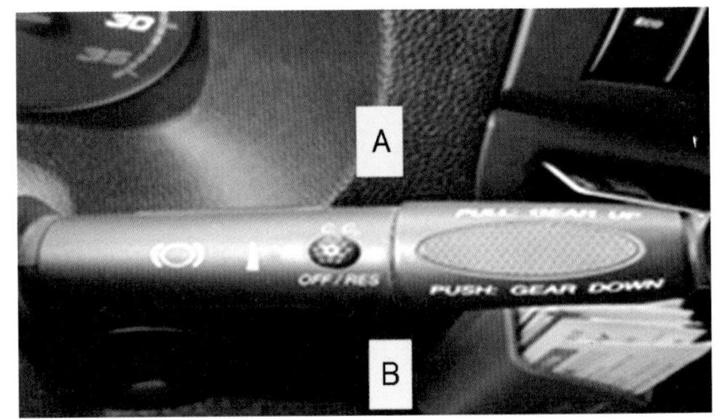

5) 실전 드라이빙 순서

엔진의 시동을 OFF시킨 후 ABS 퓨즈를 제거한다. 엔진 시동을 걸고 클러스터에 TCS 관련 경고등이 점등되는지 확인한다. 브레이크 페달을 밟고 변속모드 선택 버튼 "D"를 눌러 SEMI 모드를 선택한다.(통상 2단 기어 상태임)

브레이크 페달을 놓고 액셀러레이터 페달을 밟으면서 수동변속 레버를 한 단씩 업으로 변속하면서 예열 및 본 모드를 진행한다. 이때 예열이 끝나거나 본 모드가 완료 되면 액셀러레이터 페달을 놓음과 동시에 변속 모드 선택 버튼 "N"을 눌러 기어를 중립에 위치시킨다. 부하검사가 완료되면 엔진 시동을 OFF시키고 퓨즈를 원위치 한다.

8 벤츠 ATEGO 286PS

차명	벤츠 ATEGO 286PS	변속기	수동 8단
차량			
변속레버	A : 변속레버 B : Low 단 변속 스위치 (커버 속 내장) C : High 단 변속 스위치 (커버 속 내장)		
TCS 버튼	별도의 TCS OFF 스위치가 없다. 롤러를 구동하면 ABS 경고등이 점등되고, 정상적인 가속이 가능하다.		
운전 준비	• 변속기 중립 클러치 페달을 밟고 변속레버를 "C" 방향으로 힘껏 밀면 "척" 하는 소리가 나고 High 단 모드에 진입된다. 변속기 중립 상태에서 오른쪽으로 살짝 밀고 앞으로 밀면 5단 기어에 결합되고, 클러치 페달을 놓음과 동시에 액셀러레이터 페달을 밟아 가속을 한다.		
운전 방법 및 기타	1. 통상 High 모드에서 5단으로 예열 모드에 진입하고, High 모드에서 6단으로 본 모드를 실행하면 된다. 그리고 별도의 TCS 스위치는 없음으로, 그대로 예열 및 본 모드를 진행하면 된다. 2. 기타 자세한 내용은 다음 페이지를 참조하기 바란다.		

수동변속기 사용에 관련된 세부 설명

1) 수동변속 Low·High

ATEGO 수동변속기는 Low·High 모드 스위치가 변속레버 커버 안쪽의 좌·우에 내장되어 있다. 그러므로 럭다운 검사 시 High 모드로 선택한 후 변속을 하여야 정상적인 검사가 가능하다.

변속 레버를 보면 1단부터 8단으로 표시되어 있으나 실제 변속 레인은 Low 모드에 놓았을 때 중립에서 3단~4단으로 변속되고, 레버를 살짝 B 방향으로 밀면 1단과 2단으로 변속된다. 그리고 다시 High 모드로 놓으면 중립에서 5단과 6단으로 변속되고 C 방향으로 살짝 밀면 7단과 8단으로 변속된다.

2) Low·High 모드 선택

클러치 페달을 밟고 변속레버 A를 B방향으로 최대한 밀면 “척” 소리가 나면서 Low 모드에 설정된다. 그리고 다시 중립에서 변속레버 A를 C방향으로 최대한 밀면 “척” 소리가 나면서 Low가 해제되고 High 모드에 설정된다.

※ 주의 : 상기 변속 모드의 설명은 검사장에서 럭다운 검사 시 이해를 돕기 위한 설명으로 실제 도로 주행 시 변속 방법과는 다를 수 있다.

9 DUEGO EX

차명	DUEGO EX	변속기	수동 8단
차량			
변속레버	**수동 6단 변속기** • 정격출력 • 170PS/2600rpm		
ASR 버튼	ABS OFF 스위치	클러스터 ASR OFF 경고등	
운전 준비	A : ABS OFF 스위치를 누른다.(운전석 왼쪽 무릎 위) B : 클러스터에 ASR OFF 안내표시 및 경고등이 점등된다. C : 클러치 페달을 밟고 변속한 후 가속을 한다.		
운전 방법 및 기타	1. 두에고 차량의 운전에 관련하여 특별한 사항은 없다. 일반적으로 3단에서 예열 모드 주행을 하고, 4단에서 본 모드 주행을 하면 된다. 2. 참고로 엔진은 운전석 아래 있으며, RPM 센서는 오일 팬에 장착한다. ※ 중형 승합차로 총중량이 8,010kgf → 종합검사 시 럭다운 대상 차량이다.		

10 UD Trucks 420

차명	UD Trucks 420	변속기	수동 12단
차량			
변속레버	Hi/Low 선택 버튼 **수동 12단 변속기** • 정격 출력 : 419PS/1800rpm • 2013년식 차량		
ASR 버튼	별도의 ASR OFF 버튼이 없다. → 구동하면 ABS 경고등이 점등되고 정상 주행이 가능하다.	클러스터 ABS 경고등	
운전 준비	A : HI·Low 선택 버튼을 → HI로 선택한다. B : 2단 표시(8단)로 변속한 후 예열을 실시한다. C : 본 모드는 3단 표시(9단)로 변속한 후 가속하면 된다.		
운전 방법 및 기타	1. UD 트럭 2013년식은 별도로 ASR 버튼이 없다. 다이나모에서 주행하면 ABS 경고등이 점등되고 정상적으로 가속이 가능하다. 변속기는 수동 12단이며 Low 버튼에 놓으면 1단~6단/HI 에 놓으면 7단~12단으로 변속된다, 통상 예열은 8단에서, 본 모드는 9단에서 진입이 가능하다. 2. 참고로 UD 트럭은 연식 별로 검사방법이 다를 수 있다. 잘 확인하고 검사하기 바란다. ※ UD 트럭은 고장이 나면 부품의 수급이 엄청 힘든 차량이다. 검사할 때 각별히 주의하기 바란다.		

수동 변속기의 사용에 관련된 세부 설명

수동변속 High·Low

UD 트럭의 수동변속기는 Low·High 모드 스위치가 변속레버 상단에 버튼식으로 되어 있다. 그러므로 럭다운 검사 시 High 모드로 선택한 후 변속을 하여야 정상적인 검사가 가능하다.

HIGH 선택시

LOW 선택시

- PUSH(버튼이 들어가면) → LOW → 클러스터 SPL LOW
- 버튼이 올라오면 → HIGH → 클러스터 SPL HIGH

LOW를 선택하면, 위에 그림과 같이 R단 그리고 전진 1단~6단까지 변속하면 된다. HIGH를 선택하시면 7단(1), 8(2), 9(3), 10(4), 11(5), 12(6)을 변속하면 된다.

※ 주의 : 만약 9단을 넣었으나 차속이 나오지 않으면 한단 더 올려 (예열 10단, 본 모드 11단) 진행하면 된다. 변속레버의 위치가 애매모호한 경우가 종종 있다.

11 SCANIA 420PS

차명	SCANIA 420PS	변속기	수동 12단
차량			
변속레버		C : High / Low 버튼 1) 위쪽이 눌러지면 High 2) 아래쪽이 눌러지면 Low D : 토끼 / 거북이 선택 링 1) 링이 위쪽에 위치 : 토끼 2) 링이 아래쪽에 위치 : 거북이	
TCS 버튼	 TCS OFF 스위치	 클러스터 TCS OFF 경고등	
운전 준비	A : TCS OFF 스위치를 누른다. B : 클러스터에 TCS OFF 경고등의 점등을 확인한다. C : C 버튼을 High에 놓는다. D : D 토끼·거북이 선택 링을 위로 올려 토끼로 선택한다. (링 위치를 선택하고 클러치 페달을 밟으면"척"하고 변속레일이 선택된다) C : 클러치 페달을 밟고 변속기어를 한 단씩 UP으로 변속하여 검사를 진행한다.		
운전 방법 및 기타	1. 본 차량은 High + 토끼에 놓으면 10단, 11단, 12단으로 변속이 되므로 예열 및 본 모드 진해 시 적정한 단수로 변속한 후 검사를 진행하기 바란다. 2. 기타 작동에 관련하여 상세한 사항은 다음 페이지를 참조해 주기 바란다.		

수동 변속기의 사용에 관련된 세부 설명

수동변속 레버·High & Low 선택 버튼·토끼/거북이 선택 링

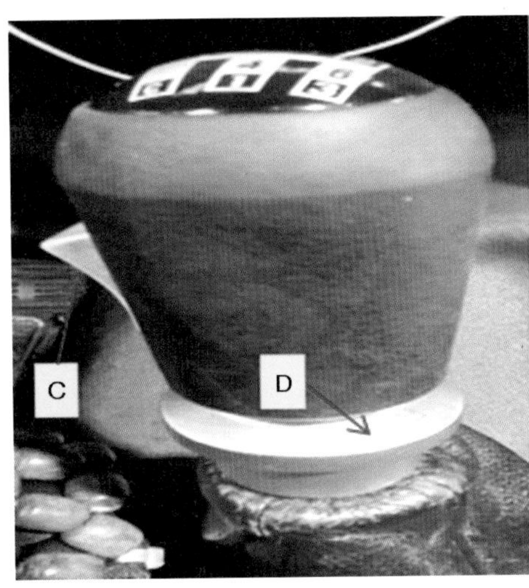

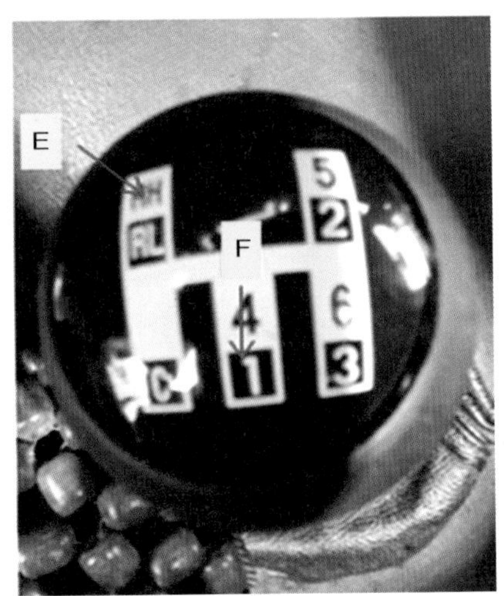

C : High·Low 선택 버튼

C 버튼을 눌러 High·Low를 선택한다. 현재 그림의 상태가 Low가 선택된 상태이다.

D : 토끼·거북이 모드 선택 링

레버에 설치된 링(D)이 위·아래 방향으로 움직이며, 움직인 상태에서 클러치 페달을 밟으면 "척"하고 변속레일이 선택된다.

E : 후진 변속위치

F : 변속 패턴

센터 "F"에서 뒤로 당기면 1단으로 변속되고, 센터에서 왼쪽으로 밀고 위로 당기면 "후진"으로 변속된다. 센터 "F"에서 오른쪽으로 밀어 위로 당기면 2단으로 변속되고, 다시 아래로 밀면 3단으로 변속이 된다.

※ 변속레버의 길은 한번에 3단까지만 표현이 된다. 이 상태에서 4가지의 조합이 가능하므로(High·Low, 토끼·거북이) 총 12단의 수동변속 조합이 가능하다.

Part 04
실수로 배우는 자동차 검사원 매뉴얼

지정 검사장 실수 사례 모음

Part 04

실수로 배우는 자동차 검사원 매뉴얼

지정 검사장 실수 사례 모음

지정 검사장 실수 사례 모음

매뉴얼 사용에 대하여

본 매뉴얼은 필자가 이곳 대형 검사장에 입사하여 처음으로 접하는 대형트럭의 종합검사를 하면서 격은 사고 사례와 지인 선후배 검사원들의 사례 내용을 가능한 사실에 입각하여 각색한 내용이다. 그러므로 본 매뉴얼의 사용에 있어 아래와 같이 몇 가지 당부를 하며, 이용에 참고해 주기 바란다.

1. 본 매뉴얼은 본인 또는 주변의 검사원들이 자동차 검사업무 중 격은 실수담을 각색하여 본인이 정리한 자료이며, 종합 검사업무에 처음으로 입문하는 신입 검사원들께 조금이나마 도움을 드리고자 만든 자료이다.
2. 본 매뉴얼에 기술된 경험은 본인이 경험했거나 또는 전해들은 이야기와 실수 사례의 경험담을 각색하여 작성하였다. 그러다 보니 일부 잘못된 내용이 수록되어 있을 수 있음을 사전에 알린다. 기술된 실수담은 어떠한 사유를 막론하고 다른 용도에 인용하는 것을 허락하지 않는다. 혹여나 무단 인용에 따른 민형사상 법적 책임은 인용하여 문제를 일으킨 당사자에게 있음을 다시 한 번 알리고자 한다.
3. 그리고 본 매뉴얼을 통해 검사원 선후배들의 실수와 경험담을 교훈삼아 부디 실수담에 나오는 이야기가 자신에 이야기가 되지 않도록 오픈된 생각과 늘 신중하고 안전하게 자동차 검사에 만전을 기해주기 바란다. 또한 본 매뉴얼을 구독한 후 자동차 검사 중 발생되는 모든 유사 안전사고 문제에 대해서는 일체의 책임을 지지 않는다.
4. 부디 본 매뉴얼의 경험과 실수담을 거울삼아 자신의 잘못된 습관과 생각을 정리하는 기회가 되기를 부탁한다. 인간은 누구나 실수를 하면서, 인생을 살아간다. 특히 같은 일을 무수히 반복하는 자동차 검사 분야는 매번 발생되는 문제가 장소와 사람만 다른 동일하게 반복되는 어이없는 일들이 벌어지는 게 현실이다. 이로 인해 경제적 손실과 열심히 일하는 검사원들이 심한 스트레스와 좌절을 느끼게 한다.

아직 갈길 이 멀고 많이 부족하지만 작은 실천을 통해 조금이라도 유익한 자료와 정보가 전달될 수 있도록 노력을 하겠다. 넉넉하지 않은 봉급에 전국 검사소에서 묵묵히 맡은바 책임을 다하는 선후배 검사원님들께 진심으로 감사를 드린다.

1 KD-147 매연검사 후 보링을 하게 된 리베로 차량

현대 리베로 소형화물 자동차

1) 내용

상주 종합검사원에서 교육을 받고, 대형자동차 검사소에서 일한지 7개월 된 신입 검사원이다. 일진이 좋지 않았던 2020년 3월에 어느 날, 15년 된 리베로 화물차량이 종합검사를 받으러 왔다. 겉으로 보기에도 차량의 관리가 잘 되지 않아 보였고, ABS 시험을 끝내고 KD-147을 검사를 위해 다이나모에 올려서 시동을 걸고 초기의 매연상태를 확인하기 위해 습관적으로 풀 액셀러레이터 페달을 2~3회 밟았다. 역시나 이 차는 100% 매연 불합격 차량임을 확신하고 KD-147 검사를 끝냈고, 생각대로 매연 불합격이었고, 고객한테 관련 내용을 설명하고 차량 정비 후 재검을 받으라고 돌려보냈다.

그런데 약 1시간 정도 후에 전화가 왔는데 검사를 받고 차량에서 흰 연기가 많이 나오고 차량도 부조가 발생하니 수리해 달라는 것이었다. 검사 전까지는 아무 문제가 없었는데… ~헐 차량을 입고시켜 확인해 보니, 4번 실린더 헤드가 나간 것으로 판단되었다. 그래서 고객한테 차량이 노후화 및 관리 부족으로 문제가 된 것 같다고 설명했더니, 당장 수리해 내라고 생떼쓰고 경찰차까지 호출하는 일까지 벌어지고 말았다. 1주일 걸려 고객과 협상하여 일은 잘 마무리 되었지만 신입 검사원 입문 수업료를 제대로 치르는 계기가 되었다.

※ 본 이미지는 실제 문제의 차량과는 관련이 없다.

2) 발생 문제점 또는 원인

정확히는 모르겠지만 까마귀 날자 배 떨어진다고, KD-147 검사를 위해 매연 사전 점검 차 급가속(2~3회) 한 것이 낡은 엔진에 무리가 되어 4번 실린더 쪽 헤드에 문제가 발생된 것으

로 추정 되었다. 또는 검사 후 정비공장 이동 중에 공교롭게도 문제가 발생하였는지 정확한 발생 시점은 확인되지 않았다.

3) 해결

1주일 간 고객의 설득과 협상을 통해 부품 값을 포함하여 일부 금액을 고객이 지불하고, 공임 포함하여 재검사 비용을 공장에서 부담하는 조건으로 전문 보링업체에 의뢰하여 수리를 완료한 뒤 고객에게 차량을 인도하였다.

4) 교훈 및 재발방지 대책

검사장에 차량이 입고되면 배출가스 면제를 제외하고 연식이 오래 되었거나, 차량의 관리가 되지 않은 대표적인 증상의 아래 차량들에 대해서는 검사 전에 접수 고객 유의사항을 알리고 검사 중 차량에 문제가 발생 할 수 있음을 상기시킨 뒤 동의하는 고객의 차량에 한해서 검사를 진행한다.

- ▸ 엔진 아이들 RPM의 부조가 발생하는 차량
- ▸ 가속 시 엔진에서 이음이 발생하고 가속이 부드럽지 않은 차량
- ▸ 정차 또는 가속 시 검은 연기 또는 흰 연기가 다량으로 발생하는 차량
- ▸ 기타 엔진 냉각수의 누수 및 엔진 오일 누유가 발생하는 차량
- ▸ 구동륜의 타이어 공기압 및 상태가 좋지 않은 차량

  심한 차량은 검사포기 및 수리 후 검사할 것을 고객에게 요청

※ 상태가 안 좋은 차량은 급가속 모드를 처음부터 Full로 액셀러레이터 페달을 밟지 말고 가속을 천천히 하여 엔진의 소음 상태 등을 확인한 후 그 다음의 진행을 결정해야 한다. 참고로 그 전에 엔진 오일, 냉각수 상태 등의 확인은 필수이다.

■ 고객 안내문 제작 설치 및 필요 시 검사 전 사전 설명 의무화

2 럭다운 중 동승석 뒷바퀴 허브 베어링이 파손된 메가 트럭

현대 메가 5ton 카고 트럭

1) 내용

상주 종합검사원에서 교육을 받고 이곳 대형자동차 검사소에서 일한지 9개월이 된 신입 검사원이다. 일상이 평범했던 2020년 5월 어느 날 메가 5톤 화물 차량이 종합검사를 받으러 입고되었다. 겉으로 보기에는 연식도 7년 정도 된 그렇게 나쁘지 않은 사업용 화물 차량이었다. 통상적으로 사업용 화물 차량들은 일반 개인 화물 차량에 비해 비교적 규칙적인 차량의 관리를 한다. ABS 시험을 정상적으로 마치고 정밀 매연검사(럭다운)를 위해 대형 다이나모에 정상적으로 차량을 안착하였다.

일단, 예열모드 50km/h 주행이 왠지 느낌이 좋지 않았다. 엉덩이가 말을 타는 것처럼 들썩들썩 했고, 이런 차들이 종종 있어서 차도 밀렸는데 빨리 검사를 끝내자는 생각이 우선되어 바로 본 모드로 진행하여 Full로 액셀러레이터 페달을 밟았다. 당연히 엉덩이 진동은 계속 심해졌고 3모드가 끝날 때에는 머리가 천장에 닿을 정도였다.

그래도 합격이 되었고, 차량을 이동하기 위해 움직이는 순간 동승석 뒷바퀴가 '갈지'자로 움직이고, 소리도 나길래 고객을 불러 차량을 대형부로 옮겨 바퀴를 탈거했더니, 허브 베어링이 작살이 나 있었다. 순간 아찔한 생각이 들었다. 다행히도 고객이 차량 관리의 잘못을 인정하고 수리를 한 후 무사히 차량을 출고했지만 왠지 모를 씁쓸함을 감출 수는 없었다. 그래도 다행인 것은 도로에서 주행 중 발생되지 않고 검사장에서 문제가 발생한 것에 그나마 위안을 삼았다. 믿거나 말거나 약 15년 전의 일로 전 직장회사의 동료가 서해안 고속도로에서 2.5톤 화물차 뒤를 쫓아가는데 갑자기 뒷바퀴 하나가 통째로 이탈하여 자신의 보닛을 들이받고 가드레일로 튕겨져 나가 순간 죽는 줄 알았다고 했던 이야기가 머릿 속을 스치고 지나갔다.

※ 본 이미지는 실제 문제의 차량과는 관련이 없다.

2) 발생 문제점 또는 원인

고객의 말에 의하면 검사장에 오기 전부터 뒷바퀴가 좀 이상하다 생각했고 자동차 검사가 끝나면 확인을 할 생각이었다고… 어떠한 이유로 허브 베어링이 일부 파손된 상태에서 검사장에 입고되었고, 이러한 상태에서 다이나모 위에서 부하를 걸고 Full 액셀러레이터 페달을 밟아 가속을 하자 베어링의 손상이 가속화 된 것으로 판단 되었다.

3) 해결

고객이 자신의 차량 상태를 사전에 인지하였으며, 검사장에서 문제된 것에 대해 별다른 문제점을 제기하지 않았다. 차량을 대형부로 옮겨 고객자비로 관련 부품을 수리한 후 차량을 출고하였다.

4) 교훈 및 재발방지 대책

속도계 시험 또는 럭다운 예열모드 등에서 아래와 같은 차량들은 무리해서 본 모드의 진입을 시도하지 말고 고객에게 고객 유의사항을 충분히 설명을 하고 필요 시 차량을 점검한 후 검사 받을 수 있도록 안내가 필요하다.

- ▸ 속도계 시험에서 바퀴가 잘 굴러가지 않거나 가속페달을 놓음과 동시에 바로 휠이 멈추는 차량 : 허브 베어링의 유격 부족 또는 라이닝의 간극 조정이 불량(드래그 발생)
- ▸ 다이나모 예열모드에서 바퀴의 회전과 동시에 금속의 소음이 발생하고 액셀러레이터와 연동하여 소음이 커지는 차량
- ▸ 다이나모 위에서 가속 시 엉덩이가 심하게 들리거나 튀는 차량
- ▸ 가속 시 타이어에서 흰 연기가 발생하고 타이어 타는 냄새가 나는 경우 → 차량 Stop 타이어 회전부와 다이나모 고정 부위 간섭을 확인한다.
- ▸ 기타 본 모드 Full 가속 시 심한 진동 또는 이상음이 발생하는 차량
- ▸ 타이어 회전과 동시에 일정한 주기에서 "딱 딱" 소음이 들리는 경우 → 타이어 트레드에 이물질(돌, 못)이 박힌 경우이다.

※ 럭다운 예열 및 본 모드에서 차량의 소음 및 진동에 신경을 쓰고 조금이라도 느낌이 좋지 않으면 검사를 멈추고 충분히 원인을 파악한 후에 검사를 진행하여야 한다.

3 럭다운 시험 준비 중 발생된 차량 화재

현대 슈퍼트럭 살수 차량

1) 내용

오늘은 검사원 생활을 하면서 최근에 겪은 검사 차량에서 화재가 발생한 건에 대해 이야기를 해보겠다. 사실 예전 정비부서에서 근무할 때 판금부서에서 용접작업 중 잘못하여 화재가 발생하는 경험을 하였지만 필자가 검사장에서 검사를 하면서 차량에 화재가 발생한 사고는 이번이 처음 있는 일이었다.

일상이 평범했던 2020년 8월 어느 날, 어느새 6개월이 지났는지 낯익은 살수차 한 대가 검사를 받기 위해 입고되었다. 순간 기쁨보다 한숨이… 아직도 살아있네… 현대 슈퍼트럭 1999연식 21년 된 차량이 폐차장에 가야할 것 같은데… 어김없이 검사를 받으러 왔네. 그것도 오늘은 종합검사 정밀 뭐! 낡은 차라 검사를 거부할 수도 없고, 일단 고객한테 고지의 의무(검사 중 차량 고장 및 문제에 대해서는 일체 책임 없음)를 상기시키고 ABS 장비로 검사를 진행하는데, 이게 웬일 매번 제동력 부족으로 불합격을 받지 않은 적이 없는데 오늘은 엄청 브레이크의 제동력이 잘 나온다.

어쨌든 ABS 합격. 다음은 배출가스 정밀 럭다운 검사를 하여야 한다. 과거의 이력으로 보면 출력은 걱정 안 한다. 매연이 문제였지, 변속이 잘 되지도 않는 수동변속기 레버 변속의 길이 어디인지 잘 구분도 안 되는 헐러덩 기어 봉을 이리저리 휘저어 기어를 넣고 차가 앞으로 가면 성공, 대형 다이나모에 덜커덩 거리면서 뒤축을 롤러 위에 정렬을 하였고, 늘 하던 대로 고임목을 고이고 RPM 센서를 설치하는데… 어디서 찌직 찌직 하면서 흰 연기가 올라오고 플라스틱 타는 냄새가 코끝을 자극하였다.

※ 본 이미지는 실제 문제의 차량과는 관련이 없다.

순간 차량에 문제가 있음을 직감하고 동승석 탑 밑을 보았더니, 이런 황당한 전기 스파크 불꽃이 용접하듯 튀고 있고, 주변의 배선에 불이 붙어서 타고 있는 게 아닌가~ 헐… 잽싸게 시동을 끄고 검사장의 분말 소화기로 진화를 했지만 스타트 모터 쪽에서 계속해서 스파크가 멈추지 않았다. 그래서 신속히 배터리 본선을 분리하여 정리를 하였다.

2) 발생 문제점 또는 원인

고객의 말에 의하면 검사장 오기 전날 시동 모터가 고장이 나서 근처 카센터에서 스타트 모터를 교체했다고 한다. 불이 난 곳을 확인해보니 스타트 모터 메인 본선의 절연 피복이 벗겨져 차체 쪽에 쇼트를 발생시켜 화재가 난 것으로 확인되었다. 모터를 교체하면서 손상된 피복도 함께 수리를 했으면 하는 아쉬움이 남았다.

3) 해결

고객이 자신의 차량에 대한 문제를 인지하였으며, 다행히도 도로에서 주행 중 발생하지 않은 것을 고마워했다. 여하튼 급하게 근처 카센터로 차량을 이동하여 문제된 부분을 고객 자비로 수리를 완료하였다.

4) 교훈 및 재발방지 대책

오래되고 낡은 차량들은 검사 중에 어떤 문제가 발생될지 알 수 없으므로 반드시 고객에게 검사 중 차량에서 문제가 발생하였을 때에 대한 책임이 없음을 확인하고 검사를 진행하여야 한다. 또한 검사 중 조금이라도 의심이 가면 검사를 중지하고 문제를 확인한 후 진행하기 바란다. 또한 아래와 같은 현상이 발생하는 경우에는 검사를 멈추고 원인을 파악한 후 검사의 진행여부를 판단해 주기 바란다.

- ▸ 검사 도중에 차량에서 배선 타는 냄새 또는 연기기 발생하는 차량
- ▸ 다이나모 예열모드 또는 본 모드에서 엔진이 과열되거나 라디에이터 부근에서 흰 연기(수증기)가 올라오는 차량
- ▸ 기타 비정상적 각종 냄새 또는 소음이 발생되는 차량

※ 검사장에는 항시 소화기 2종류(분말 소화기·CO_2소화기)를 사용하기 쉬운 곳에 배치를 하여야 한다. 그리고 분말 소화기는 최소 1주일에 1회 정도 소화기를 뒤집어서 흔들어 주어야 한다.(분말이 뭉치는 것을 방지한다.)

그리고 유사시 차량에서 배터리 단자를 신속히 제거할 수 있는 지렛대(일명 : 빠루) 하나 정도는 벽에 걸어두면 도움이 될 것이다.

4 정밀검사 후 EPB의 잠김 현상으로 낭패 본 사연

EPB 적용차량 검사 후 주차브레이크 잠김 현상

1) 내용

오늘은 정밀검사가 끝나고 EPB 브레이크가 해제되지 않아 문제가 발생된 사례들을 근거로 일부 내용을 각색하여 작성해 보겠다.

대부분의 초급 종합 검사원에게 가장 부담스러운 일중에 하나가 정밀 배출가스를 검사하는 것이다. 그 중에서도 전륜 구동 차량을 가지고 롤러 위해서 80km/h까지 가속하여 KD-147을 무난하게 완수하는 것은 경험이 적은 검사원들에게는 누구에게나 부담스러운 일이다. 다행히도 차량의 앞바퀴 및 얼라인먼트에 문제가 없고 롤러 위에서 좌우 쏠림이 없이 잘 운전되는 차량을 만나면 그날은 행복한 날이다.

주차 브레이크를 힘껏 당기고 양손에는 힘이 잔뜩 들어간 상태에서 긴장을 하며 KD-147 검사를 했던 기억은 종합검사원이라면 누구나 한 번 겪었던 과정이다. 잘 알겠지만 전륜 구동 차량의 정밀 배출가스 검사를 위해서는 후륜 바퀴를 고정해야 하며, 이런 경우 통상 주차 브레이크를 힘껏 당기고 운전을 한다.

그런데 요즘 나오는 일부 EPB 시스템이 장착된 차량 중 SM6, K7, 쏘나타, 그랜저, 기타 수입 차량들은 EPB 스위치를 당겨 ON으로 하고 바퀴를 구동하면 바로 EPB 기능이 해제(풀리는 현상)된다. 그러다 보니 이런 상태에서 경험이 적은 검사원이 운전을 하기에는 상당히 부담스럽다.

그래서 운전 중에 EPB 기능이 해제되면 바로 다시 EPB 스위치를 당겨 EPB 기능을 작동시키고, 다시 해제되면 또 EPB 스위치를 당기고, 심지어는 계속 EPB 스위치를 당기면서 운전을 한다. 이런 험난한 과정 속에 다행히 검사가 끝나고 차량을 이동하려 할 때 EPB 시스템이 풀리지 않아 낭패를 보는 경우가 종종 발생한다.

검사라인에서 자동차를 빼야 하는데 끔적도 하지 않고, 고객은 검사가 언제 끝나는지 수시로 물어보고, 정말 미치고 팔짝 뛸 노릇이다.

※ 본 이미지는 실제 문제의 차량과는 관련이 없다.

2) 발생 문제점 또는 원인

SM6, K7, 쏘나타, 그랜저, 기타 수입 차량들은 운전자가 EPB 스위치를 ON시켜도 자동변속기 "D"위치 상태에서 차속이 검출되면 운전자가 주행하려는 의지로 판단하고, 자동으로 EPB 시스템을 해제시키는 Concept 기능이 적용된 차량이다.

그런데 운전자가 전륜 휠이 돌아가는 상태에서 계속적으로 파킹을 시도하면 EPB 시스템은 비상조건으로 판단한다. 즉 차량이 주행하는 조건에서 운전자가 이를 막기 위해 비상수단으로 EPB 스위치를 당긴다고 생각하여 Max 전류로 모터를 연속 기동을 한다.

그러면 나사산에 규정 이상의 힘이 가해져 나사산이 오버 토크로 잠기는 현상이 발생한다(볼트를 조일 때 규정 토크 이상으로 조이면 나사산의 끼임 현상이 발생하고 이를 풀기 위해서는 조임 토크보다 더 큰 힘으로 풀어야 풀리는 원리). 그러므로 이런 조건에서는 EPB 해제 명령을 주어도 모터가 나사산을 풀지 못해 EPB 기능이 해제되지 않는다.

3) 해결

(1) IG를 리셋하고 브레이크 페달을 밟은 상태에서 약 10초간 EPB 스위치를 해제방향으로 작동시킨다.

(2) 로크 된 바퀴를 풀고 캘리퍼를 분해 또는(차종 별 다름) 모터 커버를 제거한 후 모터 가운데 10mm 정도 별 모양이 볼트를 시계 방향으로 돌리면 모터가 반대로 밀리게 되어 바퀴가 구동이 된다.(구동될 정도로만 돌리기를) 차종마다 정비 방법이 상이할 수 있으

므로 참고만 하기 바란다.

(3) 견인차를 이용하여 차량을 정비소로 입고시켜 수리를 한다.

4) 교훈 및 재발방지 대책

상기와 같은 차량들의 EPB 스위치가 자동으로 OFF되면 더 이상 EPB 스위치를 ON시키지 않는다. 대신 뒷바퀴를 앞뒤로 고임목을 받치거나 전방 견인 고리를 이용하여 X 바를 설치한 후 검사를 진행하기 바란다.

※ 본 이미지는 실제 문제의 차량과는 관련이 없다.

5 ABS 제동력 검사 중 자동으로 제동력이 걸리는 8.5톤 트럭

현대 슈퍼트럭 8.5 ton

1) 내용

오늘은 날씨도 제법 화창하다. 검사원 생활을 하다 보면 자동차 검사와 관련하여 크고 작은 일들이 발생을 한다. 3개월 전인가 정확히 날짜는 기억이 나지 않지만 현대 슈퍼트럭 8.5톤 카고 차량이 검사를 받기 위해 입고되었다. 차량은 관리를 잘 해서 그런지 전반적으로 깔끔했으며, 관능검사에서 특이점은 확인되지 않았다.

차량을 접수하니 종합검사의 럭다운 검사를 해야 되는 차량이다. 그래서 평소와 다름없이 차량을 검사장 입구에 대기시켜 놓고 사진을 촬영한 다음 ABS(사이드 슬립·브레이크·속도계 테스터) 장비에 설정을 하였다.

그런데 이 차량은 3개의 축이 배치되어 있는 3축 차량이었다. 즉, 뒷바퀴에 디퍼렌셜(차동장치)이 2개 배치된 차량으로 운전석에서 필요 시 버튼을 눌러 앞 디퍼렌셜과 뒤 디퍼렌셜을 연결 또는 분리하는 구조를 가진 차량이다. 연결과 분리는 에어 챔버를 이용하고 액추에이터 끝단에 "노치"라는 기구를 밀어 넣거나 빼는 방식이다.

참고로 평상시에는 앞 디퍼렌셜만으로 주행을 한다. 하지만 화물이 많이 적재된 상태에서 언덕 등을 출발할 때 뒷바퀴(2축) 타이어의 구동력만으로는 바퀴가 슬립되는 경우가 발생한다. 이런 경우 뒤 디퍼렌셜을 작동시켜 2축과 3축의 바퀴를 구동시켜 힘을 낼 수 있도록 만든 장치이다.

서두가 좀 길었지만 이해가 필요할 것 같아서, 차량을 시험기의 롤러에 올려 사이드슬립 OK, 그리고 1축(전륜) 제동력 OK, 다음에 장비가 시키는 대로 2축 바퀴를 제동력 시험기 롤러에 올리고 리프트를 하강 그리고 롤러가 회전함과 동시에 브레이크의 제동력이 나오고 "합격" 아니! 이럴 수가 분명히 브레이크를 밟지도 않았는데, 그것도 좌우 제동력의 편차가 거의 없이 합격이라니!

순간 제동력 시험기의 로드 셀이 고착되었나, 의심도 하고 방금 전륜까지도 문제없이 검사했는데, 아~ 그럼 라이닝 간극의 조정이 잘못되어 드래그 현상이 발생 되는구나 ㅋㅋㅋ

'어 ~ 그럼 여기까지 이 상태로 어떻게 왔지?'하는 의구심이 꼬리에 꼬리를 물었다.

※ 본 이미지는 실제 문제의 차량과는 관련이 없다.

2) 발생 문제점 또는 원인

차량을 대형부서로 이동하여 리프트를 이용하여 차량을 올리고 바퀴를 손으로 돌리자 아무 문제없이 잘 돌아간다. 그런데 분명 2축을 돌렸는데 3축이 똑같이 회전을 하였다. 순간! 아 뒤 디퍼렌셜 작동 버튼이 눌려진 것으로 판단하고 운전자를 불러 확인했는데 스위치를 ON·OFF시켜도 변화가 없었다.

그래서 최종 확인한 결과 뒤 디퍼렌셜을 넣고 빼는 일명 "노치"가 어떤 이유로 고착되어 빠지지 않아서 발생된 문제로 정리되었다. 그러니까 제동력 시험기의 롤러가 2축을 돌리는 순간 3축(지면에 위치)까지 힘이 전달되어 그 힘이 제동력으로 계측된 사례이다.

이러한 상태면 일반도로에서 가속이 잘 되지 않았을 텐데라고 운전자에게 이야기 했더니 ㅋㅋㅋ 운전자 왈… 어쩐지 요즘 차가 잘 안 나간다고 생각했다고… 일단, 더 이상 할 말이 없다.

3) 해결

대형부서에서 고착된 노치를 수리하고 차량은 검사장으로 이동하여 정상적으로 ABS 검사와 종합검사(럭다운)까지 문제없이 마무리 하였다.

4) 교훈 및 재발방지 대책

상기 문제점을 통해 소형차만 공부해 온 나에게는 대형차 구동 계통에 대한 공부와 이해가 필요한 것을 절실히 느끼는 계기가 되었다. 또한 본능적으로 해오던 ABS 검사에 대해 좀 더 차분하게 대응할 필요성을 느꼈다. 또한 검사 중에 조금이라도 이상한 부분이 있으면 잠시 생각하고 확인하는 습관을 길러야겠다고 다짐을 하였다.

6 럭다운 예열모드에서 파워 스티어링 오일이 분출된 트럭

대우 8.5 ton 카고 유압 크레인

1) 내용

요즘은 추석 명절이 가까이 다가와서 그런지 아침부터 검사 차량들이 조용하다. 그래서 작년 차량의 검사 실적을 보았더니, 평달 대비 30% 정도 검사 차량이 적게 입고된 것으로 확인하였다.

누구 말대로 대목이 가까워지면 적은 비용의 지출도 아낀다고 하더니 여하튼 그래서 그런지 검사 차량은 확실히 적게 입고되었다. 그런데 그런 생각을 하고 있을 때, 호랑이도 제 말하면 온다고 했던가, 대우 카고 트럭에 크레인을 튜닝한 19년 된 차량이 검사를 받으러 입고되었다.

순간 긴장모드다. 접수를 하고 보니 정밀 배출가스(럭다운) 검사를 시행하여야 되는 차량이다. 한눈에 보기에도 폐차장 가야될 것 같은데, 여하튼 종합검사지역 확대 이후 낡은 차량의 소유자에게는 고난의 연속이다. 작년 같으면 정기검사로 정리될 차들이 정밀검사 럭다운 검사를 받아야 되니… 차량을 검사하는 검사원들도 마음이 편치 않은 것은 사실이다.

운전자에게 검사 차량의 고지 의무를 설명하고 OK 확인을 받은 뒤 검사를 진행하였다. 아는 분들은 잘 알겠지만 바닷가 근처 대형 검사장에는 어촌에서 차량을 세워놓고 거의 이동없이 배에 물건을 올리고 내리는 작업을 하는 카고 크레인들이 검사를 받으러 종종 입고된다.

이런 차량들의 특징은 주행거리가 거의 없다. 대부분 부두에 세워놓고 부두 사이만 왔다 갔다 하기 때문이다. 그리고 해풍에 차량의 부식이 정말로 심해서 대형 하체 정비를 하는 사람들도 고개를 설레설레 흔든다. 볼트 및 너트가 풀리는 것이 아니고 부러진다.

그래도 오늘은 ABS 검사 OK, 좀 찜찜하지만 사전 고지도 했으니 용감하게 대형 다이나모의 롤러에 올리고 차량을 예열모드 50km/h로 주행하였다. 그런데, 엔진 RPM 센서의 신호가 좀 이상하게 검출되어 본 모드 진입 전에 센서를 살피는데 적색의 오일이 운전석 타이어 안쪽에서 분출되는 것이 확인되었다. 신속히 시동을 끄고 검사를 중지하였다.

※ 본 이미지는 실제 문제의 차량과는 관련이 없다.

2) 발생 문제점 또는 원인

파워 스티어링 펌프에 장착된 송출라인의 고압 호스가 노후화로 크랙이 진행된 상태에서 공교롭게도 럭다운 예열모드 때 파손되어 오일이 분출된 문제였다.

3) 해결

차량을 근처 대형 카센터로 보내 파손된 유압 호스를 수리하였으며, 기타 엔진에 관련되어 있는 노후화된 소모품들을 교체하였다. 그리고 정밀 배출가스(럭다운) 검사까지 문제없이 마무리 하였다.

4) 교훈 및 재발방지 대책

매번 연식이 오래된 차량들 특히 주행거리가 짧거나 또는 매매상사의 매장에 장기간 방치되어 있다가 판매가 되어 검사를 받는 차량들은 엔진에 관련된 소모품 특히 고무제품(유압 호스, 라디에이터 호스, 팬벨트 등)이 럭다운 급가속 조건에서 문제를 일으키는 사례가 많다. 그러므로 이러한 차량들은 아래와 같이 단계별로 점검 및 확인을 하여야 한다.

(1) 일단 고객에게 고지 의무를 하여야 한다(검사 중 차량 고장 시 검사원 및 사업주 책임 없음)
(2) 기본적인 엔진 오일, 냉각수를 필히 확인한다.
(3) 하체 점검 시 냉각수 누수, 오일 리크 등 문제 여부를 확인한다.
(4) 럭다운 예열모드 시 냉각수 온도 및 클러스터 경고등을 확인한다.(특히 오일 경고등 점등 차량)
(5) 예열모드 끝나면 바로 본 모드 검사를 진행하기 전에 엔진의 시동이 걸린 상태에서 엔

진 주변부 다시 점검(연기, 오일 & 냉각수 누출)

(6) 본 모드 검사를 진입할 때 가능한 다른 검사원이 차량 주변에서 검사가 끝날 때까지 차량의 상태를 모니터링 한다.

※ 낡은 차량들은 럭다운 검사 시 언제 어떤 문제가 발생될지 알 수 없으므로 긴장의 끈을 놓으면 안 된다.

7 럭다운 시험 완료 후 리프트가 올라오지 않아 낭패 본 사연

현대 엑시언트 540 트랙터

1) 내용

어느덧 대형 검사장에 입문한지 6개월이 넘었다. 아직은 좀 서툴기는 해도 혼자서 대형차량 한대 정도는 천천히 종합검사를 끝낼 수 있는 정도까지는 된 것 같다. 처음에는 잘 몰라서 그렇지 몸으로 때우다 보면 조금씩 경험이 축적되면서 나름 일에 대한 여유도 생기는 것 같았다. 하지만 아직 검사장비에 대한 이해가 많이 부족하고 원리도 잘 모르겠다. 여하튼 장비에 문제가 조금이라도 있으면 업체의 콜센터에 잽싸게 연락하고 기다린다.

다들 알겠지만 그 기다림에 시간 검사 차량들은 밀려 있고 대형라인에서 대형차량이 리프트가 올라오지 않아 꼼작 못하고 있고, 어쩔 수 없이 다른 차량들은 후진으로 모두 빼고 일일이 고객들에게 죄송하다고 사과를 하였다. 장비가 고장이 나서 오늘 대형차량은 검사를 할 수 없으니 미안하지만 다른 검사장에 가서 검사를 받아주세요. 휴…

대형 다이나모에 갇혀 있는 엑시언트만 빼고 일단 주변의 차량들은 어느 정도 정리가 되었다. 그런데 대형차량 차주님 왈… '저도 바빠요, 차 좀 빼주세요.'라고 말한다. 순간 머리가 복잡해진다. 잠시 처음으로 돌아가서 그 날은 평상시와 다름없이 검사가 진행되었고, 엑시언트 트랙터도 대형라인에서 정상적으로 정밀 배출가스(럭다운) 검사를 끝내고 롤러가 정지되면 리프트가 자동으로 올라와 차량만 빼면 평상시와 다름없는 상황인데, "검사 합격" 멘트가 나오고 롤러가 정지했는데 이상하게 리프트가 올라오지 않는다.

장비 PC에는 리프트 상승 중 이라는 글자만 계속 점멸하고 더이상 진전이 없다. 어쩔 수 없이 할 수 있는 모든 행동(PC 재부팅, 다이나모 파워리셋 등등)을 해 보았지만 말짱 "꽝"이었다. 급하게 장비업체의 콜센터에 전화하고 기다림에 시간, 아마도 겪어본 검사원들은 그 심정을 이해할 것이다. 그리고 대형 다이나모의 롤러 위에 올려져 있는 엑시언트는 공장에 대형 지게차로 로프를 걸어 간신히 롤러에서 탈출시켰다.

검사장에서 검사원이 말썽 안 부리면 장비가 문제고 장비가 조용하면 검사원이 문제고, 우리 사장님 말씀이 언뜻 머리를 스치고 지나간다.

※ 본 이미지는 실제 문제의 차량과는 관련이 없다.

2) 발생 문제점 또는 원인

1차로 하청업체가 와서 다이나모 메인 보드 Assay 교체 및 확인을 했지만 문제는 해결되지 않았고, 다음날 업체직원이 와서 이것저것 확인한 결과 다이나모에서 장비 메인 보드로 연결되는 실드 선이 단락되어 메인 보드 파워가 다운되는 현상이 발생되어 문제를 일으킨 것으로 정리 되었다.

3) 해결

메인 보드로 입력되는 실드 선을 절단한 후 문제가 해결되었고 장비 업체의 말로는 과거 실드 선을 사용했지만 요즘의 장비에서는 거의 사용않기 때문에 제거해도 특별한 문제가 없다고…

4) 교훈 및 재발방지 대책

다이나모 장비에 대해 상세하게 알 수는 없지만 이번처럼 리프트가 올라오지 않을 때 수동으로 조치할 수 있는 방법에 대해 사전에 공부가 필요할 것으로 생각되었다. 혹시나 상기와 같은 문제가 생기면 다음과 같이 대응하기 바란다.

(1) 장비업체에 먼저 연락하여 리프트를 수동으로 올리는 방법을 문의하기 바란다. 일반적으로 대부분의 다이나모 장비가 비상시에 수동으로 리프트를 올리는 기능이 있으며, 이는 장비업체마다 상이하다.

(2) 다음은 우리 검사장에서 사용하는 KI & T 장비를 기준으로 설명을 하겠다.(대형 다이나모)

① KI & T 대형 다이나모는 후방 롤러 중앙의 답판 아래에 리프트 제어 솔레노이드 밸브 후단에 수동 상승 버튼이 배치되어 있다. 그러므로 차량이 롤러 위에 올라가 있으면, 그 버튼을 사용할 수가 없으므로 일단, 차량을 리프트에서 끌어내야 한다.(견인차 또는 지게차 등에 견인 고리를 이용한다.)

② 차량이 다이나모 위에서 이동되었다면 아래 사진의 답판(A)에 설치된 볼트를 제거하고 답판을 옆으로 밀어 놓는다.

③ A답판 볼트를 풀고 답판을 옆으로 밀면 아래의 사진처럼 된다. 그리고 리프트 제어용 공압 밸브 2개(좌·우)를 확인할 수 있다.

④ B, C 구멍을 가느다란 십자드라이버로 누르면 리프트가 상승한다.

이렇게 하면 대형 다이나모는 사용하지 못해도 차량이 통과할 수 있어 배출가스 검사 면제 차량 및 소형차들은 검사가 가능하다.

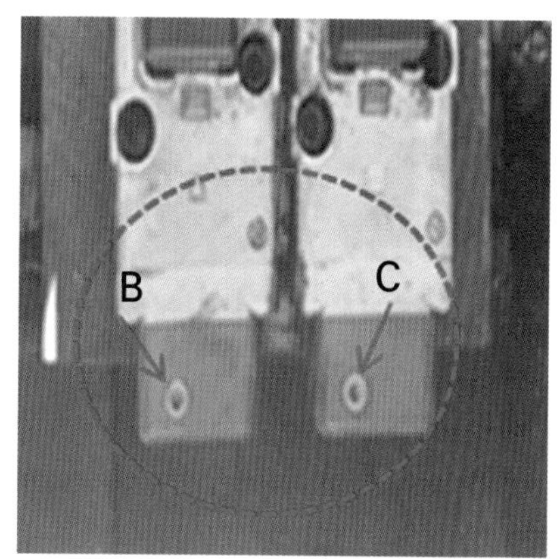

8 다복 10톤 상승 윙 바디 엑시언트 무진동 차량과 럭다운

현대 엑시언트 350 6×4 무진동 차량

1) 내용

오늘은 대형차 럭다운 검사를 하면서 전혀 생각지도 않았고 남의 말에 귀 기울이지 않고 나만의 고집과 생각으로 럭다운 모드 검사를 했다가 큰 일이 벌어질번 했던 일에 대해서 간단하게 적어보겠다. 나름 대형차 검사를 했다고 자부하지만 사람은 늘 겸손해야 하고 때로는 남의 말에도 귀를 기울여야 한다는 말이 새삼 느껴지는 하루였다.

나른한 5월에 오후 엑시언트 H350 차량이 검사를 받으러 왔고 접수를 해보니 종합검사 대상이고 정밀 배출가스(럭다운) 검사를 해야 하는 차량이다. 접수를 하는데 등록증에 무부하 급가속이라고 연필로 누군가 적어 놓았다. 무부하 엑시언트가? 그러자 옆에 있던 차주가 하는 말 인천에서 이런 차들이 많이 움직이는데 그 곳에서는 무부하 급가속으로 검사를 한단다. 순간, 이건 또 무슨 소리인지 이해할 수 가 없었다. 그래서 모니터링을 해볼까 했으나 조회도 되지 않았고, 그렇다고 차주 말만 듣고 근거 없이 무부하 급가속 검사를 할 수도 없고 여하튼 이해할 수 없었지만 럭다운 검사를 하기로 하고 차량을 검사장에 진입을 시켰다.

새 차라 ABS 검사 OK, 그리고 럭다운 검사를 위해 대형 다이나모 위에 바퀴를 올리고 리프트가 내려가면서 차량이 다이나모 위에 안착이 되었다. 엑시언트 H350 6×4 카고에 에어 스프링으로 튜닝한 무진동 차량으로 대형 차량의 덩치에 비해 뒤 타이어의 직경이 작았고 리프트가 내려 앉자 에어 스프링이 팽창하여 유난히 뒤쪽의 차고가 높았다.

늘 하던 대로 본 모드 검사 50km/h로 주행하여 특이점 없이 완료되었다. 그럼 그렇지 괜한 걱정을 했잖아. 좀 이상한 기분이 들기도 했지만, 과감히 본 모드 검사 70km/h에서 풀 가속하는 순간 뒤 타이어 부분에서 "따따닥, 따따닥" 금속의 이음이 들리기 시작하였다. 순간 놀라서 액셀러레이터 페달에서 발을 떼자 그 소음은 다시 살아졌다. 순간 이러다 차 망가지겠다. 급하게 검사를 멈추고 뒷바퀴 부분을 아무리 보아도 눈에 띄는 문제점은 없었다.

순간 이 문제인가? 그래서 인천에서 럭다운 검사를 하지 않고 무부하 급가속으로 검사를 했나, 순간 차주의 말이 생각났고, 등록증에 누군가 연필로 적어놓은 무부하 급가속이란 이미지가 머릿속을 스치고 지나갔다.

※ 본 이미지는 실제 문제의 차량과는 관련이 없다.

2) 발생 문제점 또는 원인

기존 판스프링에서 특장차로 출고될 때 에어 스프링으로 튜닝되어 출고된 특수차량이다.(무진동) 리어쪽 타이어 반경이 일반적으로 대형차에 비해 작음으로 그로 인해 다이나모 롤러 위에 2축과 3축에 안착될 때 2축은 2개 롤러의 V홈에 타이어가 빠지는 구조이고 3축은 롤러 위에 올라 타 있는 형상이다.

또한 에어 스프링 특성상 일반 판스프링보다 상기와 같은 조건에서 2축, 3축간 위상차가 크게 발생하는 특징이 있다. 상기 조건에서 노치를 사용하지 않음으로 당연히 2축만 구동된다. 단, 3축은 다이나모 롤러가 구동되면서 무부하 공전상태로 회전한다.

여기서 2축과 3축의 위상차가 발생하고, 이 위상차는 2축에서 3축으로 연결되는 유 조인트에 영향을 준다. 즉, 이렇게 다이나모 위에서 인위적으로 2축과 3축의 위상차가 크게 발생하는 상태에서 유 조인트가 고속회전하면 유 조인트에서 공진이 발생하고, 이로 인해 유 조인트의 위상 각 간섭으로 발생되는 기계음으로 판단된다. 만약 이러한 조건에서 무리하게 운전하면 3축 구동 조인트가 파손될 염려가 있다.

3) 해결

검사한 차량은 다시 다이나모를 돌려 확인해 보니, 차속 60km/h에서는 특이점이 없었다. 그래서 차속 제한 장치를 작동시키고 차속 60km/h 조건으로 럭다운 검사를 실시하여 마무리 하였다.

※ 결론 : 이 차량은 앞으로도 무부하 급가속 시험을 권장한다. 차종 별로 에어 스프링 차고의 오차로 인한 유 조인트, 조인트 각에 편차가 있고 조인트 유격도 다 틀려서 모든 차량의 공통분모가 아니므로 차량에 손상을 유발 할 수 있다.

4) 교훈 및 재발방지 대책

(1) 무식하면 용감하다. 처음 검사해 보는 특장차 그리고 사전 징후가 있는 차량은 충분히 확인을 하고 검사를 해야 한다. 설마 하는 생각으로 고집과 의욕이 앞서면 언젠가는 사고를 치기 마련이다. 여하튼 이번 일을 통해서 그 동안 해오던 습관과 고정 관념 그리고 오만과 오판은 하지 말아야겠다고 다짐을 해본다.

(2) 처음 해보는 특장차 정밀 배출가스(럭다운) 검사는 사전에 충분히 관련 자료를 조사하고 알아본 후 검사를 진행하여야 한다.

(3) 다이나모 위에 차량을 안착했을 때 차고가 유난히 높거나 낮은 차량들은 검사를 수행하기 전에 차대동력계 상태 모드 (KI & T 장비기준)에 진입하여 차속을 서서히 증가시켜 차체 이상음 또는 기타 문제점을 차속 90km/h까지 확인을 한다. 그래서 특이점이 없다면 정밀 배출가스(럭다운) 검사를 진행해도 문제가 없을 것으로 판단된다.

※ 차대 동력계 상태 모드란 : 다이나모에 부하가 가하지 않은 상태에서 롤러만 회전하는 조건이다. 일반적으로 속도계 시험기와 같은 상태이다. 특히, 대형 차량들은 차속 제한 풀림 확인을 대형 다이나모에서 이 모드 상태에서 한다.

9 럭다운 시험 중 다이나모 차속 이상으로 고생한 사연

대형 다이나모(KI & T)

1) 내용

오늘은 대형차 럭다운 검사 중 다이나모 차속이 이상하게 출력되어 고생했던 이야기를 잠시 해보겠다. 저희 검사장은 대형차 검사 비율이 80%나 되는 검사장으로 대형 다이나모 사용량이 많다. 특히 최근에 종합검사의 지역 확대로 그 빈도수는 전과 비교가 되지 않는다. 제법 검사 차량들이 아침부터 북적이던 6월에 어느 날 그날도 늘 하던 대로 메가 트럭을 다이나모에 올려놓고 정밀 배출가스(럭다운) 검사 준비를 하였다. 메가 트럭이야 검사장으로 보면 효자 차종이다. 덩치는 적당지만 대형차로 분류되기 때문에 검사 비용은 대형차 금액으로 받고, 출력도 잘 나오고, 특히 탑 밑에 연료라인에 RPM 센서를 붙일 수 있어 RPM 신호가 Error 없이 가볍게 럭다운 검사를 할 수 있다.

준비를 마치고 차에 올라 가볍게 50km/h 예열 모드를 마치고 70km/h 본 모드 진입을 위해 액셀러레이터 페달을 Full로 밟았다. 그런데 갑자기 모니터에 표시되는 다이나모 차속이 이상했다. 분명 액셀러레이터 페달을 Full로 밟았고 차량의 클러스터에는 차량 제한 차속까지 올라갔는데 모니터 차속(다이나모 출력 차속)은 40~70km/h로 널뛰기 하더니 10~30km/h 사이를 왔다 갔다 하는 것이었다.

더 이상 검사 진행이 불가능하여 검사를 멈추고 장비업체의 콜센터에 신속히 전화를 하고 대기를 하였다. 당연히 대형차 종합검사는 스톱이 되었다. 대기하고 있던 대형 종합검사 고객들에게 일단 사정을 이야기 하고, 양해를 구한 뒤, 바쁜 고객님들은 돌려보냈다. 사람이 말썽을 피우면, 한 두 명이 고생해도 검사는 진행되는데, 장비가 고장이 나면 어찌할 방법이 없다.

※ 본 이미지는 실제 문제의 차량과는 관련이 없다.

2) 발생 문제점 또는 원인

업체에 연락이 되어 확인한 결과 다이나모 롤러 축에 연결된 엔코더 커플링이 손상되면 다이나모 롤러의 속도가 제대로 계측되지 않는다고 하여, 다이나모 롤러 사이드 답판을 열고 확인한 결과 롤러와 엔코더를 연결하는 플라스틱 커플링이 파손되어 롤러의 속도가 엔코더에 제대로 전달되지 않아 발생된 문제였다.

3) 해결

다이나모 롤러 부위의 보조 답판 A를 제거한 뒤 손상된 플라스틱 커플링 B를 제거하고 실리콘 튜브를 삽입하여 문제를 해결하였다.(참고로 실리콘 튜브는 배출가스 교정용 탱크에 사용하는 호스이다.)

손상된 커플링 B

손상된 커플링 대신 실리콘 튜브로 대체

4) 교훈 및 재발방지 대책

형식적인 페이퍼 점검일지(일일·월간) 틀에서 벗어나 실질적인 장비 점검 및 관리에 신경을 써야겠다.

10 독수리 시력을 가진 대형 자동차 검사원과 CCTV

CCTV를 이용한 ABS 시험기에 바퀴 정렬

1) 내용

오늘은 추석 전날이라서 그런지 아침부터 차들이 들이 닥치더니 오후가 되니까 조용하다. 누군가 그러 더 군요 검사 차량들이 떼 거지로 몰려다닌다고…

필자가 일하고 있는 검사장은 대형차 검사 비율이 80% 되고, 이 곳에 왔을 때 가장 힘들고 적응하기 어려웠던 것이 ABS 장비를 이용하여 검사를 하는 것 그 중에서도 대형차 바퀴를 정확히 제동력 시험기 리프트(22cm) 위에 타이어 수직선이 일치하도록 올려놓는 것이다. 그래야 차량의 축중이 정상적으로 계측이 되고 정확한 제동력의 검사를 할 수 있다.

내가 언제 대형트럭을 운전해 보았겠나? ABS 장비에서 차량을 빨리 빼야 정밀 배출가스 검사로 차를 보내는데 축중이 잘못 측정되면서 다시 측정해야 한다. 대부분의 검사장들이 그렇겠지만 내가 왔을 때 ABS 시험기 옆쪽에 오래된 거울 2개(아마도 어디 재활용품 버리는데서 주워온 것 같은)와 절반이 깨져 있는 거울 액자, 그것도 부족해서 비탈길 도로 맞은편에 설치된 곡면거울 1개, 차가 아무리 커도 앞바퀴야 바로 눈 밑에 보이니까 문제는 없지만, 3축과 4축은 벽에 세워놓는 거울과 사이드 미러를 보고 바퀴 스톱 위치를 잡아야 하는데 정말로 어렵고 짜증이 났다.

그런데 우리 소장님은 그 연세에 안경도 안 쓰고 정확히 축중을 측정하고 제동력 시험을 완료하는 것을 보면 짬밥은 무시할 수 없음을 느낀다. 참고로 거울 반사면은 검사장 매연으로 때가 잔뜩 끼어 그것을 보고 사물을 분간한다는 것 자체가 신기할 따름이다.

나는 시력도 그렇게 좋지 못해 안경을 쓰고 있으며, 서당개 3년이면 풍월을 읊는다는데 그러기에는 도저히 자신이 없다. 그렇다면 머리를 이용하는 수 밖에 없다. 고민하다가 CCTV를 이용해서 검사장 앞쪽에 대형 TV 모니터를 연결하면 구태여 ABS 장비에 바퀴를 정렬할 때 고개를 돌려 거울을 보지 않아도 선명한 화질로 바퀴의 위치를 확인할 수 있을 것으로 확인하고, 바로 설치 레이아웃을 만들고 작업을 하였다.

대형차 운전석에서 사이드 미러와 벽에 설치된 여러 개의 거울을 통해서 바퀴의 정렬 위치를 가늠한다.

2) 발생 문제점 또는 원인

(1) 일단 대형차 경험이 없는 분들 또는 경험이 많아도 차량의 길이가 긴 트레일러 차량들은 혼자서 ABS 장비에 바퀴를 정렬하기가 쉽지 않다. 또한 정렬이 잘못되면 축중이 적게 계측이 되고, 그렇게 되면 불법 검사의 의심을 받는다(제동력이 불량한 차량의 축중을 적게 측정하여 합격시켰다 뭐… 이런 시나리오가 만들어 질 수 있다).

(2) 지나치게 과거에 해오던 고정 관념으로 장비에 바퀴의 정렬은 당연히 유리를 보고 했었고, 좀 불편한 것을 알지만 개선하려고 노력하지 않았다.

3) 해결

ABS 장비의 벽 쪽에 CCTV 카메라를 설치하고 실시간으로 촬영된 영상을 검사장 전면의 TV 모니터에 보여줌으로써 ABS 시험기에 바퀴 정렬 시 구태여 사이드 미러나 벽면에 설치된 뿌연 유리를 보지 않고 전면 TV 모니터를 보면서 정확하게 원하는 바퀴를 시험기 위에 정렬시킬 수 있다.

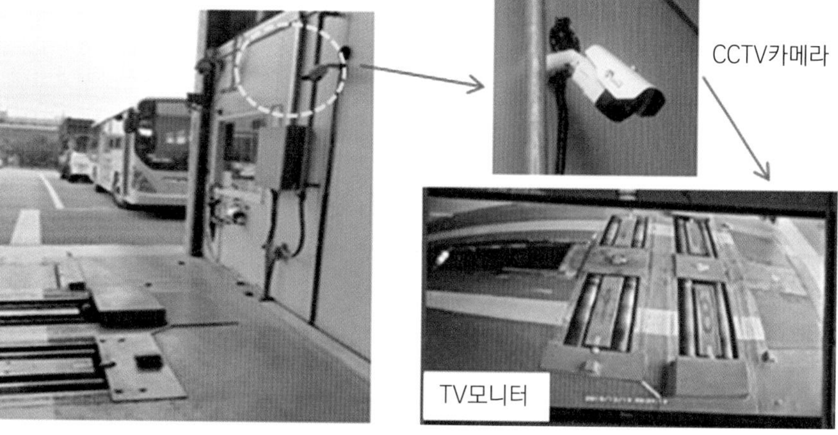

아무리 긴 차량(트레일러 등)이 검사장에 들어와도 혼자서 편하게 ABS 시험기에서 검사를 할 수 있다.

운전석 전면 창을 통해서 본 바퀴 정렬상태

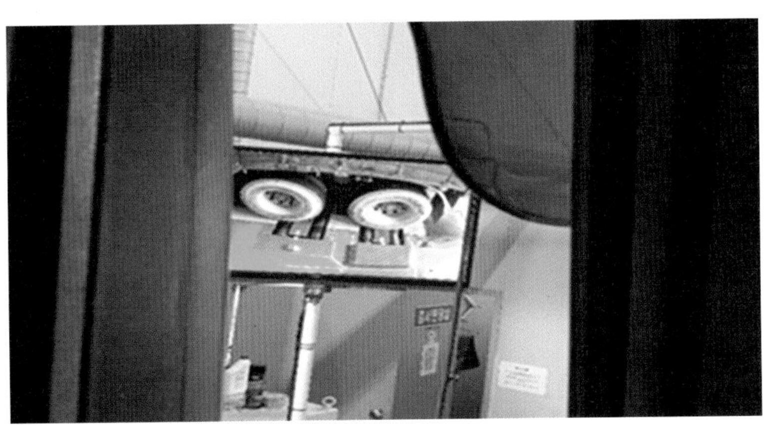
운전석 창문을 통해서 본 바퀴 정렬상태

4) 교훈 및 재발방지 대책

오랜 경험과 노하우도 중요하지만 때에 따라서는 고정 관념을 버리고 아이디어를 도출하면, 좀 더 편하고 신속하게 자동차 검사 업무의 효율을 높일 수 있다.

11 25년 된 소똥운반용 기아 라이노 덤프와 검사원

기아자동차 5톤 라이노 덤프트럭

1) 내용

지방에서 대형차 검사를 하다 보면 오래된 차들이 종종 검사를 받으러 검사장에 들어온다. 사실 뭐~ 오래된 차라고 해서 "꼭" 문제가 있거나 검사를 거부할 권한은 없다.

최근 우리 지역도 종합검사 지역으로 바뀌면서 시골에서 작업용으로 막 사용하던 차량들이 이제는 종합검사 대상이 되다 보니, 여간 신경이 쓰이는 게 사실이다. 특히 정밀 배출가스(럭다운) 검사를 받아야 되는 차량들은 매연은 둘째 치고라도 검사모드 진행 중에 뜻하지 않은 차량의 손상이 발생할 수 있기 때문에, 여하튼 뭐~ 이런 차량들은 사전에 차주한테 검사 중 차량에서 문제가 발생시 책임이 없음을 1~2회 다짐받고 검사를 진행해도 늘, 찜찜한 마음은 떨쳐 버릴 수가 없다.

사실 이 차량들은 도로 주행은 거의 없고 농장에서 소똥을 나르거나 간단한 작업용으로 이용하는 차량들이라 구태여 새 차를 사서 사용할 일이 없고 굴러만 가면 되니까 그냥 아쉬운 대로 사용하는 차량들이 많다. 그러다 보니 당연히 차량의 관리가 되지 않고 냉각수, 엔진 오일만 체크하고 럭다운 검사를 하는데 상당히 신경이 쓰인다. 또한 옛날 브란자(분사 펌프)가 장착된 차량들은 낡아도 힘은 좋아서 액셀러레이터 페달을 Full로 밟으면 힘이 넘치는 차량도 종종 있다.

그러던 어느 날 드디어 그분이 오셨다. 소 농장에서 소똥을 운반하는 25년 된 라이노 덤프트럭이었는데, 나름 검사장에 온다고 짐 칸은 청소를 한 것 같은데, ㅋㅋㅋ 역시나 소똥이 바퀴 휠에 굳어서 언제 떨어질지 모르는 차량, 폐차장에 가야할 것 같은데 검사 고지서 받고 검사 받으러 왔다.

그래서 일단 등화장치부터 확인하고 문제가 있으면 불합격 판정하여 보내야겠다고, 생각한 뒤 차량 주변을 한 바퀴 살펴보니, 데루등(테일 램프, 리어 램프, 후미등)은 언제 수리했는지 새 것으로 교체하였고, 번호등도 잘 들어오고, 불법 튜닝한 것도 없고, 차체 부식 심한 것, 이 걸로 불합격, 시정권고, 참! 기준이 애매하다. 여하튼 차주에게 검사 차량 사전고지 알림을 설명하고 ABS 장비에서 검사를 진행하였다.

사이드슬립 검사 OK, 전륜 제동력 검사 OK, 그런데 후륜 제동력 1차 측정을 했는데 총합 46%로 4%가 부족하다. 그래서 다시 한 번 더 후륜의 제동력을 재측정을 하는 순간 갑자기 제동력이 "0%"가 되었다. 확인을 해보니 노후화로 브레이크 배관이 터진 것이었다.

황당했지만 종종 있는 일이라 "불합격 판정을 하고" 차주에게 전반적인 내용을 설명하였다. 내심 속으로 아마 부속도 없을 텐데 웬만하면 폐차 하는 것이 좋을 것 같은데, 하지만 차주는 견인차를 불러 차량을 근처의 카센터로 끌고 가서 정비해 오겠다고 말한 뒤 사라졌다. 다음날 오전에 다시 그 차는 재검을 받기 위해서 왔고, 재검 접수 검사를 시작하였다.

그리고 ABS 장비 전 항목 OK, 드디어 걱정했던 정밀 배출가스 검사를 위해 차량을 다이나모에 세팅하고, 예열모드 OK, 걱정했던 본 모드 출력 검사 OK, 매연 불합격… 차주에게 다시 관련 내용을 설명하고 차량을 돌려보냈다. DPF를 달지 않으면 검사 합격이 쉽지 않다고 말씀드리고, 여하튼 최종 판단은 고객이 하겠지만 왠지 모를 씁쓸함은 감출수가 없었다.

※ 본 이미지는 실제 문제의 차량과는 관련이 없다.

2) 교훈

(1) 차령이 오래되고 관리가 되지 않은 차량들은 검사를 할 때 생각지도 않은 문제들이 발생한다.(브레이크 파열, 엔진 오버 히트, 화재 및 기타 등등)

(2) 차량 검사 전에 고객에게 충분히 현재의 차량 상태를 설명하고 검사 중 차량에 이상이 발생할 수 있음을 알리고 고객이 동의하는 경우에 한해서 검사를 진행하여야 한다.

12 대형 차량 주차 브레이크 위치와 초보 검사원

대형 차량 주차 브레이크 위치

1) 내용

사실 필자는 오래 전부터 소형차량(봉고1톤 이하)의 정비 업무를 했으며, 특히 승용차와 수입차량 전자제어 장치 쪽으로 공부를 하였다. 여하튼 어찌 하다 보니, 회사를 퇴직하고 종합검사원 교육을 수료한 후 대형차량 검사장에 첫 검사업무를 시작하게 되었다. 대부분 그러하듯이 검사장에 초보 검사원이 왔다고 해서 따로 신경을 써서 가르쳐 줄 시간도 없으며, 또한 그런 여유도 없다는 것을 누구나 공감하리라 생각한다.

눈치 것 하고 그저 시키는 일에 별 생각없이 하다 보면 업무가 서서히 몸에 익숙해지고, 그렇게 서당 개 3년이면 풍월 읊는다는 이야기가 새삼 몸에 와 닫는 현실은 지정 검사장 검사원이라면 누구도 부정할 수 없는 것이 현실이다. 말이 좀 길어졌지만, 자동차라면 어느 정도 배웠고, 그래서인지 대형차량 검사업무도 그렇게 어렵게 생각하지 않았다. 그러던 중 어느날 대형차(3축) 한 대가 검사를 받기 위해 검사장에 들어왔다.

당연히 에어 브레이크 시스템의 차량이고, 브레이크 페달을 발로 밟으면 주제동력, 주차 브레이크를 당기면 주차 제동력 ㅋㅋㅋ 그런데 3축 차량을 ABS 검사를 하기 위해 순서대로 주제동력 측정 후 주차 제동력 측정을 위해 파킹 레버를 당겼는데 주차 제동력이 거의 걸리지 않는 "0%"였다. 어? 이상하다 주차 브레이크가 고장 났나 그때 까지만 해도 3축 차량은 1축과 2축에 그리고 2축 차량은 당연히 2축에 주차 브레이크가 있는 것으로 알고 있었다.

그런데 차종 또는 연식에 따라 꼭 그런 것만은 아니었다. 물론 2축 차량이야 거의 후륜에 파킹 브레이크가 설치되어 있다. 그런데 3축부터는 그렇지 않은 차량도 있다는 것을 확인하는 계기가 되었다.

혹여나 그런 검사원들은 없겠지만 주제동력으로 주차 브레이크를 살짝 잡으면 되지 하는 생각은 절대로 해서는 안 된다. 대형차들은 운전자가 자리를 이탈한 후 차량을 고정시킬 수 있는 기능은 주차 브레이크 밖에 없다. 그러므로 제대로 검사를 하지 않은 주차 브레이크는 생각지도 않은 대형 사고를 유발한다. 대형차량들은 차종 별로 주차 브레이크가 걸리는 바퀴를 정확히 파악하고 ABS 검사 설정 시 반영하여, 주차 제동력의 확인에 문제가 없도록 하여야 한다.

통상적으로 에어 브레이크가 장착된 차량들은 브레이크 챔버에서 주차브레이크를 작동시키므로 브레이크 챔버 형상을 확인하면 어느 바퀴에 주차 브레이크가 작동되는지 사전에 알 수가 있다.

only 브레이크 챔버

브레이크 챔버 + 주차 브레이크 챔버

- ▶ **Only 브레이크 챔버** : 주 브레이크 기능만 있으며, 챔버의 길이가 짧고 공압 라인이 1개가 연결되어 있다.
- ▶ **주차 브레이크 챔버** : 브레이크 챔버 + 주차 브레이크 챔버가 일체로 되어 있으며, 챔버의 길이가 길고 공압 라인이 2개가 연결되어 있다.

2) 교훈

대형차량들 특히, 3축 이상은 차종별 또는 연식 별로 주차 브레이크가 장착된 바퀴가 다르므로 사전에 이를 정확히 확인하고 ABS 검사 설정시 반영이 필요하다. 그러므로 사전에 경험이 없는 차량들은 검사 전에 브레이크 챔버 형태의 확인을 통해서 주차 브레이크가 작동되는 바퀴를 확인하는 것이 필요하다.

13 제동력 시험기 작동 이상과 양치기 종합검사원

제동력 시험기 작동 이상

1) 내용

오늘은 최근에 있었던 우리 검사장의 제동력 시험기 오작동으로 양치기 검사원이 된 이야기를 통해 제동력 시험기의 작동과 고장진단 방법에 대해 이야기를 해보도록 하겠다.

우리 검사장은 KI & T(구 이야사까) 장비를 사용하며, 설치한지 이제 5년 정도 되었고 내가 입사한 뒤로 다른 장비에 비해 문제가 없었다. 그러던 어느 날 평상시와 다른 징후가 나타나기 시작했다. 차량의 진입, 축중 측정, 리프트 하강, 모터 구동, 제동력 측정, 리프트 상승 등 일반적으로 이렇게 순차적으로 작동이 잘 되어야 하는데, 그날은 차량 진입, 평소보다 2~3배 뜸을 들이더니 리프트가 하강하고 그 다음 모터가 돌아야 하는데 조용하다.

이게 뭐지? 하는데 갑자기 모터가 돌아가고 그래서 잽싸게 브레이크 페달을 밟고 제동력 측정, 이런 현상이 차량 10대를 검사하면 약 3대 정도에서 발생하다 정상적으로 작동한다. 정상이 아님을 직감하고 업체에 연락하니, 리프트 하강 후 리미트 스위치가 작동되어야 모터가 돌아간다고, 그래서 리미트 스위치를 점검해 보라고, 아는 지식은 없지만 머리 처박고 여기저기 찾아보아도 도저히 어떤 놈인지 모르겠다. 그러다가 검사차량이 들어오면 일단 모르겠고, 좀 불편해도 약간에 인내심, 참을 '忍'자 3번 쓰고 검사를 시작한다.

문제는 있는데, 물증이 없으니 업체에 자세한 설명도 되지 않고, 그러던 어느 날 드디어 먹통이 되었다. 차량 3대째 검사 중 리프트는 하강했는데 모터가 돌지 않는다. 검사 차량은 줄지어 서있고, 콜센터에 전화했더니 "죄송합니다. 지금은 문의가 많아 연결이 지연되고 있습니다."라는 멘트만 나오고 ㅋㅋㅋ 연결은 안 된다.

어쩔 수 없이 갖은 아이디어를 동원하여 센서 메인보드 전원 스위치를 찾아서 리셋을 했더니 다시 금방 정상적으로 작동 되었으나 이것도 잠시 다시 먹통이 되기를 반복하고 그때마다 파워를 리셋하고, 여하튼 검사 차량은 줄지어 서있고 다른 방법이 없었다. 그러다가 간신히 업체에 연락이 되어 랜 미팅으로 장비의 점검을 시작하였다. 업체의 엔지니어가 수동 조작으로 하나하나 장비를 조작했고 그때마다 문제없이 잘 작동되었다.

결론은 문제가 없음으로 지금의 상태에서는 수리할 수 없다는 것이다. 대신 문제가 발생할 때 시스템의 작동을 모니터링 하는 방법을 가르쳐 주었고 문제가 발생되면, 인디케이터의 상태를 캡처해 달라는 것이었다. 그러면 어느 쪽이 문제를 일으켰는지 판단할 수 있다고, 그리고 거짓말처럼 제동력의 측정기는 멀쩡해졌다.

순간 "양치기 소년이 생각났다" 믿거나 말거나 이지만 일단 객관적인 물증이 없으니, 그래도 고생은 했지만 나름 제동력 시험기에 대해 잘 몰랐던 부분을 확실히 알게 되었고, 문제가 발생했을 때 막연하게 '고장이 났으니까 고쳐주세요'라고 말하기보다 어떤 부분에서 더 이상 진행이 안 되고 그때 인디케이터 상태가 이렇게 되었으니 가능한 문제의 부분을 판단해서 고쳐 달라고 대응할 수 있는 자신감이 생겼다.

필자도 전자장치 관련하여 어느 정도 경험과 지식이 있는지라 관련 주변보드에 쌓여 있는 먼지를 에어로 말끔히 청소하고 너덜거리는 배선은 나름 정리를 하였다. 그 뒤로 벌써 10일이 지났지만 아주 멀쩡하다. ㅋㅋㅋ

우리 검사장에 설치된 문제를 일으킨 제동력 시험기

2) 문제 발생시 대응 법

다음은 우리 검사장에 설치된 KI & T(구 이야사까) 제동력 시험기 문제발생시 장비의 상태점검 및 고장부위의 확인에 대해 필자가 알고 있는 수준에서 정리를 해 보겠다. 설명에 앞서 제동력 시험기에 사용되고 있는 센서와 구성부품의 기능에 대해서 먼저 이해를 하여야 한다.

(1) 제동력 시험기의 일반적인 작동 Process

① 답판 위에 차량을 진입시킨다(적외선 센서 차량진입 감지)

② 설정된 시간 동안 축하중 측정(로드 셀)

③ 리프트 하강(하강 완료 감지 리미트 스위치 작동)

④ 모터 구동(제동력 측정 롤러 회전)

⑤ 운전자 브레이크 작동(로드 셀 제동력 측정)

⑥ 리프트 상승

⑦ 차량이동(적외선 센서 차량 없음 감지)

위의 내용에서 보면 이중 1개의 센서나 기구가 기능을 수행하지 않으면 제동력 시험기는 그 단계에서 멈추고 더 이상 진행하지 않는다. 예를 들어, 차량이 진입하면 적외선 센서가 차량의 진입을 감지하고 로드 셀이 축중을 측정하면 리프트가 내려간다. 그리고 리프트가 내려가서 하강이 완료되면 리미트 스위치가 작동되어 모터를 회전시킨다. 만약 리프트가 내려가 하강이 완료되어도 리미트 스위치가 작동하지 않는다면 모터는 회전하지 않고 그 상태를 유지한다. 그래서 프로세스가 진행되는 단계별로 입력 신호와 출력 신호가 제 기능을 수행하는지 모니터링 하면 대략적으로 어느 부분에서 문제가 발생되는지 확인할 수 있다.

그럼 이제부터 단계별로 제동력 시험기의 입출력을 점검하는 방법에 대하여 설명하겠다.

(2) ABS 시험기 단품의 기능을 확인하기

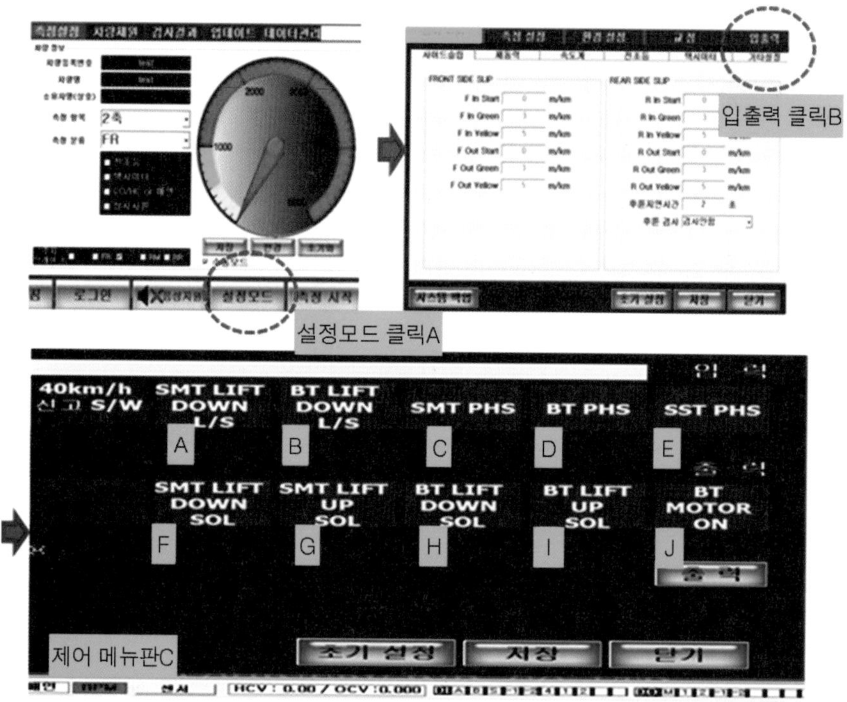

설정모드 A를 클릭하면 다음 화면으로 넘어가고 그 화면에서 입출력 B를 클릭하면 제어 메뉴판 C가 디스플레이 된다.

(3) 입력 관련 센서들의 기능

- ▶ A : 스피드 미터 시험기의 리프트가 하강했을 때 하강을 감지하는 리미트 스위치의 작동상태를 확인하는 아이콘
- ▶ B : 제동력 시험기의 리프트가 하강했을 때 하강을 감지하는 리미트 스위치의 작동상태를 확인하는 아이콘
- ▶ C : 스피드 미터 시험기에 차량의 바퀴가 감지되었을 때 작동하는 포토 센서의 작동상태를 확인하는 아이콘
- ▶ D : 제동력 시험기에 차량의 바퀴가 감지되었을 때 작동하는 포토 센서의 작동상태를 확인하는 아이콘
- ▶ E : 사이드 슬립시험기에 바퀴가 감지되었을 때 작동하는 포토 센서의 작동상태를 확인하는 아이콘

(4) 출력에 관련된 액추에이터의 기능

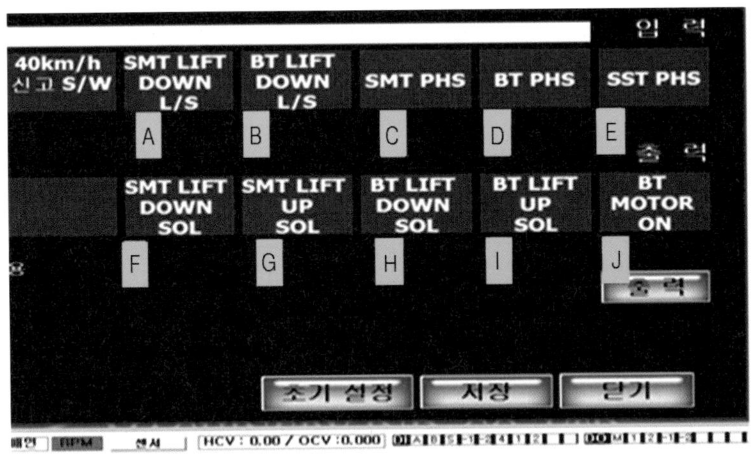

- ▶ F : 스피드 미터 시험기의 리프트 다운제어 공압 밸브 구동명령의 출력상태를 확인하는 아이콘
- ▶ G : 스피드 미터 시험기의 리프트 상승제어 공압 밸브 구동명령의 출력상태를 확인하는 아이콘
- ▶ H : 제동력 시험기의 리프트 다운제어 공압 밸브 구동명령의 출력상태를 확인하는 아이콘
- ▶ I : 제동력 시험기의 리프트 상승제어 공압 밸브 구동명령의 출력상태를 확인하는 아이콘

▶ J : 제동력 시험기의 모터 구동명령의 출력상태를 확인하는 아이콘

■ 각 아이콘들에 대한 부연 설명

▶ 포토 센서 아이콘 : 각 장비에 바퀴가 진입했을 때 센서 및 관련 장치에 문제가 없다면 해당 아이콘이 아래와 같이 바뀐다.

제동력 시험기에 타이어가 미감지 되었을 때 아이콘

제동력 시험기에 타이어가 감지되었을 때 아이콘

나머지 포토 센서들도 동일하게 작동한다(SMT & SST PHS)

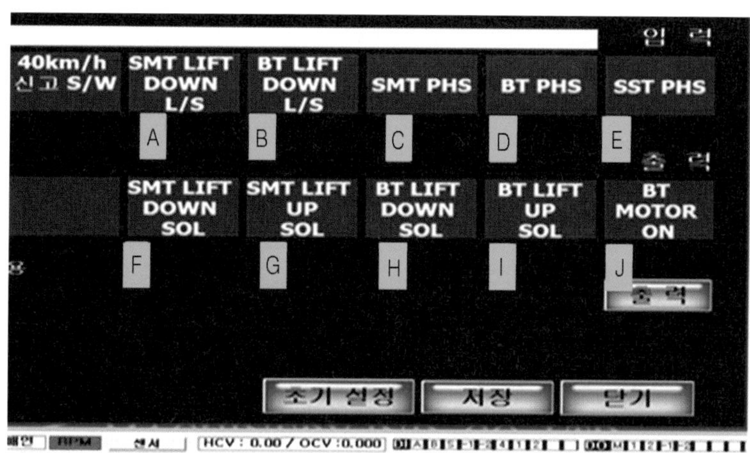

▶ 리미트 스위치 아이콘 : 각 장비에서 리프트의 하강이 완료되어 리미트 스위치가 작동되었을 때 스위치가 정상적으로 작동하면 아래와 같이 아이콘이 바뀐다.

제동력 시험기에 리프트가 상승위치에 있을 때

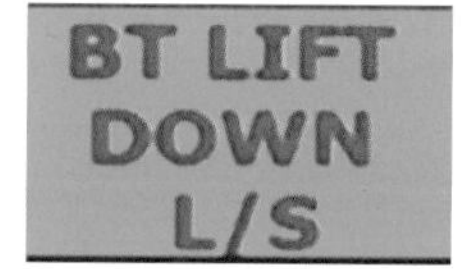

제동력 시험기 리프트가 하강하여 리미트 스위치가 정상으로 작동할 때

나머지 리프트 다운감지 리미트 스위치도 동일하게 작동한다. (SMT LIFT DOWN)

※ 조건이 주워졌을 때 즉, 타이어 감지 또는 리프트 하강 시에만 입력 아이콘의 색깔이 변한다면 센서 및 스위치는 정상적으로 작동됨을 확인 할 수 있다.

단, 조건이 주어지지 않았는데 아이콘 색깔이 항상 변해 있거나 또는 조건이 주어졌는데도 아이콘 색깔이 바뀌지 않는다면 이는 센서 및 스위치의 불량을 의심할 수 있다.

(5) 출력에 관련된 센서 및 액추에이터의 작동성 확인하기

① 시험기별 포토 센서의 입력조건 작동확인

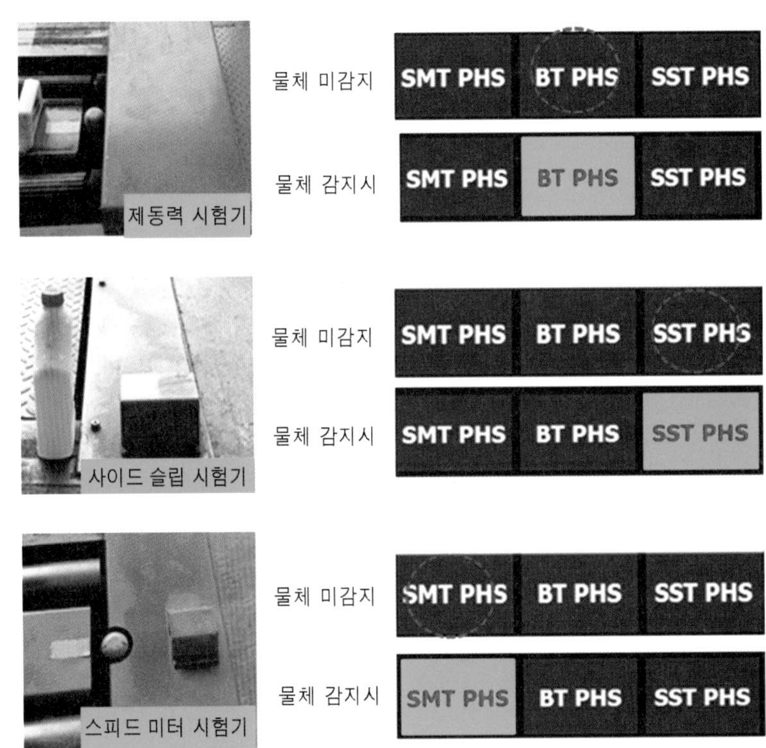

※ 상기와 같이 각 장비 별로 물체 감지가 정상적으로 된다면 포토 센서의 전반적인 기능은 및 메인 보드 입력까지는 문제가 없다.

단, 상기 조건에서 물체가 없는데도 계속 감지를 하거나 또는 물체를 가져다 놓았는데도 감지가 되지 않는 경우와 물체를 감지했다 감지하지 않았다 하는 동작을 할 때 관련 부품을 수리하여야 한다. → 장비업체에 연락해야 한다.(센서의 문제, 배선의 문제, 보드 문제 등 확인이 필요하다.)

시험기별 출력조건은 다음과 같다. 여기서 출력 조건이란 제어기가 명령을 내려 장비를 작동 또는 구동시키는 행위를 말하며, 육안으로 확인이 가능하다. 일반적으로 출력조건의 제어는 제동력 시험기와 스피드 미터 시험기에만 그 기능이 있다.

② 제동력 시험기의 모터 구동 확인

마우스로 A를 클릭하면 아이콘이 녹색으로 바뀐다. 이 상태에서 다시 마우스로 B를 클릭하면 제동력 시험기 모터가 구동 된다. 그리고 다시 A를 클릭하면 색깔이 변화하고 이 상태에서 B를 다시 한 번 누르면 모터가 정지된다.

▶ 정상적으로 반응 한다면 : 모터 및 관련 배선 통신에 문제가 없다. 단, 아무런 반응이 없다면 → 장비업체에 연락해야 한다.

③ 제동력 시험기 공압 솔레노이드·리미트 스위치의 작동 확인

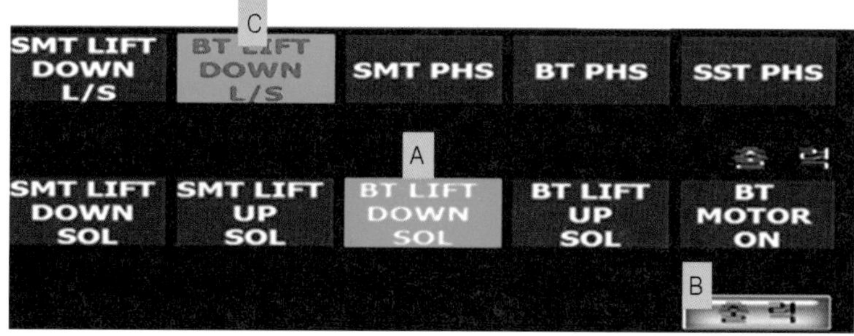

리프트 다운 솔레노이드 및 리미트 스위치 작동 확인

마우스로 A를 클릭하면 아이콘이 녹색바탕으로 변한다. 이때 B를 클릭하면 리프트가 다운된다(육안으로 확인). 그리고 리프트 다운이 완료되면 리프트 다운 리미트 스위치 C가 점등된다.

▶ 프로세스 순서에 입각하여 정상적으로 반응한다면 리프트 다운 관련 솔레노이드 및 하강 리미트 스위치 등 관련 부품에 문제가 없다. 단, 리프트가 하강하지 않거나 또는 리프트는 하강하는데 하강 리미트 아이콘이 작동되지 않으면 → 장비업체에 연락해야 한다.

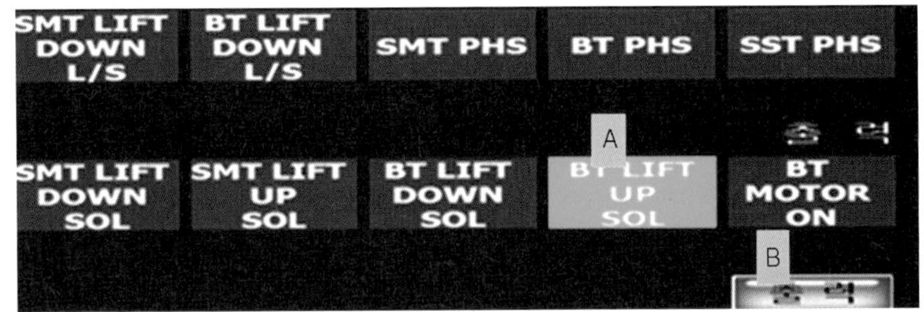

리프트 업 솔레노이드 작동 및 리프트 상승 확인

상기와 같은 방법으로 리프트를 다운시켜 놓은 상태에서 아이콘 A를 클릭하고 아이콘 B를 클릭하면 리프트가 상승한다(육안 확인).

④ 스피드미터 시험기 리프트 작동상태 확인

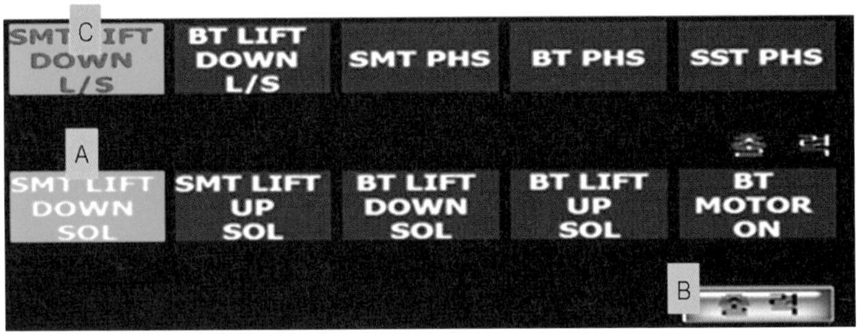

SMT LIFT DOWN L/S (C) | BT LIFT DOWN L/S | SMT PHS | BT PHS | SST PHS
SMT LIFT DOWN SOL (A) | SMT LIFT UP SOL | BT LIFT DOWN SOL | BT LIFT UP SOL | BT MOTOR ON | B

리프트 다운 솔레노이드 작동 및 리미트 스위치 작동확인

마우스로 A를 클릭하면 아이콘이 녹색바탕으로 변한다. 이때 B를 클릭하면 리프트가 다운된다(육안으로 확인). 그리고 리프트 다운이 완료되면 리프트 다운 리미트 스위치 C가 점등된다.

▶ 프로세스 순서에 입각하여 정상적으로 반응한다면 리프트 다운 관련 솔레노이드 및 하강 리미트 스위치 등 관련 부품에 문제가 없다. 단, 리프트가 하강하지 않거나 또는 리프트는 하강하는데 하강 리미트 아이콘이 작동되지 않으면 → 장비업체에 연락해야 한다.

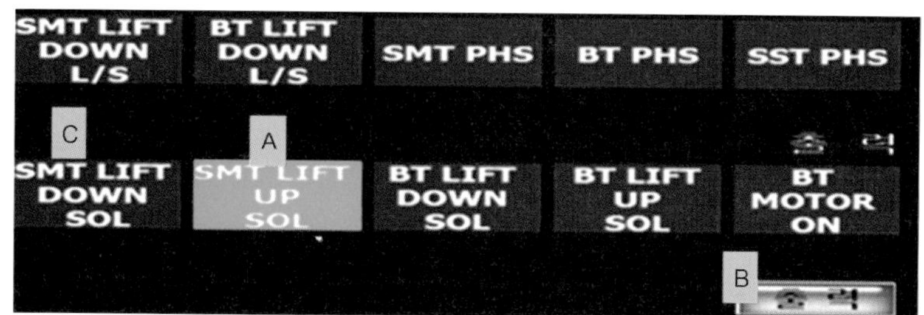

리프트 업 솔레노이드 작동 및 리프트 상승확인

상기와 같은 방법으로 리프트를 다운시켜 놓은 상태에서 아이콘 A를 클릭하고 아이콘 B를 클릭하면 리프트가 상승한다(육안 확인). 단, 이때 C 아이콘을 클릭하면 미작동 상태로 되어 있어야 한다.

(6) ABS 장비 점검 및 문제점 모니터링 실전대응

① 기본적인 ABS 구성부품들에 대한 기능성 작동확인

서두에서 설명하였지만, 일단 ABS 장비가 문제를 일으키면 앞서 서술한 방법으로 하나하나 입력 및 출력 상태에 대해 먼저 점검을 실시한다. 이때 최소한 2~3회 작동을 시켰을 때 문제없이 작동을 해야 하며, 만약 작동을 잘 하지 않거나, 간헐적으로 문제가 확인되면 업체에 연락하여 수리를 받기 바란다.

② 상기와 같이 점검을 했는데 아무런 문제가 없다면, 이 문제는 모니터링을 통해 실제 문제가 발생되었을 때 작동 프로세스 인디케이터 화면을 휴대폰으로 촬영해서 업체에 통보하면 된다. 이런 경우 일반적으로 여러 가지 문제가 있을 수 있으며, 메인 보드 불량 또는 통신라인 Error 등을 점검해야 하며, 이는 장비업체의 A/S 담당자 소관이다.

③ 혹시 ② 조건에서 응급조치를 할 수 있는 방법은 ABS 입·출력 메인 보드 파워를 리셋하면 정상적으로 복귀하는 경우도 있으며, 이때 보드 주위에 이물질(먼지 등)은 약한 바람으로 제거하기 바란다.

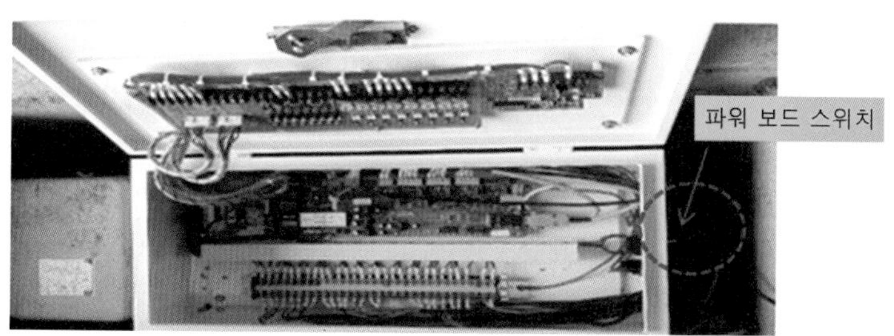

④ 간헐적 이상 작동에 대한 문제의 현상을 모니터링 및 캡처

일반적으로 메인 보드 이상 또는 통신 Error 등이 발생하는 경우 고장 부위를 찾아내기가 쉽지 않으며, 어렵게 업체와 연락되어 랜 미팅으로 장비를 체크 해 보면 문제가 없다. 그렇다고 업체 입장에서는 무조건 출장 방문하여 일일이 대응하기 어려운 것이 현실이다. 그래서 상기와 같은 경우 아래와 같이 문제가 발생하였을 때 작동 프로세스 인디케이터 화면을 캡처하여 업체에 전송하면 좀더 빠르게 A/S 대응을 받을 수 있다.

Ⓐ 모니터링 방법

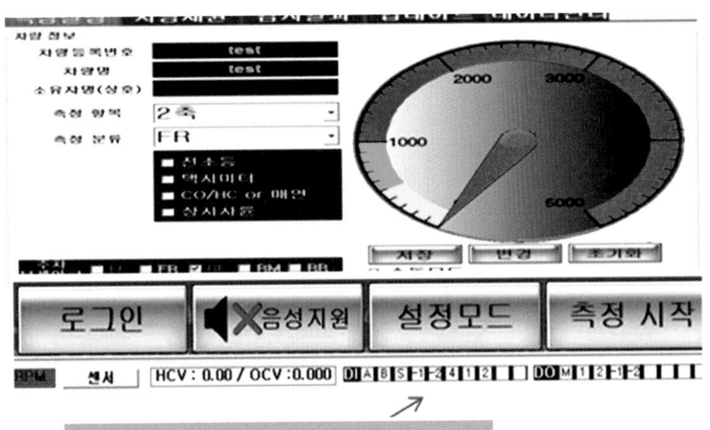

ABS 시험기 입/출력 상태 확인 인디케이터 아이콘

하단에 표시된 : DI(입력) A, B, S -1, -2
DO(출력) M, 1, 2, -1, -2의 작동상태를 표시한 것이다.

Ⓑ 인디케이터 아이콘 상태 세부 설명

하단에 표시된 : DI(입력) A, B, S, -1, -2
DO(출력) M, 1, 2, -1, -2

DI A B S -1 -2 4 1 2 DO M 1 2 -1 -2

ABS 시험기 입/출력 상태확인 인디케이터 아이콘

DI	A	B	S	-1	-2	4
입력	사이드슬립바퀴 감지	제동력 시험기 바퀴 감지	스피드 미터 시험기 바퀴 감지	제동력 시험기 리프트 다운 리미트 스위치 작동	스피드 미터 시험기 리프트 다운 리미트 스위치 작동	스피드 미터 시험기 40km/h 진입 신고 신호 입력
DO	M	1	2	-1	-2	
출력	재동력 시험기 모터 구동	제동력 시험기 리프트 상승 솔레노이드 밸브 작동	제동력 시험기 리프트 하강 솔레노이드 밸브 작동	스피드 미터 시험기 히프트 상승 솔레노이드 밸브 작동	스피드 미터 시험기 리프트 하강 솔레노이드 밸브작동	

ABS에 차량이 진입하면 사이드슬립 → 제동력 시험기 → 스피드 미터 시험기의 순으로 입력과 출력 아이콘이 녹색으로 표시되면서 각각 필요한 작동 등을 한다. 그런데 이렇게 진행 중에 특정 장비가 다음의 단계로 넘어가지 않고 작동을 멈춘다면 이때 해당 인디케이터에도 표시가 된다. 그러므로 이때 휴대폰으로 인디케이터 표시 상태를 촬영하여 장비의 업체에 전송하고 수리를 요청하면 좀 더 신속히 대응이 될 것으로 판단된다.

3) 발생 문제점 또는 원인

갑자기 제동력 시험기가 리프트 하강 후 모터가 회전하지 않아 제동력의 측정이 불가능 했으며, 어떤 경우는 간헐적으로 모터가 작동되는 경우도 있다. 원인은 현재 원인 불명이다.

4) 해결

업체에 연락한 후 랜 미팅을 통해 1차적으로 점검을 하였으나 특이점 없었으며, 아쉬운 대로 메인 보드 파워 리셋 및 보드 주변의 먼지 청소를 실시하였다. 상기와 같이 조치한 후 현재까지 특이점 없이 잘 사용하고 있다.

5) 교훈 및 재발방지 대책

기본적인 장비의 구조 및 작동원리에 대해 폭넓은 공부가 필요하며, 문제가 발생시 A/S 담당자에게 고장 부위 및 현상에 대해 정확하게 설명 및 대화 할 수 있도록 노력을 해야겠다. 예전에 정비사로 일할 때 그 당시 고객의 마음을 이제는 조금 이해 할 수 있을 것 같다.

고객 왈, 주행 중 제동하면 바퀴에서 소리가 난다. 그런데 지금은 멀쩡하다. 잠시 차량을 시운전 해보니 문제가 없었다. 나중에 소리가 날 때 바로 오세요. 지금은 어떻게 할 방법이 없다. 시간이 지나고 입장이 바뀌고 나니 ㅋㅋㅋ 왠지 좀 씁쓸하다.

14 엔진 RPM 센서 이상 작동과 종합검사원

엔진 RPM 센서

1) 내용

검사장에서 사용하는 장비 중에 엔진 RPM을 계측하는 센서가 있다. 뭐 검사원이라면 그 용도에 대해서 너무나 잘 알고 있을 것이라고 생각한다. 필자가 처음 이곳의 검사장에 왔을 때 RPM 센서 오작동 및 이상으로 고생한 이야기와 이 문제를 개선한 사례에 대해 간단하게 정리를 해보겠다. 우리 검사장은 KI & T(구 이야사까) 장비를 사용하며, RPM 센서는 2대를 사용한다(소형 1대·대형 1대) 그리고 RPM 계측방식은 진동 센서 감지 방식이다.

RPM 센서는 주로 정기검사 TSI와 럭다운, 무부하 급가속시에 사용을 한다. 그런데 사용 중에 가끔씩 RPM이 나오지 않거나또는 RPM은 나오는데 액셀러레이터 페달을 밟아도 값이 변하지 않는 현상 등등 문제를 일으킨다.

소형차는 그런대로 큰 부담없이 이곳 저곳 옮겨보면 그런대로 검사를 할 수 있지만, 대형차량을 검사하다 RPM 센서에 문제가 생기면 정말로 난감하다. 차량에서 내려 엔진 밑으로 들어가 옮겨 붙이고 다시 차량으로 올라와서 검사하고, 이것도 한 두 번해서 문제없이 넘어가면 괜찮은데, 이런! 젠장… 검사 차량들은 밀려있는데, 이리 해보고 저리 해봐도 잘 되지 않으면 정말로 미치고 환장할 노릇이다.

특히 더운 여름날 그것도 바쁠 때 당해보지 않은 사람은 그 기분을 이해하기 쉽지 않다. 한 두 번도 아니고 이런 일이 반복되다 보니, 근본적으로 문제의 본질을 찾아 개선하지 않으면 스트레스 때문에 RPM 센서만 봐도 짜증이 날 정도였다. 그래서 일단 우리 검사장에 RPM 센서 상태와 현 사용조건에 대해 문제점을 하나하나 나열하고 개선을 하기로 하였다.

다음은 필자가 파악한 우리 검사장의 RPM 센서 사용 환경의 문제점이다.

2) 문제의 대응

(1) 우리 검사장 진동 RPM 센서의 사용 환경 문제점 및 개선 내용

① 진동 RPM 센서 리드 선이 대형차량의 하체 오일 팬 및 엔진 블록에 붙이기에는 길이가 짧아서 센서 본체 모듈 전원 선을 길게 하여 진동 센서 리드선 길이에 맞게 타이어 근처에 가져다 놓고 차량에 센서를 붙였다. 그래도 어떤 차량들은 길이가 짧아 센서 리드 선이 팽팽하게 당겨진 조건에서 검사를 진행하기도 한다.

▶ 문제점 : 상기와 같은 환경은 미세 진동 전압신호를 읽어서 센서의 본체 모듈에 신호를 전송하는데 있어서 중간 중간에 연결된 커넥터 등에서 접촉 불량 및 시그널 노이즈를 유발시킬 수 있으며, 잦은 센서 본체 모듈의 이동 및 관리와 케이스가 지면에 어스되지 못해 전자파 장애에 취약한 문제점을 가질 수 있다.

▶ 해결 : 센서 모듈 본체를 샌드위치 패널에 피스로 고정하여 움직이지 않도록 했으며, 연결되는 커넥터는 모두 고정하여 사용 중에 커넥터의 접촉 불량이 발생하지 않도록 하였다. 또한 그렇게 함으로 인해서 부족한 센서의 리드 선은 별도로 연장 케이블을 만들어 해결하였다.

② 특히 여름철 대형차량의 하체는 열이 많이 발생하고, 이때 발생된 열이 센서 본체에 오래 노출되면 센서의 출력이 불안정해지고 노이즈가 발생하는 문제가 있다. 또한 진동 센서 하나로 계속해서 사용하다 보니 센서의 수명도 문제가 되고, 그로 인해서 RPM을 계측할 때 간헐적으로 문제를 일으키는 원인이 되기도 한다.

▶ 해결 : KM-RPM 모듈은 진동 센서와 OBD 블루투스 신호를 함께 사용할 수 있도록 되어 있다. 그래서 기존의 진동 센서에 OBD 블루투스 송신기를 추가 하였다.

그로 인해 OBD 통신의 출력이 가능한 차량은 OBD 통신을 통해 Error 없이 검사를 할 수 있도록 하였고 OBD 통신의 지원이 되지 않는 차량만 진동 RPM 센서를 사용한다.

③ **진동 센서 관리 및 사용에 문제 :** 잘 알겠지만 대형차량들은 길이가 길어서 막대를 이용한 센서의 장착 및 탈착이 불가능한 차량들이 많다. 거기다가 그 전에는 리드선의 길이가

짧아 센서를 붙이고자 하는 최단거리의 하체 방향으로 리드 선을 집어넣어야 하는데 그게 쉽지 않으니까 센서를 차체 밑바닥으로 던지고 사람이 그 밑으로 들어가서 센서를 붙인다. 또한 검사가 끝나면 차량 밑으로 들어가는 것이 귀찮아 차량의 밖에서 리드 선을 당겨서 탈거를 한다. 그러다 보니 센서의 수명이 짧아지고 사용 중에 잦은 Error를 유발한다.

▶ 해결 : 진동 센서는 어떠한 이유가 있어도 바닥에 던져 충격을 주거나, 리드 선을 당겨 센서를 탈거하는 행위를 하지 않도록 하였다.

④ 만일에 발생할 수 있는 센서의 고장에 대비해서 진동 센서 신품 1개를 여유분으로 미리 준비해 놓는다.

(2) 개선 관련 자료 및 사례 내용의 정리

① KS-RPM 진동 RPM 센서 리드선 연장 관련 자료

이야사까 KS-RPM 센서 케이블 연장핀 맵

1. 핀맵 개요

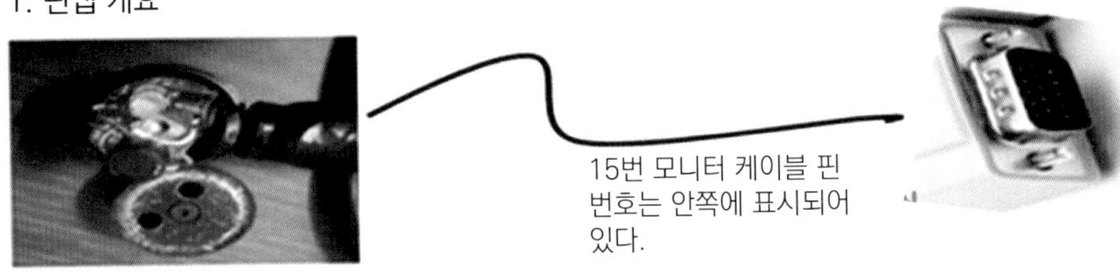
15번 모니터 케이블 핀
번호는 안쪽에 표시되어
있다.

1번	2번	3번	4번	5번	6번	7번	8번	9번	10번
노랑	-	회색	-	-	-	-	-	-	-
11번	12번	13번	14번	15번	케이스접지				
갈색	청색	검정	적색	녹색	백색				

메모 1: 용도는 정확히 모르겠지만 연장 케이블을 만들기 위해서는 총(케이스 접지 포함) 8선이 필요하다.

2. 연장 케이블 Lay-Out

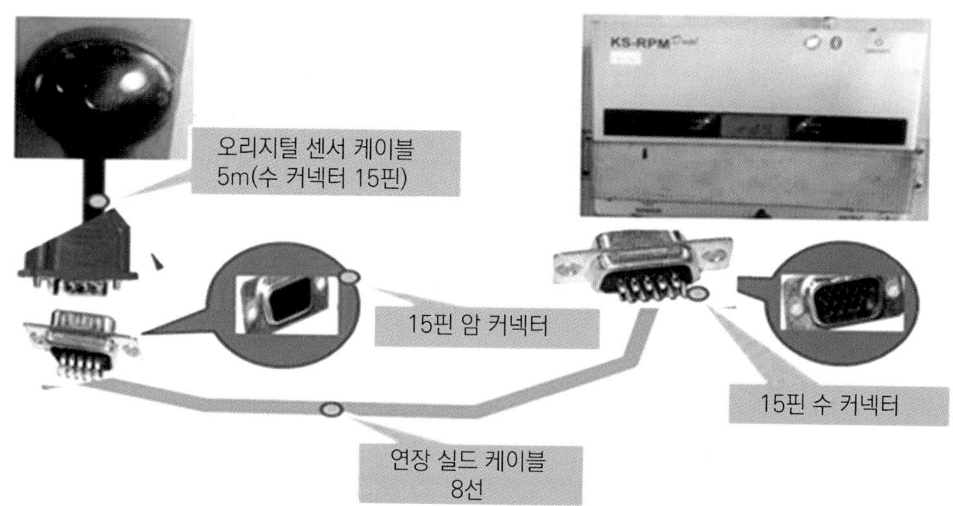
KS-RPM
오리지털 센서 케이블
5m(수 커넥터 15핀)
15핀 암 커넥터
15핀 수 커넥터
연장 실드 케이블
8선

3. 납땜 연결 작업

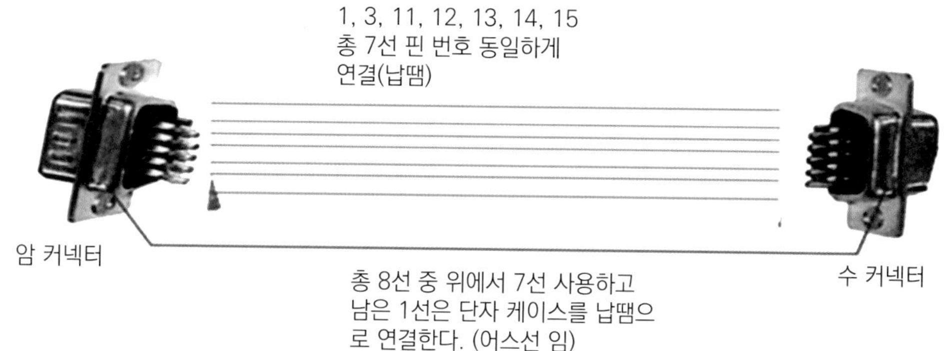
1, 3, 11, 12, 13, 14, 15
총 7선 핀 번호 동일하게
연결(납땜)
암 커넥터
수 커넥터
총 8선 중 위에서 7선 사용하고
남은 1선은 단자 케이스를 납땜으
로 연결한다. (어스선 임)

4. 수축 튜브 용도

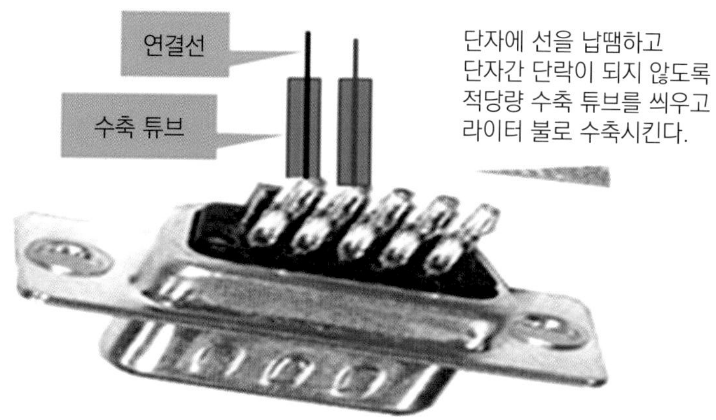
연결선
수축 튜브
단자에 선을 납땜하고
단자간 단락이 되지 않도록
적당량 수축 튜브를 씌우고
라이터 불로 수축시킨다.

진동 센서 배선도(KS-RPM DUAL sensor)

(주)케이에스 알엔디. 부천시 원미구 약대동 192 부천테크노파크 201동 906-1, 032-325-6920

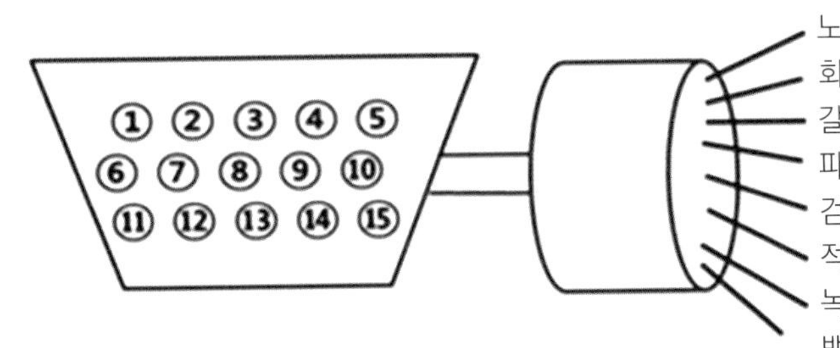

노란 : ① (마이크로폰)
회색 : ③ (마이크로폰)
갈색 : ⑪ (진동센서) → 적색
파랑 : ⑫ (진동센서) → 백색
검정 : ⑬ (LED 색상)
적색 : ⑭ (LED 색상)
녹색 : ⑮ (LED 색상)
백색 : 접지 → 자석

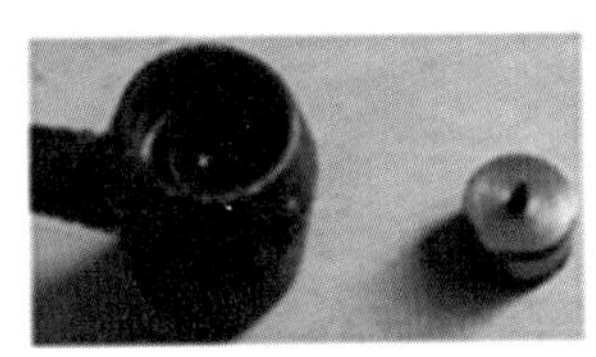

※ 단선 확인 후 이상이 있으면 사용불가. 일체형으로 수리가 불가능함
※ 구매 : 큐로테크 30만원(부가세 별도) 010-2390-6612 임선근 팀장

문병호 소장님 제공핀 맴

5. 파트 구입처

NO	품명	그림	G마켓 구입처	비고
1	15P 암 커넥터		[마하 링크] D-SUB 3열 15핀 제작용 상품번호: 1447473536	
2	15P 수 커넥터			
3	15P 케이스		상품번호 1447470557	
4	8P 데이터 실드선		해솔테크 데이터 실드선 상품번호 973363043	규격 AWG20 8C
5	열 수축 튜브		와일드 사운드 상품번호 1604031480	

② KS-RPM (진동 & OBD RPM 센서) 검사장 설치 사진

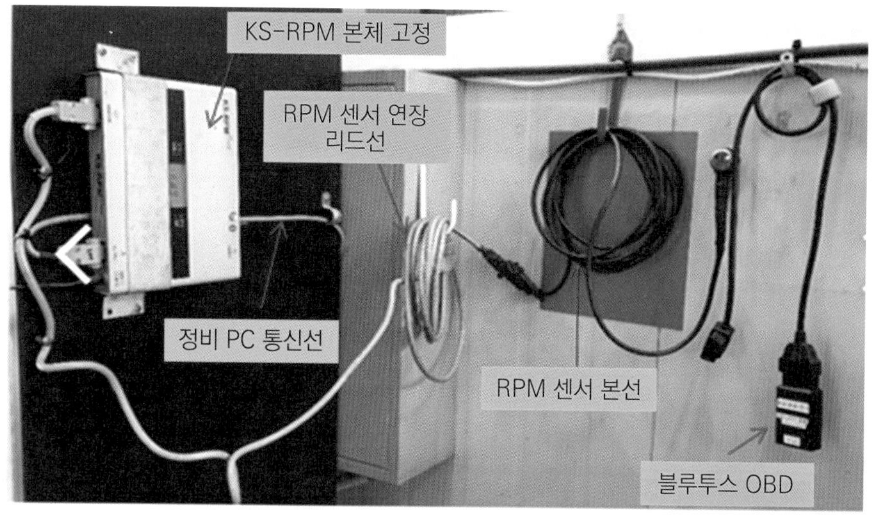

소형라인 KS-RPM 구성(진동 센서 RPM & OBD 블루투스)

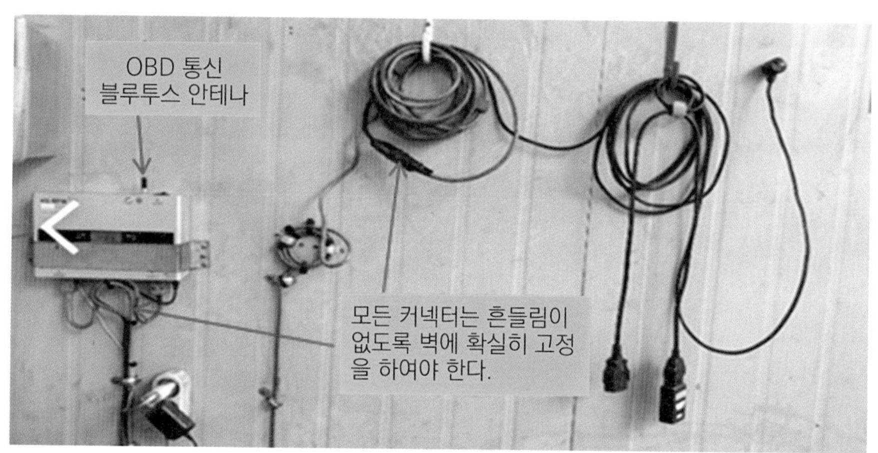

대형라인 KS-RPM 구성(진동 센서 RPM & OBD 블루투스)

KS-RPM 본체를 벽에 고정하고 진동 RPM 센서의 연장 케이블을 사용하여 센서 케이블 이동만으로 대부분의 차량을 원하는 위치에 센서를 탈·부착 할 수 있다. 또한 상황에 따라서 블루투스 OBD와 진동 RPM 센서를 사용할 수 있다.

③ KS-RPM 진동 센서 & 블루투스 OBD 사용 실전 트러블

먼저 차량이 입고되면 RPM 센서를 사용해서 검사를 해야 하는 차량이면, 사전에 진동 RPM 센서를 사용할지 아니면 OBD를 사용할지 판단을 하여야 한다. 그렇지 않으면 오히려 진동 RPM 센서 한 가지만 사용할 때보다 시간이 더 걸리고 혼란스러울 수 있다. 일단 진동 RPM 센서는 4행정 사이클 엔진이 장착된 모든 엔진에 사용이 가능하다. 하지만 OBD 방식 RPM 센서는 CAN 통신을 기반으로 이루어지기 때문에 다음과 같은 특징이 있으므로 이를 잘 이해하고 사용하여야 한다.

CAN 통신(Controller Area Network) 마이크로 컨트롤러 간에 서로 통신을 하기 위해 설계된 통신 규약으로 독일 BOSCH사가 최초로 상용화하여 지금은 거의 대부분의 차량들이 이 통신을 사용하고 있다. 특히 엔진 ECU가 내부에 기억된 엔진의 고장코드 및 정보(차속, 엔진 RPM, 기타 등등)를 보내거나, 받을 때 CAN 통신을 사용한다.

이때 OBD 통신 라인에 엔진 RPM이 실어져 있어야 KS-RPM 모듈이 엔진의 RPM을 인식할 수 있다. 그렇다면 검사 차량의 OBD 단자에서 RPM 신호가 나오는지 어떻게 알 수 있을까요? 사실 검사장에서는 확인이 어렵다. 그렇다면 어떻게 검사장에서 사용하는 것이 현명할까요? 여러 가지 방법이 있겠지만 필자의 경우 아래와 같은 방법으로 검사를 진행한다.

④ RPM 진동 센서 및 OBD 블루투스 사용 판단 기준

▶ **자기진단을 실시했을 때 자기진단이 되지 않는 차량**

→ OBD 사용불가 → 진동 RPM 센서 사용

▶ **수입차량 또는 대우 상용자동차는 OBD 핀 맵이 맞지 않거나 KS-RPM 모듈 CAN DB가 호환이 되지 않아 가급적 OBD 통신 진단 및 OBD 블루투스 사용을 자제해 주기 바란다.**

→ OBD 사용 곤란 → 진동 RPM 센서 사용

▶ **자기진단 통신 시 엔진쪽 진단이 되거나, 이상이 없는 차량 대부분의 국산 승용차(현대, 기아, GM대우, 르노삼성) + 현대 상용차**

→ OBD 블루투스 RPM 사용 가능

단, 현대 상용차 중에 트라고 구형, 뉴파워 트럭 등은 엔진 쪽 자기진단이 가능해도 막상 OBD 블루투스 RPM을 연결하면 통신이 안 되는 차량이 있으므로, 이런 경우는 경험으로 판단을 하여야 한다.

또한 정상적으로 엔진 쪽 자기진단이 문제가 없어 OBD를 연결했지만 연결이 잘 되지 않거나, 지연되는 차량도 간혹 있다. 이런 경우 미련을 버리고 바로 진동 RPM 센서를 사용하는 것이 유리하다.

▶ 기타 사항 : 검사장 한 곳에서 KS-RPM OBD 블루투스를 2개(소형·대형) 각각 따로 사용하고자 할 때 필히 업체에 연락하여 블루투스 ID가 다른 본체와 OBD를 각각 설치하여야 한다. 그렇지 않으면, ID가 혼선되어 1개의 OBD 밖에 사용이 안 된다.

※ OBD RPM 센서 사용 시 분실의 위험이 있다. 나름 예방책을 준비해 놓기 바란다.(안전 끈 사용 또는 OBD 센서 리드 선에 인형 묶어놓기·회수 연락처 기입 등등)

15 전조등 조정과 검사원

전조등 조정과 검사원

1) 내용

어느덧 무덥고 지루했던 더위는 지나가고 아침저녁으로 제법 쌀쌀한 찬바람이 겨울의 문턱에 성큼 다가온 듯하다. 오늘은 검사장에서 검사차량 또는 정비부서에서 라이트 조정을 해달라고 의뢰가 온 경우 잘못 대응하면 문제가 될 수 있는 부분에 대해서 간단하게 이야기를 해보겠다.

어느 토요일 날 퇴근하려는데 사장님한테 전화가 왔다. K7 한 대가 올라가는데 라이트 조정 좀 해달라고, 뭐 라이트야 금방 조정하니까, 조금 있다가 고객이 직접 운전하여 차량이 검사장에 들어 왔다. 차량을 딱 보아하니, 사고 차량으로 수리를 마친 차량이었다. 일단 고객한테 라이트 상태가 어때서 조정을 해달라고 하는지 물어 보았다.

고객 왈! 소형부에서 어제 수리된 차량을 인도 받고 밤에 운전을 하는데 운전석 라이트가 하늘로 올라가 있다고, 그런데 오늘 저녁에 지방을 내려가야 해서 왔다고… 여하튼 전조등 시험기로 확인을 해보니, 정말로 빛이 상향으로 엄청 올라가 있었다. 보닛을 열고 드라이버로 상 하 조정 나사를 돌리는데 전혀 미동이 없었다. 그래서 바로 더 이상 조정하지 않고 고객한테 내용을 설명한 뒤 소형 부로 내려 보냈다.

그리고 바로 전화가 왔더군요. 혹시 검사장에서 무리하게 조정하여 조정나사가 망가진 것 아니냐고… ㅋㅋㅋ 참 어이가 없었지만 차분히 설명을 하였다. 라이트 조정 한 두 번하는 것도 아니고, 검사장 왔을 때부터 라이트에 문제가 있었고 상 하 조정 나사를 2~3 바퀴 돌려도 반응이 없어 고장이라고 판다해서 바로 고객한테 이야기하고 차량을 보낸 것이라고, 필요하면 고객한테 물어보라고…

일단 이 문제는 그렇게 마무리 되었지만 들리는 소문에는 고객과 소형부서 정비 담당자와 일전을 치른 듯 했다. 즉 그 차량은 사고 차량으로 보험수리를 했고, 담당자는 범퍼부위만 수리하고 라이트는 외관상 멀쩡하여 보험수리에서 제외하였다. 그런데 고객은 분명히 사고 전에는 문제가 없었는데 사고 나서 그렇게 되었으니, 보험처리 해달라고, 담당자야 라이트 겉이 멀쩡한데 어떻게 조정나사만 파손 될 수 없다고…

일단 누구 말이 옳은지 모르겠지만 까마귀 날자 배 떨어진다고 이런 일에 생각지도 않게 엮일 수 있으므로 검사원들은 나름 조심을 하여야 한다. 혹여나, 검사 중 또는 일반차량 라이트 조정 시 절대로 무리하게 조정하지 말아야 하며, 좀 이상하면 바로 고객을 불러 문제점을 알리고 정비부서에 가서 수리를 한 후 검사 받도록 하여야 한다. 심지어 어떤 고객은 차량에 달려있는 블랙박스로 확인하는 경우도 있으니, 무리하게 라이트를 조정하는 모습이 찍혀서 괜한 오해를 받을 수 있으므로 각별한 주의가 필요하다.

※ 본 이미지는 실제 문제의 차량과는 관련이 없다.

2) 교훈

이번 일을 통해서 사소하게 무심히 해오던 일들이 생각지도 않는 오해를 불러 올 수 있다는 생각을 하게 되었다. 특히 수입차량 및 고가의 차량들은 문제 발생 시 일이 커지므로 이점 충분히 생각하고 업무에 임해야 할 것 같다.

16 엑시언트 L540과 럭다운

엑시언트 L540 과 럭다운

1) 내용

종합검사장에서 대형차량을 검사하다 보면 출력부족으로 검사의 진행이 안 되고 불합격 처리 되는 차량들이 종종 있다. 그런데 간혹 엔진 파워는 넘치는데 수정마력이 50%를 넘지 않아 출력 부적합으로 문제가 생기는 차량도 있다. 그래서 오늘은 그동안 경험한 내용 중 장비의 특성을 잘 이해하지 못해서 출력 부적합이 나온 상황에 대해서 간단하게 설명을 하도록 하겠다.

사실 필자를 포함하여 대부분의 검사원들이 검사장비에 대해 해박한 지식을 가지고 있는 검사원은 많지 않다. 그냥 처음부터 사용해오던 기능만 사용하고 문제가 생기면 장비업체에 연락하여 점검 및 수리를 한다. 그리고 장비 업체별로 장비의 목적은 같지만 기능 및 사용법이 조금씩 다르고 또한 같은 업체라도 연식에 따라 기능이 추가되거나 없어진 사양도 제 각각이다.

오늘은 그 중에서도 우리 검사장에서 사용하고 있는 대형 동력계에 대해서 이야기를 해보도록 하겠다. 우리 검사장에서 사용하는 대형 동력계는 KI&T(구 이야사까)장비를 사용하며, 2015년도에 제작된 CHD-500DSIS 모델 1,000PS 이다.

우리 검사장에서 사용 중인 대형 동력계

이때 만들어진 CHD-500DSIS 모델은 다음과 같은 특징이 있으므로 이를 잘 알고 사용을 하여야 한다. 이 장비는 PAU(동력 흡수 장치)는 1,000PS(500PS X2개)으로 구성된 장비이며, PAU I(500PS) 1개는 장비를 작동시키면 항시 작동을 하는 PAU이고, PAU Ⅱ는 별도 스위치를 작동시켜야만 작동되는 방식이다.

그렇다면 여기서 PAU Ⅱ 스위치는 언제 사용할까요?

일반모드(PAU I만 작동)

마력이 큰 차량(PAU I+Ⅱ 동시 사용)

일반적으로 400PS 이상되는 차량으로 일반모드 사용 중 본 모드 Full 가속 시 엔진의 RPM이 정격출력 RPM을 오버하여 녹색 범위 안으로 들어오지 않아 다음 단계로 넘어가지 않는 경우, 그렇다고 액셀러레이터 페달의 밟는 양을 조절하면 수정마력이 정격출력에 50% 이하로 떨어져 출력 부적합이 나오는 경우에는 차량을 멈추고 정지상태에서 PAU Ⅱ 모드로 돌리고 다시 검사를 진행한다.

그렇게 되면 PAU 흡수 마력이 증가하여 Full 가속 조건에서 엔진 RPM을 끌어내리고, 끌어내린 만큼 마력이 올라간다.

※ 상기 방법은 동급 모델의 다이나모에 PAU I·PAU Ⅱ 스위치가 있는 경우에 한하며, 최근의 장비에는 이런 선택 스위치가 없고 내부적으로 알아서 PAU I·PAU Ⅱ가 자동으로 선택되는 방식이다.

현재 대부분의 검사장에서 사용하는 대형 다이나모에 PAU 동력 흡수 방식은 전자기장(와전류)을 이용한 방식을 사용하고 있다. 고장이 없고 유지 보수가 크게 필요하지 않는 방식으로 동력 흡수의 원리는 자기장으로 원판에 회전을 방해하고 이때 흡수되는 동력을 열로 바꾸어 대기에 방출하는 방식이다.

여기서 중요한 것이 자기장인데 자기장은 자기장에 관련된 부품에 온도가 높을수록 자기장의 세기가 약해지고 이는 동력 흡수율이 낮아져 롤러에 부하를 주는 힘이 상대적으로 적어진다. 그로 인해 마력이 큰 차량들을 Full 가속 시 엔진의 RPM을 끌어내리지 못해 수정마력의 형성이 잘 되지 않을 수 있다.

이런 경우 장비를 스톱시키고 선풍기 등으로 PAU를 냉각시킨 후 다시 검사를 진행하는 것도 필요하다. 그리고 여기서 또 한 가지 주의할 점은 설사 선택 스위치가 없는 다이나모(PAU Ⅰ·PAU Ⅱ가 자동으로 작동) 사용 중 고출력 차량에서 본 모드 진입을 위해 Ful 로 가속을 유지할 때 마력은 나오는데 RPM이 정격 출력 RPM보다 높아 다음 모드로 진입하지 못하는 경우와 이때 액셀러레이터 페달을 리턴하여 RPM을 맞추면 수정마력이 낮게 나와 본 모드 진입이 되지 않는 차량들은 다음과 같이 해보기 바란다.

지극히 필자의 개인적인 생각이며, 그냥 이런 생각도 하는구나로 생각해 주기 바란다. 마력이 큰 차량에서 본 모드 진입 시 "Full로 밟으세요"라는 문구가 뜨면서 PAU에 부하가 걸린다. 정상적인 조건이라면 엔진의 출력을 PAU가 부하를 걸어 끌어내릴 때 그 반력으로 마력이 계측이 된다.

그런데 어떠한 이유로 PAU가 부하를 거는 타이밍에 딜레이 타임이 생기면 마력이 큰 차량들은 엄청난 힘으로 롤러를 잡아 돌린다. 그러다 보면 롤러의 관성이 커지고 이 상태에서 PAU가 최고 부하를 걸어 출력을 끌어내려야 하는데, 이런 경우 쉽게 끌어내리지 못하고 고전을 한다. 또한 PAU가 과열되어 동력 흡수 마력이 저하되는 문제까지 겹쳐서 더욱더 힘들어진다. 물론 서두에서 성명하였듯이 이는 장비의 특성, 장비의 노후화 등등에 따라 문제가 생길 수도 있고 없을 수도 있다.

전국에 대형 종합검사장에 설치된 대형 동력계의 성능이 다 같을 수 없다는 것은 현실적인 문제이다. 이런 문제는 특히 장비의 사용 환경조건이 열악한 검사장에서 마력이 큰 차량 럭다운 검사 시 발생할 확률이 높다. 혹시나 이런 경우가 발생한다면, 다음과 같이 해보는 것도 한 가지 방법이다.

"Full 로 밟으세요"라는 문구가 뜨면 가속 페달을 한 템포 쉬었다가 밟는다. 그리고 밟는 가속 레이트를 조금 완만하게 하고 형성되는 수정마력을 관찰하여야 한다. 수정마력이 꾸준히 올라가면서 엔진의 RPM이 녹색 라인에 들어오면 1모드 진입이 가능하다. 물론 상기와 같이 했을 때 분명 안 되는 차량도 있다.

즉, 액셀러레이터를 한 템포 늦게 밟거나 밟는 가속 레이트를 느리게 했더니, RPM은 녹색 라인에 들어오는데 수정마력이 제대로 나오지 않는 차량도 분명히 있다. 이유가 무엇인지 모르겠지만, 여하튼 장비의 특성 및 환경에 따라 이런 부분도 있으니, 검사 업무에 참고하기 바란다.

2) 교훈

장비를 이용한 검사에서 장비의 이상 또는 기능 등을 제대로 이해하지 못해서 검사업무에 지장을 초래하는 경우가 종종 있다. 현재 본인이 사용하고 있는 장비의 기능에 대해 이해하고 공부하는 자세와 노력이 필요하다. 이 작은 실천과 노력은 향후 검사장 관리 및 운영에 많은 도움이 될 것이다.

17 대형 동력계 코스트다운 중에 검사장에 진입한 차량

대형 동력계 코스트다운 중에 검사장에 진입한 차량

1) 내용

오늘은 왠지 검사 차들이 조용하다. 보통 점심식사 끝나고 떼거지로 몰려오는데, ㅋㅋㅋ 이렇게 한가한 날도 있다니 여하튼 이틈에 자료정리를 해야겠다. 우리 검사장은 상용차 정비와 검사를 함께 할 수 있는 정비 공장이다. 구조는 넓은 앞마당으로 차량이 입고되어 정비 동에서 검사 및 정비가 끝나면 뒷마당을 통해 빠져 나가는 구조이다. 평상시에 정비 동에는 정비 차량들을 작업을 하고 있어, 어떠한 이유로 앞마당에서 뒷마당으로 가고자 할 때 검사장을 Pass 해서 이동하기도 한다.

필자가 처음 이 공장에 왔을 때 저희 공장 직원 중 일부는 이런 행동이 습관이 되어서 앞마당에서 뒷마당으로 차량을 이동시킬 때 지름길로 이용하고 있었다. 물론 검사장에 차량이 없거나 다른 문제가 없다면 문제될 것이 없지만, 이게 습관이 되다 보니 아침에 출근하여 검사 장비를 점검하는데도 아무 생각없이 지나가는 일이 종종 발생한다.

그러던 어느 날 그날도 장비 교정을 위해 대형 다이나모와 소형 다이나모 코스트다운 검사를 위해 롤러가 한참 돌고 있을 때 갑자기 봉고 하나가 정비 공장의 특유에 운전법으로 검사장에 진입하는 것을 느끼고 잽싸게 판정 실에서 뛰어나와 봉고차를 스톱시켰다.

다행히도 차량은 대형 다이나모 앞에서 멈추었고 운전자는 역시나 하체부 반장님, 평상시도 검사장을 자주 통로로 이용하는 분이셨다. 여하튼 짜증은 났지만 무언가 근본적인 개선이 필요한 사항이었다.

문제가 발생된 실제 검사장

2) 발생 문제점 또는 원인

다이나모 장비의 교정 작업 중에 검사장으로 차량의 진입 또는 공장 내 직원이 이동통로 사용되어 안전사고 문제 발생의 가능성 내포

(1) 기존 검사장 내 직원 누구도 상기 문제점에 대해 문제 제기를 하지 않았다.

(2) 장비 교정 중 사람 또는 차량 진입 시 안전사고 발생의 위험성에 대한 사전 교육 및 관심 부족

3) 해결

검사 장비 교정 및 수리 시에 안내 표지 및 출입 제한 안전 체인의 설치(입구 & 출구) 및 관련 직원 교육 실시

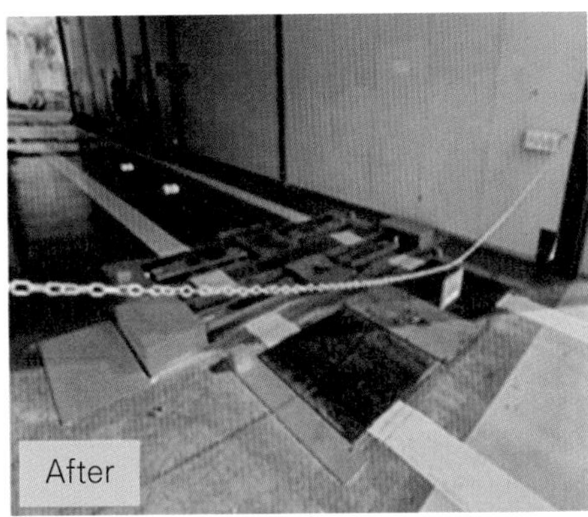

4) 교훈

당연한 말이겠지만 검사장이건, 정비부서건 간에 1순위는 안전이다. 그런데 사람이 한 곳에서 반복된 일을 오래 하다 보면 생각과 행동이 굳어진다. 무감각 해지는 일이 발생한다.

"안전 불감증" 여하튼 작은 일이지만 이번 사례를 거울삼아 혹시 내가 근무하는 검사장의 안전에 관련하여 개선할 사항은 없는지 생각해 보기 바란다.

18 지도 점검과 신입 종합검사원

1) 내용

뜨겁고 지루했던 장맛비로 고생했던 시간이 어제 같은데 어느 새 새벽의 찬 기운에 추위를 느끼고 자동차 히터를 틀고 출근하는 계절이 왔다. 오늘은 필자가 처음 이곳의 검사장에 와서 받은 지도 점검에 대해 이야기를 해보겠다. 뭐 ! 경험이 있는 대부분의 검사원들은 한 번씩은 받아 보았을 것 같다.

6월에 어느 날 그 날은 왠지 아침부터 검사 차량이 들어오지 않았다. 그런데 흰색 산타페 1대가 검사장 입구 주차장에 차를 세웠고 남자 3명이 내리더니, 우리 소장님과 무엇인가 이야기를 하고, 동행하여 검사장 라인을 한 바퀴 둘러보고 판정실로 들어왔다. 소장님은 잔뜩 얼굴이 굳어 있었고, 젊은 사람 1명은 판정 PC와 장비 PC에서 무엇을 찾는지 능숙하게 검색을 하고 있었고 다른 2명은 각종 서류를 요구했다.

요구하고 검토한 서류들은 대략 다음과 같다.

(1) 빔스에 등록된 검사원의 서류와 실제 공장에 근무 여부(자격증, 수료증)
(2) 종합검사 지정사업자 지정서
(3) 택시미터 검사장 등록서류
(4) 매연 필터 표준 성적서(실물 및 유효기간 확인)
(5) 표준물질(CO, HC) 성적서(실물 및 유효기간 확인)
(6) 보유 장비 정도 검사 실시 여부 및 서류
(7) 소음 측정기의 작동상태 확인
(8) LPG·LNG 누설 시험기의 작동상태
(9) 전기차 절연저항 측정 장비 및 안전 보호구 구비 상태
(10) 집진기 설치여부 및 작동상태 확인

대략적으로 상기와 같은 내용을 점검 및 확인을 하였다. 이런 서류들이 정리되어 있지 않았고 소장님조차도 어디 있는지 찾고 있었다. 사정은 충분히 이해한다. 소장님이 입사하기 전에 두 분 소장님이 1년에 한 번씩 정지를 먹고 모두 퇴사한 상태에서 우리 소장님이 오셨고,

얼마 있지 않아, 초보인 필자가 이곳에 와서 첫 종합검사 업무를 배우고 있었다. 판정실 책상 안에 넣어둔 서류와 사무실을 모두 뒤져서 공무원이 요구하는 서류를 찾았는데, 참~~ 한심한 생각이 들었다. 진작 필요한 서류가 있어야 되는데, 퇴사한 검사원의 서류와 기간이 지난 표준 성적서 등등, 도무지 서류 정리가 하나도 되어 있지 않았다. 간신히 있는 서류들을 여기저기 뒤져서 짜 맞추고 그래도 못 찾은 서류는 발급기관(표준물질 성적서)에 의뢰하여 기한 내에 시청으로 보내주기로 하였다.

판정 PC와 장비 PC를 뒤지던 사람(공단검사소 파견원)은 미리 사전에 조사해 온 자료(핸드폰에 저장)를 근거로 판정 PC에서 특장차, 축중이 덜 계측된 차량과, 화물차 포장 보관대 높은 차량, 화물차 후부 안전판 변형, 반사지 상태불량 차량들을 확인하더니, 이런 차량들을 아무런 근거없이 합격시켰다고, 여하튼 판정 PC 자료와 사진을 근거로 이야기하니, 더 이상 할 말이 없었다. 세 명이 검사장 밖으로 나가더니, 무언가 협의를 했는지 불법검사 확인서를 들고 와서 우리 소장님께 그 내용을 기입하고 직접 서명 및 사장님 직인을 찍으라고, 그리고 일이 끝나자 돌아갔다.

그날 지도점검이 끝날 때까지(약 1시간) 검사 차량이 1대도 들어오지 않았다. 그리고 사장님께 관련 내용을 설명 드리고 정리를 하였다. 아마도 조만간 업무정지 공문이 내려올 거라고, 그러고 나니 사장님께 엄청 미안한 마음이 들었다. 다른 검사장들은 사장님이 막 검사하라고 검사원들한테 이야기 한다는데, 아마도 우리 사장님이 그러셨다면 ㅋㅋㅋ 핑계라도 될 텐데, 참 너무나 몰랐고 무관심하게 업무를 하다 보니 당연한 결과라고 생각을 했다.

2) 발생 문제점 또는 원인

(1) 문제점은 지도점검 관련하여, 너무도 몰랐다는 사실 그로 인해서 아무런 준비 없이 대응하다 보니 당연한 것을 지적 받고 지도 점검을 받은 꼴이 되었다.

(2) 평소 검사장 운영 관련하여 필요한 서류 등을 확인하지 않았고 또한 관심도 없었다.

3) 대응

일단, 이번 지도 점검을 받으면서 문제가 되었던 부분에 대해 확실하게 잘못을 인정하고, 다시 반복되는 어이없는 일이 없도록 준비하고 관리를 해야겠다.

■ 검사장 필수 서류 정리 및 관리

검사장 필수 서류를 한 곳에서 일목요연하게 확인 및 관리가 될 수 있도록 정리하였으며, 불필요한 과거의 서류는 모두 폐기하였다.

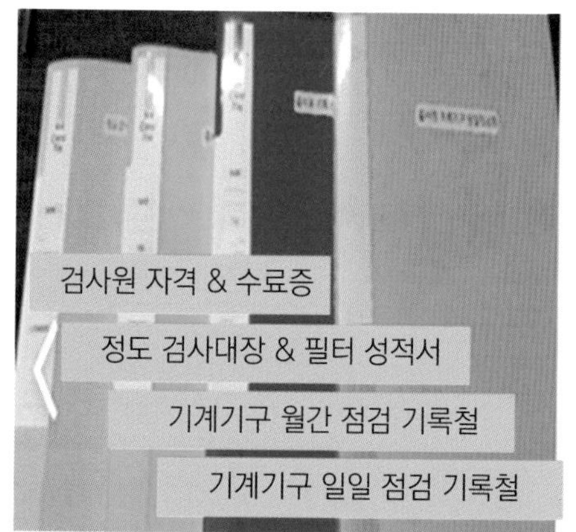

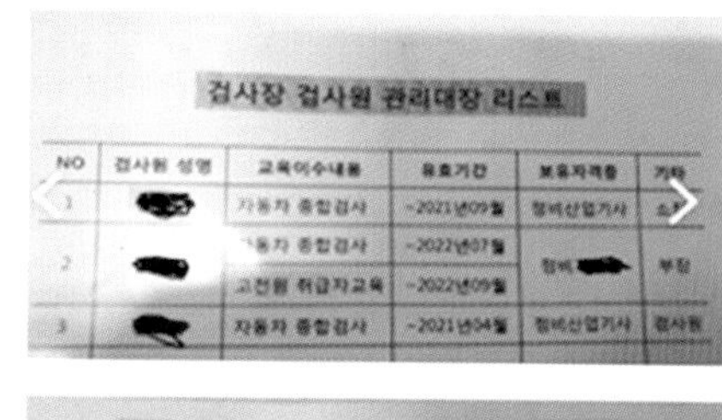

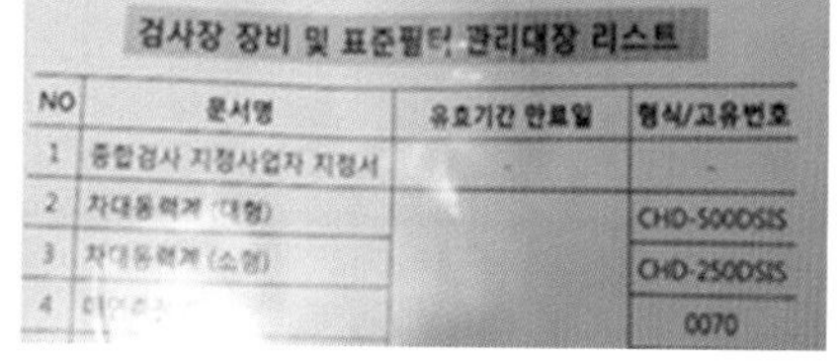

4) 교훈

검사장은 정비부서와 달리 공인된 장비를 사용하여야 하며, 그 장비에 대한 서류와 관리는 검사원의 책임이다. 자신이 하는 일에 주인 의식을 가지고 업무에 임해야 하며, 잘못된 것은 인정하고, 배우는 자세와 노력을 할 때 자질이 있는 검사원으로써 인정을 받을 수 있다.

19 KD-147과 신입 종합검사원

1) 내용

오늘은 종합 검사원이라면 누구나 한 번쯤은 겪었을 KD-147에 대해 필자의 경험을 토대로 이야기를 해보겠다.

상주에서 종합검사원 교육을 받고 검사원을 모집하는 2곳에 지원했다가 경력은 없고, 나이가 많다는 이유로 서류 전형에서 불합격되고 우연찮게 이 곳 대형 검사장에 입문을 하게 되었다. 대형검사장이다 보니 소형차량보다 대형차량의 검사 비율이 크고 그러다보니 정밀 배출가스(럭다운) 검사를 상대적으로 많이 한다. KD-147 검사 차량도 있지만 후륜 차량들이 많고 그래서 부담없이 검사업무를 할 수 있었다.

그러던 어느 날 투싼 차량이 종합검사를 받기 위해 입고되었고, 별 생각을 하지 않고 KD-147 검사를 위해 롤러에서 예열 모드를 진행하는데, 조향 핸들이 한 쪽으로 조금씩 쏠리고, 다시 핸들을 반대편으로 당기면 다시 또 쏠리고, 무엇인가 증상이 좋지 않았지만 그렇게 예열 모드를 끝내고 본 모드 진입을 위해 가속과 동시에 코스에 진입을 하였다.

처음에 잠깐 쏠려서 조향 핸들을 수습했더니 멀쩡해 졌다. 그래서 별 생각없이 코스를 진행하기 위해 가속을 했더니 핸들이 한 쪽으로 심하게 쏠렸고, 그것을 잡으려고 반대로 돌렸지만 이미 차량은 롤러를 타고 넘어 안전롤러 끝단에 타이어 측면이 걸리면서 고무 타는 냄새와 롤러 소음이 '끼익~익' 급하게 나도 모르게 브레이크 페달에 발이 올라가고 기어를 N으로 빼 냈지만 상황이 일단 벌어지고, 차량에 내려서 차량을 점검하니 다행히도 타이어의 사이드월에 약간의 타이어 마모 빼고는 특별한 문제는 없었다.

그 다음부터 전륜 구동 종합검사 차량만 들어오면 왠지 KD-147 검사를 진행하는 것이 부담스러웠고, 예열모드에서 차량의 느낌이 좀 이상하면 포기하고 소장님한테 부탁을 했다. 어떻게든 KD-147 검사를 부담 없이 진행할 수 있어야 하는데…

그래서 소장님한테도 요령을 배우고 여기저기 지인을 통해서 물어보니, 방법은 딱 한 가지 겁먹지 말고 양손에 힘을 빼고 즐기듯이 진행하여야 된다고… 참! 말이야 쉽지 그게 말처럼 쉽게 되는 것인가? 또 이곳 검사장은 문제가 되는 전륜 KD-147 검사차량은 잊을 만 하면 한 대씩 들어오고 대부분이 후륜 KD-147 검사이거나, 정밀 배출가스(럭다운) 검사차량이 대부분이어서 연습할 기회도 많지 않았다.

검사차량이 없는 시간에는 회사 업무 차량이나 본인의 차량으로 연습을 했다. 조향 핸들의 감을 익히기 위해 일부러 조향 핸들을 좌우로 돌려보기도 하고 그러다가 "끼이익" 굉음을 내고, 나름 노력은 했지만 그게 말처럼 쉽게 적응이 되지는 않았다.

그래도 처음보다는 많이 좋아져서 예열 모드에서 특별한 징후가 없는 차량들은 어느 정도 자신감을 가지고 검사를 진행할 수 있게 되었다. 그런데 어쩌다 한 번씩 "꼭" 문제의 차량들이 입고된다.

2) 대응

그래서 나름대로 다음과 같은 규칙을 정해놓고 차량의 상태를 판단해서 검사를 진행하기로 하였다.

(1) 예열 모드 상태에서 차량의 좌우 쏠림이 없고 양호한 차량

별다른 장치 없이 롤러에서 운전을 한다.

(2) 예열모드에서 약간의 쏠림이 있지만 컨트롤이 가능하다고 생각되지만 그래도 찝찝한 차량

가이드 롤러를 다이나모 양쪽에 하나씩 타이어와 롤러 간에 주먹 2개정도 공간을 두고 설치를 한다. 그래서 혹시 모를 최악의 상태에서 차량이 롤러 밖으로 튀어 나가지 않도록 한다.

(3) 느낌이 최악인 차량으로 조향 핸들 쏠림이 심해서 도저히 곡예운전에 자신이 없거나, 문제가 발생될 확률이 지극히 높은 차량

차량에 견인 고리를 연결한 뒤 X 바로 차량을 고정하고 검사를 진행한다.

(4) 특별한 차량(주차 브레이크가 자동으로 해제되어 후륜 바퀴 고정이 안 되는 차량)

뒷바퀴 양쪽 앞뒤에 고임목을 고정하거나, 그래도 불안하면 견인 고리를 이용해서 X 바로 묶고 검사를 한다.

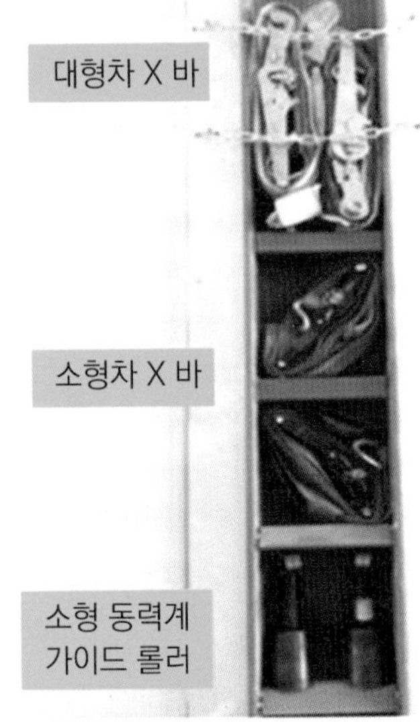

가이드 롤러 / X바 보관대

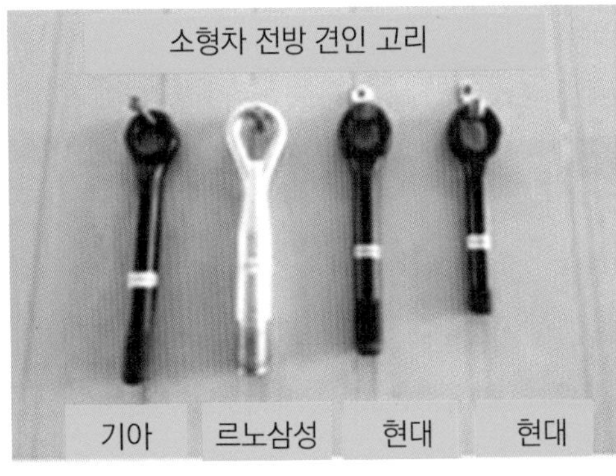

차종별 견인 고리 구비

3) 교훈

검사를 하다 보면 자료를 통해서 얻는 지식도 있지만 몸으로 직접 터득해서 얻어야 하는 기능도 있다. 물론 시간이 지나면 조금씩 그 기능에 숙달이 되겠지만 그 과정에 안전사고가 발생해서는 안 된다. 본인의 실력을 인정하고 모르거나 부족한 것은 꾸준히 연습과 배움을 통해서 업무를 숙달하는 노력이 필요하다.

20 ABS 장비와 먼지 때문에 고생한 종합검사원

1) 내용

어제부터 날씨가 추워지더니 이제는 겨울의 문턱에 성큼 다가온 것 같다. 코로나19와 함께 하는 올 겨울은 그 어느 해보다도 힘든 계절이 될 것 같다. 검사차량에 올라탈 때 운전자가 춥다고 창문을 모두 닫고 히터를 틀어 따끈해진 실내가 마냥 즐겁지만은 않다. 어쨌든 잘 넘어가야 할 텐데 걱정이다. 오늘은 며칠 전에 정말로 고생한 "X빵이 친" 일에 대해서 간단하게 소개를 하고자 한다.

우리 검사장은 이야사까 풀 장비를 사용하며, 설치한지 이제 5년째 되는 검사장이다. 장비며, PC가 슬슬 문제를 일으킬 시점이 된 듯하다. 그러더니 언제부터인가 제동력 시험기가 좀 이상했다. 문제는 차량 진입 → 축중 측정 → 리프트 하강 → 제동 검사기의 롤러가 회전하여야 하는데 바로 안 돌고 평소보다 5~6초 지연되다가 작동되는 현상이 발생했다.

그것도 매번 그러는 것이 아니고 가끔씩 그런 현상이 나타난다. 업체에 연락하여 랜 미팅으로 장비의 상태를 점검하였으나 혐의 없음으로 풀려나고, 그렇다고 아예 작동이 안 되는 것도 아니고 해서 그럭저럭 인내심을 가지고 사용을 했는데 이놈이 갈수록 증상이 심해지더니 어느 날은 리프트 하강까지는 되는데 그 다음부터는 조용하다. 당연히 롤러가 회전하지 않아 제동력의 측정이 불발되고, 측정 결과는 불합격.

어쩔 수 없이 차량을 후진한 뒤, 장비의 메인보드 파워를 리셋하고 다시 측정 해보니, 이번엔 또 멀쩡하다. 검사 차량이 없을 때야 뭐 그냥 참고 하면 되는데 어떤 날은 검사 차량이 길게 늘어선 상태에서 첫 번째 ABS 장비의 제동력 관문에서 차량의 검사가 진행되지 않으니 더 이상 검사가 진행도 안 되고, 급한 대로 차량을 후진, 장비의 리셋 다시 측정. 1대를 검사하는데 평소보다 약 3배 이상의 시간이 걸리고, 차주들은 우리 차량은 언제 검사가 끝나요? 정말 할 말이 없었다.

그나마 2축 차량은 롤러를 두 바퀴만 넘어가면 되니까 좀 참고 앞뒤로 후진하여, 다시 진행하면 되는데 문제는 4축의 대형 화물차량은 운 좋게 4바퀴를 측정할 때까지 문제가 없어야 1대가 끝나는데 이런 젠장! 1축, 2축 잘 진행을 했는데 3축을 진행할 때 Error가 발생 그러면 처음부터 다시, 이번에는 운좋게 3축까지 했는데 4축에서 작동 Error 와!~~~ 진짜 이런 일 겪어보지 않은 사람은 이 기분 모른다. 검사 차량들은 화물차 뒤로 쭉 ~~ 줄지어 서 있고 여하튼 말로 하자면 끝이 없다.

그래서 "검사 장비의 고장"이라고 안내장을 써서 붙이고, 고객들에게 일일이 양해를 구한 뒤 차량을 돌려보냈다. 그리고 업체에 연락해서 랜 미팅으로 하나씩 점검을 했지만 이번에도 역시 "혐의 없음". 그렇다고 이대로 검사를 진행 할 수도 없고 해서 가격이 싼 물건부터 하나씩 작업을 진행하였다.

아래 내용은 ABS 제동력 시험기가 정상적으로 작동될 때 까지 수리한 내용이다.

(1) 모터 구동 전자 개폐기 교체

(2) 메인 보드와 연결되는 개폐기 제어와 와이어링 교체

(3) 메인 보드의 통신 IC 교체

(4) 메인 보드와 PC간 RS 232C 통신 케이블 교체

(5) PC 포맷(OS, ABS 프로그램 재설치) 통신 카드 교체, RAM 업그레이드

(6) ABS 메인 통신 보드 교체

장장 2주 간에 걸쳐 한 가지씩 작업을 하면서 검사 업무를 진행 했다. 그런데 신기한 것이 뭐하나 손보면 그 날은 멀쩡하다. 그러다 그 다음날 문제를 일으키고, 그나마 다행인 것은 제동 롤러가 돌지 않을 때 수동으로 모터 구동 전자 개폐기를 작동시켜 주면 정상적으로 검사가 진행 되었다.

좀 불편했지만 라인을 세우는 일은 없었으므로 그럭저럭 참고 검사를 진행했다. 그리고 마지막으로 택시 미터기 박스 안에 들어있는 메인 통신 보드를 교체하고 나서 모든 문제가 해결되었다.

2) 내용

조그만 보드기판 값이 250만원 이었다. 랜 미팅 담당자의 말로는 가격이 비싸서 처음부터 교환하는 것이 부담스러웠다고, 덕분에 평소 버벅 거리던 PC를 정리하고, ABS 장비의 문제를 깔끔하게 마무리 하였다.

ABS 통신 메인 보드가 내장된
택시 미터기 박스

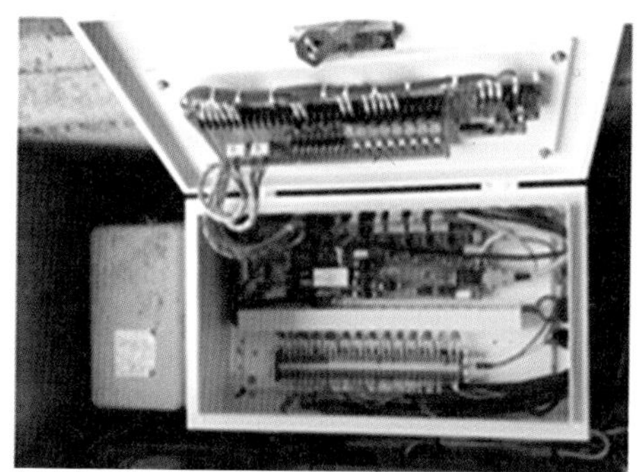
택시 미터기 박스 내 문제를 일으킨
메인 통신 보드

3) 발생 문제점 또는 원인

발생 문제점을 여러 가지로 추론하여 확인해 본 결과 택시미터 내 설치된 메인 통신 보드(PC ↔ ABS 장비)에 먼지가 쌓였으며, 쌓인 먼지 중 하나가 공교롭게도 통신과 연결된 소자 양단에서 미세한 전기적 쇼트를 일으켜 통신 IC가 고장이 나고, 그와 관련된 주변의 회로에 문제를 일으킨 것으로 판단된다. (일부 소자에 그을린 흔적 발견)

4) 교훈 및 재발 방지 대책

이번 일을 계기로 검사장에 설치된 PC와 다이나모 동력계 메인 보드 패널을 열어 그 안에 쌓여 있는 먼지를 모두 에어로 불어내고 청소를 하였다. PC 6대와 다이나모 2대에 쌓여 있는 먼지를 보니, 정말로 무심했다는 생각이 들었다. 그래서 최소한 1년에 한 번은 PC 내부 및 장비의 메인보드에 쌓여 있는 먼지를 제거하기로 하였다. 형식적인 일일·월간 일지 Copy의 작성을 반성하고, 현실적인 장비 관리를 해야겠다. 검사원의 전쟁터 무기는 검사 장비다. 평소 무기관리를 철저히 해야겠다.

21 봉고 1.2톤 동해 고소 작업 차량과 KD-147

1) 내용

오늘은 필자가 이 곳 검사장에 와서 KD-147 검사를 진행하다가 사고를 친 이야기를 잠시 해보겠다.

초보 종합검사원들한테 얼라이먼트 불량 및 타이어가 편 마모된 전륜 디젤 차량의 KD-147 검사를 진행하는 것은 잘 알겠지만 정말로 곤욕스러운 일이다. 하지만 후륜 차량 중에도 KD-147 검사를 진행할 때 정말로 조심해야 하는 차량이 있다. 바로 봉고 1톤 화물차량이다.

특히 특수 용도로 튜닝 또는 개조된 차량은 후륜 타이어를 소형 다이나모 위에 올려 놓으면 타이어의 안쪽과 다이나모 상판과의 간격이 생각보다 좁다. 최대한 이 간격을 좌우 편차없이 잘 맞추고 롤러를 타야 후륜 타이어 안쪽 사이드 월 부분이 다이나모 상판과 간섭이 되지 않고 안전하게 탈 수 있다. 또한 차량을 안착하고 예열 모드 스타트 또는 본 모드 스타트 시에 후륜 차체가 한쪽으로 자리를 잡기 위해 돌아가는 현상이 발생된다. 그러면서 재수가 없으면 후륜 타이어가 한쪽으로 치우쳐 타이어가 다이나모의 상판에 간섭되는 일이 발생한다.

어느 정도 KD-147 검사에서 롤러를 타는 것에 자신이 생길 때 봉고 1.2톤 고소 작업 차량이 종합검사를 받으러 들어왔다. 뭐! 후륜 구동 봉고 한두 번 롤러를 탄 것도 아니고, 그래서 후륜을 소형 다이나모 위에 올렸는데, 이 차량은 유난히 후륜의 차폭이 작은 듯 했다.

그래도 차량을 몇 번 움직여 나름대로 센터에 정렬하고, 사진 촬영을 한 후 예열모드를 진행하기 위해 2단 기어를 집어 넣고 스타트 하는 순간 짐칸이 살짝 들리는 느낌이 들었다. 그래도 별 의심 없이 예열을 위해 50km/h까지 가속을 하는데 후륜에서 푸른 연기와 흰 연기 감지되었다. 매연인가? 의심을 하는데 순간 고무 타는 냄새가 나기 시작했다.

그래서 가속을 멈추고 차량에서 내려 운전석 뒷바퀴 안쪽을 보니, 차량이 틀어지면서 운전석 뒷바퀴 안쪽 타이어가 다이나모 상판에 간섭되어 마찰열에 고무가 타는 연기와 냄새였다. 다행히도 타이어의 표피가 조금 벗겨져지고 크게 문제는 없었다. 그래서 다시 차량을 정렬하고 KD-147 검사를 마무리 하였다.

※ 본 이미지는 실제 문제의 차량과는 관련이 없다.

2) 발생 문제점 또는 원인

뒤 차축의 간격이 작은 차량을 다이나모에 올려서 운전할 때 차량의 정렬이 정확하게 되지 않으면, 차량을 스타트 할 때 차체가 조금만 틀어져도 타이어 안쪽 면이 다이나모 상판에 간섭되어 타이어가 마찰열로 타는 문제가 발생된다. 그로 인해 문제가 커지면 타이어가 파손되는 일이 생길 수 있다.

3) 교훈 및 재발 방지 대책

다이나모에 소형·대형 차량을 올려 정렬할 때 차축의 간격이 좁은 차량들은 시간이 걸려도 좌·우 편차가 최소화 되도록 차량을 세팅하고 예열 또는 본 모드 시 운전자 외 다른 사람이 타이어 간섭의 유무를 모니터링 해주는 것이 필요하다. 만약 그렇지 못하다면 차량을 롤러에 안착시킨 후 살짝 구동하여, 롤러에 차량의 뒷바퀴가 완전히 자리를 잡은 것을 확인하고 검사를 진행하는 습관을 가져야 한다. 그리고 검사 중에도 수시로 후륜 타이어의 주변을 미러로 확인하여 문제가 없는지 확인을 해야 한다.

22 대우 14톤 카고 크레인 차량과 축중 미달

1) 내용

오늘은 ABS 검사 중에 축중이 부족하여 문제가 확인된 차량에 대해서 이야기를 해보겠다. 당연한 이야기지만 자동차 검사 시에 화물차량인 경우 축중 허용 오차는 제원표에 명기된 중량에 대해 최대 ± 20%까지 허용을 한다. 그래서 차량을 제동력 시험기에 올리면 검사 차량의 제원표 축중값이 표시되고, 그 밑에 실측한 축중값이 보여진다.

이때 제원표의 축중값 하고 실측한 축중값의 허용범위가 ± 20%를 넘기면 적색 글씨로 변환되고 리프트가 내려가지 않아 제동력 시험을 진행할 수 없도록 되어 있다. 이유는 튜닝을 한 후 중량을 저감하거나 오버된 차량들을 걸러내기 위한 한 가지 방법이다. 그러므로 축중을 측정하여 적색 글씨로 표시되는 차량은 반드시 제원표 상의 축중과 비교하여 불법 튜닝 여부를 확인하여야 한다.

종합검사원을 시작하고 얼마 되지 않았을 때 대우 14톤 카고 트럭에 크레인을 구변한 차량이 검사를 받으러 입고되었다. 관능검사를 마치고 제동력을 측정하는데 이 차량은 제원대비 축중 부족으로 계측되어 제동력 시험을 할 수 없었다.

이상하다 통상 불법 튜닝하면(철판 보강, 이동 검진 차 엑스레이 차폐 납판 추가, 윙탑 차량들 탑 내부 불법 개조) 무게가 많이 나가서 문제였는데 이 차량은 후축중(2축, 3축)이 측정치보다 1톤 정도 미달하여 제원표 대비 -20% 보다 작아 제동력을 측정할 수 없었다.

크레인 차량들의 특성을 이해하지 못하고 일반 차량 기준으로 눈에 보이는 관능에 집중하다 보니 순간 이해를 하지 못하는 상황이 발생하였다. 그래서 이 차량은 제동력의 측정이 되지 못해서 돌려보냈다.

※ 일반적으로 화물차량의 중량 허용오차는 적재물이 없을 때 ±3%까지 허용하고, 적재물이 실려 있는 경우 최대 ±20%까지 허용합니다.

※ 본 이미지는 실제 문제의 차량과는 관련이 없다.

2) 발생 문제점 또는 원인

차량의 축중이 제원 허용치 이하인 차량 특히 카고 크레인의 튜닝 정보 및 특성에 대해 제대로 이해를 하지 못해서 발생한 문제였다. 즉, 크레인 차량의 튜닝 이력을 보면 웨이트라는 항목이 있고 이는 중량물을 들어 올리는 차량의 특성에 따라 차량의 무게를 늘리기 위해 설치한 중량물이다.(웨이트 : 900kg 또는 웨이트 : 650kg)

그런데 일부 차주들은 차량의 무게를 줄여 이동시 연비를 줄이거나 차량에 중량물을 더 싣고 이동하기 위해 웨이트를 탈거하고 다닌다. 이런 상태로 차량이 검사장에 들어오면 축중이 덜 계측되는 현상이 나온다.

만약 이런 차량들이 밖에서 중량물을 들어 올리다가 차량이 전복되거나 넘어지는 원인이 되기도 한다. 그래서 특히 카고 크레인 차량들은 적정 축중이 나오는지 “꼭” 확인을 하고 검사를 진행하여야 한다.

3) 교훈 및 재발 방지 대책

대형 차량의 검사를 처음 접하다 보니 제대로 차량의 특성 및 튜닝의 이력에 나와 있는 항목들에 대해 명확하게 이해를 하지 못해서 발생된 문제이며, 이번 실수를 거울삼아 특장차량들에 대한 구변 내역 및 항목에 대해 공부하고 이해하여 다시는 똑같은 실수가 제발되지 않도록 하겠다.

23 대형장비 PC와 원격제어 테블릿 PC를 활용한 모니터

1) 내용

오늘은 대형자동차 종합검사 시 장비의 세팅 및 모니터 이동·철거로 고생했던 기억과 이를 개선하여 편하게 사용하고 있는 대형 자동차 검사장비 PC를 포터블 테블릿 PC로 원격 제어하여 장비의 세팅 및 작업 동선을 줄인 내용에 대해 간단하게 설명을 하겠다.

필자가 이곳 대형 검사장에 왔을 때 장비의 세팅 및 이동에 가장 손이 많이 가고 발품을 팔아야 하는 검사가 바로 대형 자동차 정밀 배출가스(럭다운) 검사이다.

소형차량들은 벽에 설치한 고정식 모니터 하나면 정밀 검사하는데 커다란 문제점이 없다. 차량의 길이가 아무리 길어야 봉고 1톤 화물정도 되고, 그러므로 조금 큰 모니터를 벽에 설치하면 차종에 따라 모니터의 이동 없이 정기검사 또는 종합검사를 할 수 있다.

대형차량의 종합검사를 하다 보면 차량의 길이가 작게는 마이티부터 길게는 45인승 대형버스, 대형 카고 트럭까지 있다. 그러다 보니 검사용 모니터를 벽에 3개 이상 설치하던지 아니면 이동식 지주대 모니터에 바퀴를 달아 검사를 할 때마다 차량 앞으로 이동하고, 검사가 끝나면 와이어와 함께 다시 보관 위치로 이동시킨다. 그리고 비가 많이 오는 날이면 모니터가 밖에 노출되어 그 위에 우산을 씌우는 일까지 등장한다. 또한 장비를 설정하고 차량에 올라 정밀 배출가스(럭다운) 검사를 위해 롤러를 타다가 한 번에 넘어가지 않고 문제가 생기면 판정실의 검사원한테 큰소리로 장비 리셋을 외치거나 그것도 안 통하면 직접 차량에서 내려 장비의 PC를 조작한 후 다시 차량에 올라타고 검사를 진행한다.

뭐… 구태여 세부적인 이야기를 줄줄이 하지 않아도 대형차량의 검사를 해본 검사원들은 무슨 말인지 금방 이해할 것으로 안다.

그래서 대형차량 검사 1대를 하기 위해서는 동선도 크고 발품도 많이 움직여야 한다. 이런 일들은 대형차량 검사에서 필수적인 요소이며, 과거도 그랬고 현재도 그렇게 해야만 하는 일이였다. 필자가 많이 불편했고 개선이 필요하다고 생각한 내용은 다음과 같다.

- ▶ 차량의 길이에 맞추어 바퀴 달린 모니터를 항시 차량 앞으로 길이가 긴 모니터 선과 함께 끌고 다녀야 한다는 것
- ▶ 장비를 세팅한 후 문제 발생 시 누군가 판정실에서 조작을 해주거나 그게 안 되면 운전

자(검사원)가 차량에서 내려 PC를 조작한 후 다시 차량에 탑승한 후 검사를 진행해야 한다는 것.

상기 문제점을 가지고 여러 가지 아이디어를 도출하다가 생각해 낸 것이 대형장비의 PC를 테블릿 PC로 원격제어 하는 방법을 적용하기로 하고, 원격제어 프로그램을 찾던 중 구글 크롬에서 지원하는 원격제어 프로그램을 사용하여, 작업을 진행하였다. 크롬을 이용한 원격제어 방법은 구성도 간단하고 윈도우 환경에서 특별한 트러블 없이 잘 작동하였다. 검사장 내에 설치된 장비의 PC가 무선 공유기 와이파이를 통해 테블릿 PC에 연결되면 큰 문제없이 해결된다.

일반적으로 지정 대형 검사장에서 주로 사용하는 바퀴 달린 이동식 모니터입니다. 차량이 다이나모 롤러 위에 세팅되고, 리프트가 하강하면 모니터를 차량을 운전하는 검사원이 볼 수 있도록 차량 앞으로 이동하여 설치를 한다. 비가 오는 날은 모니터에 우산을 씌우는 날도 있고 직사광선이 심한 날은 모니터가 잘 보이지 않아 고생할 때도 있다.

바퀴 달린 이동식 모니터

2) 해결

대형장비 PC와 소형장비 PC에 크롬을 깔고 새로 구입한 테블릿 PC와 Wi-Fi로 연결하여 원격 제어가 가능하도록 하였다.

■ 개념도

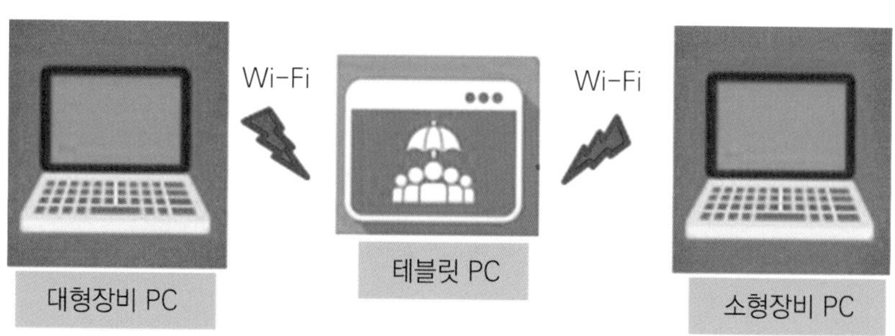

■ 사용사례 1(검사용 모니터 & 장비 PC 조작)

포터블 모니터로 활용, 차량의 운전석으로 테블릿을 가져가서 보기 편한 곳에 설치한 후 모니터로 사용하며, 필요에 따라서는 판정실에 대형장비PC를 원격으로 조작할 수 있다. 즉, 운전자(검사원)가 검사 중 장비의 검사중지, 초기화, 측정 등을 혼자서 진행할 수 있다.

럭다운 차량 운전석 모니터 기능

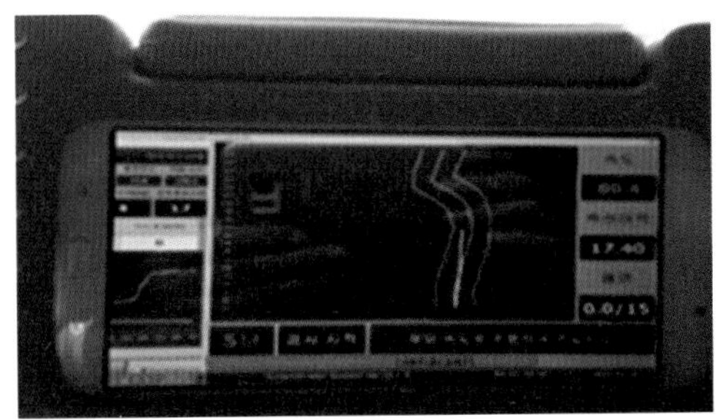

KD-147 차량 운전석 모니터 기능

■ 사용사례 2(다이나모 장비 소형·대형 현장 로드 셀 Calibration)

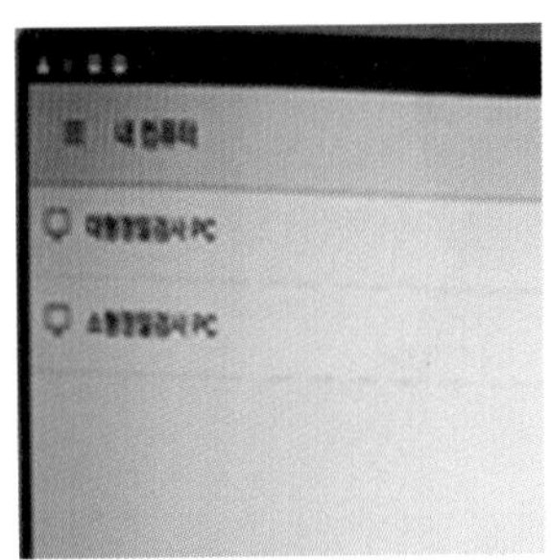

■ 이동식 모니터 사용 시

■ 테블릿 PC 모니터 사용 시 화면

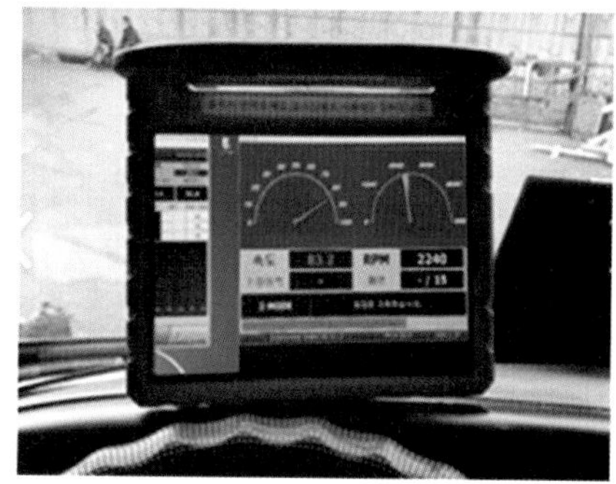

■ 테블릿 PC로 장비 조작 시 화면

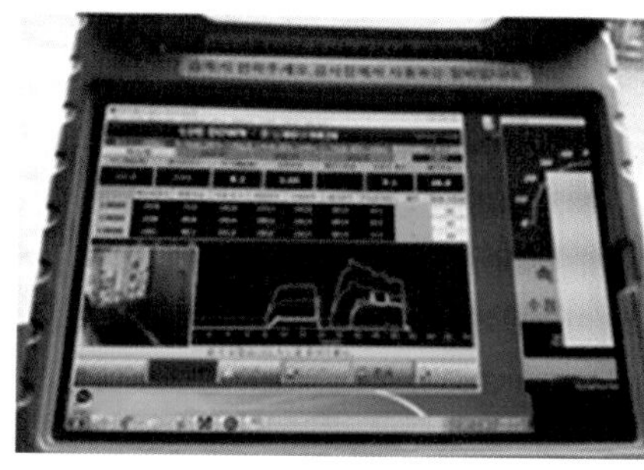

■ 장점과 단점

1) 장점 : 대형차량을 검사할 때 무거운 이동식 모니터를 사용하지 않아도 되므로 모니터의 이동, 철거에 들어가는 동선을 줄일 수 있으며, 운전석에서 선명한 화질을 보면서 검사를 진행 할 수 있다. 또한 장비의 초기화를 위해 구태여 차량에서 내려 판정실까지 움직일 필요 없이 운전석에서 원격으로 제어가 가능하므로 신속하게 검사를 진행할 수 있다.

2) 단점 : 테블릿 모니터는 검사장 wi-fi의 통신망을 사용하므로, 통신망 속도가 느려지거나 문제가 생기면 사용할 수 없다. 특히, 인터넷 사용의 부하가 증가할 경우 KD-147 검사를 위해 롤러에 타면 차량의 데이터가 실시간으로 전달되지 못해 데이터 디스플레이의 딜레이 현상이 발생하여 운전에 불편함이 발생된다. 그래서 이런 경우 기존에 이동식 모니터를 사용하면 된다.

테블릿 PC 모니터를 설치했어도 기존에 사용하던 이동식 모니터는 그대로 함께 사용할 수 있다. 필요에 따라서 검사원이 사용하기 편한 것을 선택하여 사용하면 된다.

3) 교훈

검사장은 장비를 사용하여 자동차의 검사업무를 수행하는 곳이다. 즉, 장비는 검사원한테 연장이며, 도구이다. 요즘은 자동차 정비도 장비가 좋아야 업무의 효율이 좋아지고 능률도 오른다. 그러므로 검사 장비를 사용하는 검사원들도 장비 사용의 환경 개선 및 아이디어를 통해 꾸준히 사용하기 편한 장비의 환경을 개선하여, 작업 동선을 줄이고, 장비의 Error를 최소화 한다면 그전보다 좀 더 편안한 검사 업무를 할 수 있을 것으로 생각된다. 불편한 것은 불만만 하지 말고 스스로 "개선을 합시다."

24 대형 장비의 PC 윈도우 부팅 Error 및 SSD 저장장치

1) 내용

올해는 유난히도 날씨가 덥고 비도 많았다. 그래도 검사장의 장비는 특별한 문제를 일으키지는 않아 정상적인 검사 업무를 수행할 수 있었다. 그런데 최근 초겨울로 접어들면서 장비들이 슬슬 문제가 발생하기 시작하였다. 그래서 오늘은 대형 장비의 PC 윈도우 부팅 Error로 인해서 2번이나 PC를 포맷한 사연에 대해서 이야기를 해보겠다.

PC를 사용해 본 사람은 다들 경험한 내용으로 그날도 아침에 출근하여 대형 장비의 PC를 켜자 윈도우 부팅이 되지 않고 디스크 Error 복구 메시지가 줄줄이 뜨고 한참 있다가 힘들게 부팅이 되었다. 어쨌든 부팅이 되었으니 정상적으로 업무를 실시하였고, 다음날 또 같은 문제가 반복되었다. 부팅시간이 오래 걸렸지만, 부팅이 되어서 다행히 검사업무를 진행하였다. 그래서 그날부터는 퇴근할 때 장비 PC는 끄지 않고 사용을 하였다.

문제는 항상 재부팅할 때 발생하였기 때문에 컴퓨터 업체에 연락하여 디스크의 복구 작업을 실시하였다. PC를 포맷하면 바로 검사업무에 공백이 생기고, 근무 시간의 반나절은 해당 장비를 이용한 검사 업무는 불가능했다. 2시간에 걸쳐 디스크의 복구 작업이 끝난 후 그 다음부터는 PC가 정상적으로 작동하였고, 1개월 정도 지나고 나서 또다시 부팅 Error가 발생하여 어쩔 수없이 SSD를 교체하고 프로그램을 재설치 하기로 일정을 잡고 작업을 진행하였다.

그리고 힘들게 시간을 내서 검사업무를 일부 중지하고 PC 업체와 장비업체의 합동으로 작

업을 마무리 하였다. 당연히 PC는 정상으로 돌아왔고 한 2주일은 잘 사용하였다. 그러던 어느 날 아침에 부팅 Error가 다시 발생을 하였다. 참 드문 경우인데… 새로운 문제가 다시 발생한 것인지 아니면 처음부터 원인이 다른 곳에 있었는지 모르겠지만, 다시 장비의 PC 고장이 원점으로 돌아와 버렸다. OS는 우리가 사용하고 있는 대형 다이나모 장비에 최적화 되어 있는 윈도우7 32비트를 깔았다.

문제가 발생된 대형 장비의 PC 부팅 Error 화면

2) 원인 및 해결

문제가 재발된 PC는 결과적으로 컴퓨터의 메인보드를 교체하고 다시 프로그램을 재설치하여 문제를 해결하였다. 메인보드에 설치된 RAM이 문제를 일으켜서 초기 PC 부팅 시에 설정된 정보를 가져와야 하는데 데이터를 가져오지 못해서 문제가 발생된 것으로 최종 확인되었다.

수리한 PC의 품목은 다음과 같다.

- SSD 교체 및 Program 설치(Windows 7 32비트·장비 Program)
- RAM 업그레이드 4기가 → 8기가
- 메인 CPU 보드 교체

3) 교훈

요즘 PC에 사용하는 저장장치는 대부분 SSD를 사용한다. SSD는 기계적 하드 디스크 대비 장점도 많지만 사용하다 보면 한방에 문제를 일으킨다. 즉, 논리적인 Error라고 하는데 아직까지는 이점 때문에 다소 불안한 영역을 가지고 있으며, 이러한 고장이 발생될 때 이 문제가 정확히 SSD만의 문제인지 아니면 컴퓨터의 CPU와 연동된 문제인지 파악하기가 쉽지 않다.

사실 이번 문제도 SSD만 교체하면 될 것 같아 작업했다가 얼마 못가서 다시 문제가 발생한 케이스로 검사 업무에 지장을 초래한 경우이다. 여하튼 이번 일을 거울삼아 동일한 문제가 다른 PC에서 발생한다면 CPU 보드까지 한번에 교체하는 쪽으로 진행할 예정이다.

25 부팅이 되지 않는 전조등 시험기

1) 내용

오늘은 전조등 시험기가 갑자기 부팅이 되지 않아 급하게 수리를 진행한 내용에 대해서 간단하게 이야기를 해보겠다. 요즘 들어 새벽의 기온이 영하 2~3도를 기록한다. 검사장이 도심 외곽에 있어서 그런지 아침이면 한기를 느낀다. 아침에 출근을 하면 장비의 전원 스위치를 하나하나 올리고(ON 시키고) 장비의 교정 및 검사 준비를 한다.

그날도 평소와 다름없이 전조등 시험기를 작동시켰더니 정상적인 화면이 뜨지 않고 하드디스크 Error가 발생하였을 때 나타나는 메시지가 뜨더니 더 이상 정상의 화면으로 넘어가지 않았다. 몇 번이나 리셋을 해 보았으나 역시나 먹통이었다. 전조등 시험기는 공통 장비라 고장이 나면 검사장이 스톱되고 대체 장비도 없다. 장비를 설치한지 4~5년 되었지만 지금까지 전조등 시험기가 문제를 일으킨 적은 없었다. 급하게 업체에 연락하여 문의를 하니 전조등 시험기 앞 뚜껑을 제거하면 그 안에 테블릿 PC가 들어가는데 날씨가 추워지면 문제가 될 수 있으니 분해하여 따끈한 곳에 두었다가 다시 작동시켜 보라고 하였다.

당장 대안도 없고 해서 전조등 시험기의 앞 뚜껑을 분해하여 테블릿 PC를 꺼내고 따끈한 사무실에 놓았다가 다시 작동시켜 보았지만 상태는 변화가 없었다. 다시 업체에 조치 방법을 문의하니 아마도 테블릿 PC SSD가 나간 것 같다고… 하지만 현재 동일 사양의 테블릿 PC 재고가 없고 또한 현실적으로 수리도 어렵다고 하였다. 그래서 어차피 전조등 시험기를 교체하기로 했으니 교체 전까지 임시로 사용할 수 있는 방법을 알려 달라고, 다행히도 A/S 담당자가 가지고 있는 다른 사양의 테블릿 PC를 급하게 보내줘서 기존의 전조등 시험기 케이스에 잘 맞지는 않았지만 간신히 응급조치하여 임시로 사용할 수 있도록 하였다.

전조등 시험기 정상화면

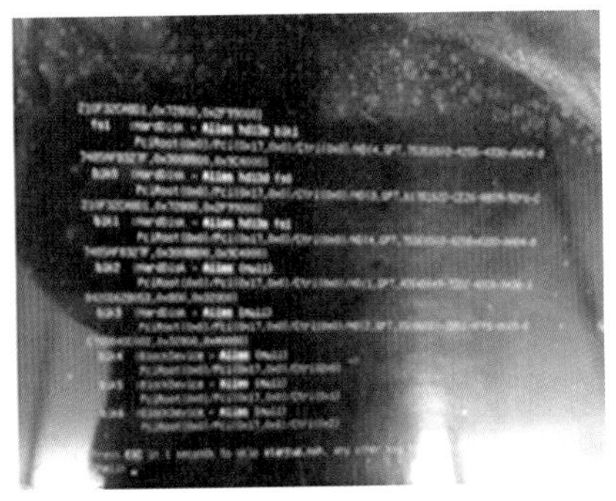
문제가 된 전조등 장비 부팅 Error 화면

2) 원인 및 해결

설치한지 4~5년 된 장비이며, 그 안에 설치된 테블릿 PC의 SSD가 정확히 원인을 알 수는 없지만 문제를 일으킨 것으로 판단된다. PC의 SSD도 문제가 되어 포맷 또는 교체를 하는데 어떻게 보면 당연한 결과인지도 모르겠다. 하지만 테블릿 PC에 내장된 SSD는 교체가 불가능하고 모델 또한 재고가가 없어 문제 발생 시 좀 난감한 것이 현실이다. 다른 유사 기종으로 임시 조치는 하였지만 아쉬움이 남는 것이 현실이다.

3) 교훈

모든 검사 장비들이 모두 마찬가지겠지만 특히 장비 안에 테블릿 PC를 넣어서 사용하는 장비들은 초기에 장비 구입 및 설치 시 추가로 테블릿 PC의 재고를 확보하는 것도 좋을 것 같다. 장비업체들도 시중에 범용으로 판매되는 테블릿 PC를 장비를 넣어서 사용하다 보니 연식이 조금 지나면 모델이 단종되어 A/S의 대응에 어려움이 많은 것 같다. 그렇다고 기약 없이 재고를 쌓아 놓고 있을 수도 없고, 그리고 대부분의 자동차 검사 장비들이 연식이 지났다고 장비의 교체를 쉽게 할 수 있는 것도 아니고, 가격도 만만치 않다.

26 봉고 1톤 LPG 개조 차량

1) 내용

요즘 들어 장비가 하도 말썽을 피우더니 오늘은 생각지도 않게 봉고 1톤 LPG 개조 차량의 종합검사 때문에 문제가 발생된 내용에 대해 간단하게 설명을 하겠다. 오전에 연식이 좀된 낡은 봉고 1톤 화물 차량이 검사를 받기 위해 입고되었다. 엔진의 시동이 걸려있는데 어! 소리가 이상하다 했더니 LPG로 연료 시스템을 개조한 차량이었다. 차량의 상태는 C급으로 폐차장에 가야 할 것 같은데 여하튼 검사의 접수를 하고 보니 작년까지 정기검사를 받았고 올해 처음으로 종합검사 대상 차량이었다.

봉고 1톤 ASM-아이들링 여하튼! ABS 검사를 진행했는데 연식이 무색하게 모든 것이 정상이었다. 겉으로 보기에는 다 낡아서 문제가 많을 것 같았는데, 특별한 문제점은 확인되지 않았다.

ABS 검사가 끝나고 다이나모에 차량을 올렸는데 갑자기 아침까지 멀쩡했던 다이나모 장비가 Error를 발생하여 부하 검사를 못하고 차량은 잠시 다른 대형차 검사를 위해서 한쪽으로 옮겨 놓았다. 무엇인가 불길한 예감이 들기는 했지만, 다행히 업체와 연락이 되어서 문제를 해결하였다.

다시 차량을 다이나모에 올리고 정밀 배출가스(ASM-아이들링) 검사를 위해 예열을 마치고, 본 모드 40km/h로 정속주행을 하는데 엔진의 출력이 불안정하여 속도 이탈이 발생하고 머플러에서는 "뻥,뻥" 역화 소리까지 들린다. 아마도 미연소 연료가 머플러에서 연소하는 소리 같다. 다시 40km/h 정속유지 40초가 지나고 정밀 배출가스 검사를 하는데, 종료가 되지 않고 계속 진행된다. 이런 경우 일반적으로 배출가스에 문제가 있는 경우다, 아니나 다를까 CO 값이 규정치를 초과하여 배출되고 있었다.

"불합격" 표시가 나올 때까지 주행할까 했는데 갑자기 "프로브 빠짐이란" 메시지가 떠서 어쩔 수 없이 차량을 멈추고 배기관 쪽을 보니 프로브 끝단 팁이 빠져 있고, 철망으로 된 부분은 축 늘어져 엿가락처럼 휘어져 있었다. 그리고 더 황당한 것은 프로브가 고열에 의해서 어떤 물질이 들어갔는지 막혀 있었다.

더 이상 배출가스 검사가 불가능하여 고객님께 장비가 고장이 나서 검사를 못한다고 말씀드리고 돌려보냈다. 급하게 업체에 연락하여 프로브를 주문하고 고장 난 부분을 수리 하려고 하였으나 내부가 막혀서 어떻게 할 수가 없었다.

출고 후 개조된 1톤 LPG 차량
(문제 차량과는 관련이 없다)

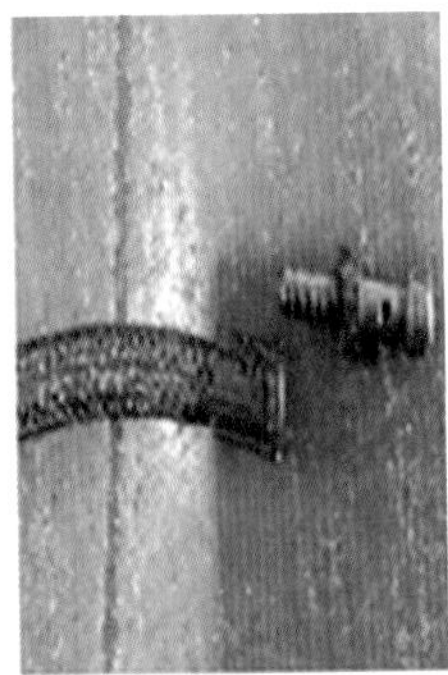
고열로 빠져버린 팁

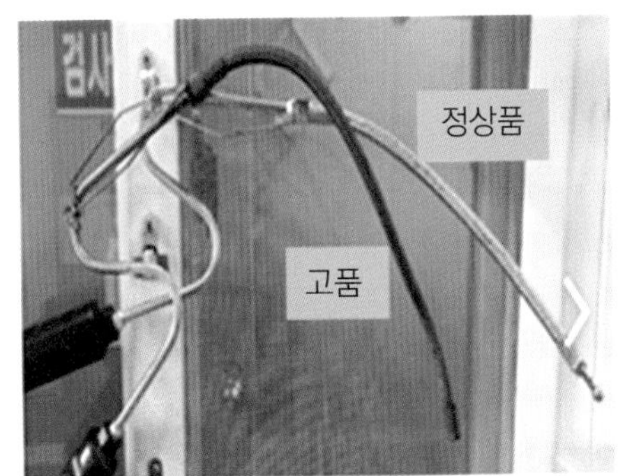

고열로 엿가락처럼 휘어진 프로브

2) 발생 문제점 및 원인

발생의 문제점은 배출가스의 고열로 인해 프로브가 열화되어 끝단의 팁이 빠지고 와이어 메시 프로브가 엿가락처럼 늘어 졌으며, 알 수 없는 이물질로 프로브의 가스 흡입 통로가 막혔다. 원인은 LPG 가스의 불안전 연소 및 역화로 인해 배기가스의 온도가 고온으로 올라가서 문제가 된 것으로 판단된다.

3) 교훈

출고 후 개조된 LPG 차량의 종합검사 시 사전에 배출가스의 온도상태를 확인해야 하며, 특히 낡은 차량들은 더욱더 의심해 보아야 한다. 또한 아이들 가속 또는 ASM - 부하 시 역화가 발생되는 차량들은 배출가스 온도가 급격히 올라가 프로브가 망가지는 문제가 있으므로 이점 각별히 주의하여 검사를 진행 해야겠다.

27 속도계 검사 불가 차량 관능 작성과 전송 Error

1) 내용

잘 알고 있겠지만 자동차 ABS 검사 항목 중에 속도계 검사 항목이 있다. 그런데 일반적으로 2WD 구동이 불가능한 4WD 차량의 경우 속도계 롤러를 돌리지 못해서 실제적인 속도계 검사를 하지 않았다.

ABS PC에서 상시 사륜을 체크하면 속도계 검사가 자동으로 생략된다. 그래서 솔직히 그전까지는 이렇게 하는 것이 당연한 것이라고 생각을 했다. 그래서 공단에 전송된 빔스 자료에도 4WD 차량의 차속은 “0”으로 되어 있다. 그러던 중 자료를 보니, 이런 경우 검사장 내에서 이동 중 육안으로 속도계의 작동여부를 확인하고 그 내용을 관능에 넣어야 된다는 사실을 알게 되었다.

과거야 몰라서 그렇게 했지만 잘못된 검사 방법임을 알았으므로 이제부터는 정상적으로 해야겠다고 다짐을 하고 나름 준비를 하고 있었다. 드디어 4WD 차량이 검사를 받으러 입고되었다. 그래서 평소처럼 ABS와 무부하 급가속 매연 검사를 마치고 아래와 같이 속도계의 관능을 작성하고 전송을 하였다.

- 관능 코드 6900 - 속도계 - 6990 기타 ("속도계 육안 확인")

그리고 전송을 눌렀더니 전송은 되지 않고 아래와 같은 Error가 발생하고 데이터(측정값과 사진)가 전송되지 않았다.

XML을 읽는 도중 오류가 발생하였습니다.

할 수 없이 업체에 연락하여 업체의 Engineer가 20분 정도 원인을 찾았는데 ㅋㅋㅋ 결과는 허무하게 기타 관능 작성에 특수 문자가 삽입되어서 발생된 문제였다. 특수 문자 "속도계 육안 확인" 텍스트 앞뒤에 세미콜론 여하튼 절대로 글자 외에 다른 특수 문자가 들어가지 않도록 하시기 바란다.

28 무부하 급가속 검사 중 엔진이 손상된 랜드로버 차량

1) 내용

검사를 하다 보면 문제가 잘 발생하는 차량들이 있다. 그 중에서도 무부하 급가속 매연 검사 중에 엔진이 손상되는 사례가 종종 발생하는 랜드로버 차량에 대해 간단하게 정리를 해보겠다. 참고로 아래 내용은 지인 검사원들한테 전해들은 실제 이야기를 필자의 스토리를 이해하기 쉽게 각색하여 작성한 글이다. 그러하니 이점을 충분히 이해하고 참고해 주기 바란다.

바쁘게 검사가 진행 중인 어느 날 랜드로버 차량 1대가 검사를 받으러 입고되었다. 접수를 하고 보니 종합검사 대상 상시 4WD 차량으로 무부하 급가속으로 매연 검사를 해야 하는 차량이었다. 평소와 다름없이 관능과 ABS 검사를 끝내고 무부하 급가속 매연을 측정하기 위해 차량을 정리하고 보닛을 열어 RPM 센서를 장착 하였다. 혹시나 해서 엔진 오일을 확인코자 게이지를 찾았으나 보이지 않았고, 뭐 별 문제 있겠어! 평소 수없이 했던 검사 방법인데….

그리고 시동을 걸고 엔진 RPM이 정상적으로 나오는 것을 확인하고 급가속을 실시하였다. 그런데 4,000 RPM이 넘는 순간 엔진의 작동 음이 조금 이상했다. 여하튼 그래도 검사를 마쳐야 할 것 같아 2~3회 급가속을 하는 순간 엔진에서 이해할 수 없는 "딱딱딱"거리는 소음

이 들려왔고 급하게 액셀러레이터 페달을 리턴 시켰지만 엔진의 진동이나 소음이 정상적이지 않았다. 결국 엔진이 손상되어 차량은 수입차 정비 센터에 입고를 시켰다.

그 과정에서 발생된 수많은 일들은 구태여 이 장에서 설명하지 않겠다. 하지만 많은 분들의 격려와 도움으로 시간이 흘러 이제는 원만히 해결이 되었다. 하지만 아직까지 원인 및 해결책은 나온 것이 없다.

"조심해서 잘 해라"이며, 그리고 문제가 생기면 "알아서 처리해라"이다.

본 이미지는 실제 문제의 차량과는 관련이 없고 이해를 돕기 위한 사진이다.

2) 문제점 및 원인

원인은 정확한 관련 자료가 없어 알 수 없으나 인터넷 검색을 통해 확인된 유사 엔진 문제는 아래와 같다.

크랭크축 메탈 베어링에 어떠한 이유로 엔진 오일이 정상적으로 윤활되지 못해서 크랭크축 저널 및 베어링이 손상 되었다. 특히 무부하 급가속 중에는 이런 문제가 생각지도 않게 발생될 수 있으므로 검사 전에 이와 관련된 내용을 충분히 확인한 후 검사를 진행하여야 한다.

본 이미지는 실제 문제의 차량과는 관련이 없고 이해를 돕기 위한 사진이다.

3) 대책

사실 고가의 수입차량 운전자들 중에 차량에 대해 주기적으로 정비 및 관리를 하는 사람들은 많지 않다. 평소 무관심하게 끌고 다니다가 문제가 발생되면 수리센터에 차량을 보내는 경우가 많다. 고가 수입 차량들이 검사장에 입고되면, 특히 무부하 급가속 차량들은 엔진 오일, 냉각수, 기타 벨트 류 등에 대해 충분히 확인을 하고 급가속 전에 반드시 워밍업 가속을 실시하여 엔진의 이상 유무를 반드시 확인하기 바란다.

워밍업 가속이란… 1,500, 2,000, 2,500, 3,000, 3,500, 4,000RPM 순으로 천천히 가속한 후 2초 정도 유지하면서 엔진의 상태를 확인하는 것을 말한다. 그리고 아래의 문제가 주로 발생하는 블랙리스트 랜드로버 차량들은 충분한 시간과 여유를 가지고 순서에 준해서 검사를 진행하기 바란다.

■ 블랙 리스트 무부하 급가속 대상 랜드로버 차량(공단 배포 자료)

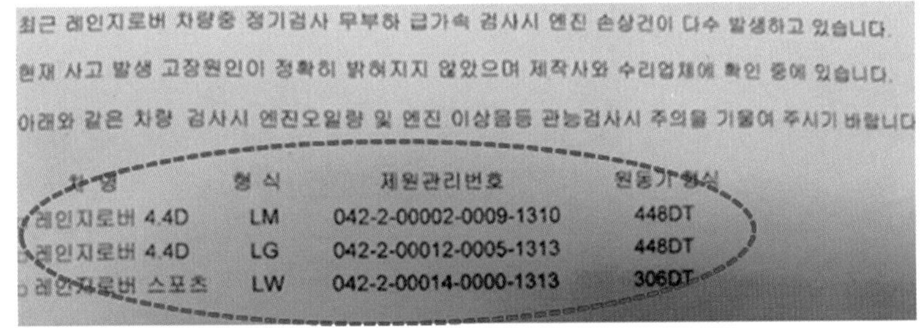

최근 레인지로버 차량중 정기검사 무부하 급가속 검사시 엔진 손상건이 다수 발생하고 있습니다.

현재 사고 발생 고장원인이 정확히 밝혀지지 않았으며 제작사와 수리업체에 확인 중에 있습니다.

아래와 같은 차량 검사시 엔진오일량 및 엔진 이상음등 관능검사시 주의를 기울여 주시기 바랍니다

차 명	형 식	제원관리번호	원동기 형식
레인지로버 4.4D	LM	042-2-00002-0009-1310	448DT
레인지로버 4.4D	LG	042-2-00012-0005-1313	448DT
레인지로버 스포츠	LW	042-2-00014-0000-1313	306DT

■ 대응 방법

(1) 상기 차량들은 별도의 수동식 엔진 오일 게이지가 없으므로 필히 아래 내용대로 확인한 후 엔진 오일이 부족하면 교체 후 검사를 진행하기 바란다.

(2) 엔진 시동을 OFF시킨 다음 5~10분 후 메뉴 키를 이용하여 오일 레벨 항목으로 이동한 후 오일 레벨 항목에서 OK → 엔진 오일량 확인

※ 필요시 사용자 매뉴얼을 참조하기 바란다.

(3) 검사 전에 필히 점검하고 진행하기 바란다.

① 엔진 오일 검사 → 별도의 수동 게이지가 없다. 상기 (2)에 명기된 점검방법을 숙지하기 바란다.

② 고객에게 사전 동의를 구한다. → 가능하면 고객 입회하에 검사하는 것도 오해의 소지를 줄일 수 있는 방법이다. 그리고 필요하다면 면책 동의서를 만들어 서명을 받기 바란다.

③ 검사 전에 반드시 워밍업 가속을 통해 문제점을 사전에 진단한다. 1,500, 2,000, 2,500, 3,000, 3,500, 4,000RPM 순으로 천천히 가속한 후 2초 정도 유지하면서 엔진의 상태를 확인하여야 한다.

④ 그리고 급가속시 가능하면 순간 급가속보다 RPM 재 가속 지시 메시지가 나오기 전까지의 기울기로 파란 영역까지 액셀러레이터 페달을 밟는다. 그리고 일반 차량처럼 5초 후 다시 급가속 하지 말고 10초 정도 여유를 두고 액셀러레이터 페달을 밟는다. 아직 원인 및 책임소지가 불명확한 상황에서 검사원 잘못으로 모든 문제를 떠넘기는 시국에 스스로 대비하여 문제를 예방하는 방법밖에는 별 도리가 없는 것 같다.

⑤ 검사 중 특이한 이상 음이 발생하면 바로 검사를 중지하여야 한다.

4) 교훈

상기 랜드로버 차량의 문제는 어느 한 두명 검사원만의 문제는 아니다. 아마도 차량이 노후화 될수록 상기 차량들은 어딘가에서 또 다른 검사원에게 폭탄으로 작용할 수 있다. 그렇다고 상기 차량에 대한 문제점이 밝혀진 것도 없으며, 또한 검사방법이 완화된 것도 없다. 상기의 사고사례를 충분히 숙지하여 다시는 이런 일이 여러 검사원에게 발생되지 않기를 바란다.

29 배출가스 시험기에 압축공기를 잘못 넣어서 생긴 일

1) 내용

오늘은 자동차 검사장비 중에 배출가스 시험기에 압축공기를 잘못 집어 넣어 문제가 발생된 사례에 대해서 간단하게 정리해 보겠다.

어느 날 아침에 출근해서 평소에 하던 대로 장비의 교정을 진행하였다. 다른 장비는 특별한 이상이 없었는데 배출가스 시험기의 0점 조정을 하고 리크 검사를 하는데 다음과 같은 문구가 디스플레이 되면서 교정 Error가 발생 하였다.

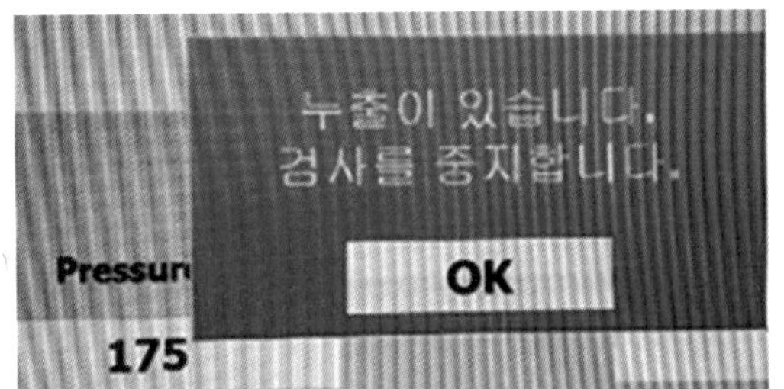

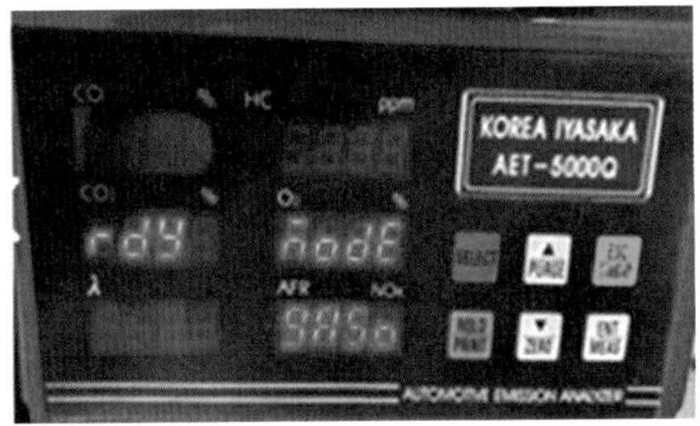

이상하다 싶어서 누출이 될 만한 연결 호스 및 프로브를 모두 제거하고, 시험기의 흡입구를 막고 검사를 해 보아도 똑같은 결과가 나왔다. 어쩔수 없이 업체에 연락을 하고 급하게 장비를 들고 방문하여 수리를 진행하였다.

그런데 A/S Engineer가 하는 말이 혹시 "가스 흡입관으로 압축공기를 넣으셨어요?"라고 이야기를 한다. 순간… 가만히 생각을 해보니 검사원 중에 한 명이 0점 조정이 잘 안 된다고 프로브를 빼고 압축공기로 필터의 수분을 제거하기 위해서 에어를 주입하는 것 같더니 아마도 그때 문제가 발생된 것으로 판단되었다.

수리를 마치고 장비를 가지고 와서 어제 작업을 한 검사원에게 상황을 설명하고 내용을 물어 보았더니 마지막 차량의 배출가스 검사가 끝나고 겨울이라 혹시 필터 및 프로브 내부에 남아있는 수분이 얼어버릴 수 있어서 수분제거를 위해 프로브를 빼고 시험기 쪽으로 에어를 주입 했다는 것이었다. 순간… 아차 했지만, 이미 엎질러진 물이라 다음부터 시험기 방향으로 절대 압축공기를 넣지 말라고 이야기를 하고 정리하였다.

원인은 배출가스 시험기의 가스 흡입 호스가 연결된 상태에서 반대편 프로브를 빼내고 호스 내 수분을 제거한다고 압축공기를 분사한 것이 장비의 내부에 설치된 진공펌프 안으로 들어가서 펌프의 실링이 파손되어 문제가 발생된 사례였다.

참고로 배출가스 시험기 내부에는 배출가스를 시험기 내부로 흡입하기 위해 마그네틱 펌프가 사용된다. 평상시에는 배기가스를 흡입하는 용도로 사용하지만, 교정 작업에서는 관로 내(프로브로부터 시험기 내부 가스 유입관로) 에어 유입이 없는지 진공상태로 만들어 이때 형성된 진공압을 계측하여 관로 내 리크 여부를 확인한다.

또한 배출가스 "0"점 조정 시에는 프로브에서 외부 공기를 흡입하여 센서에 "0"점을 조정한다. 그런데 겨울철 수분이 흡입 호스 내부 또는 필터 등에서 얼어 있으면 "0" 조정도 되지 못하고 또한 배출가스 이상 또는 "프로브 빠짐" 등의 경고를 하고 검사가 진행되지 않는다.

어떠한 이유가 있어도 압축공기가 직접 계측기 안에 들어가서는 안 된다. 배출가스 흡입 호스 내 수분을 불어내기 위해서는 반드시 시험기에 연결된 배출가스 흡입 호스를 제거하고 작업을 하여야 한다.

문제가 발생된 진공 펌프

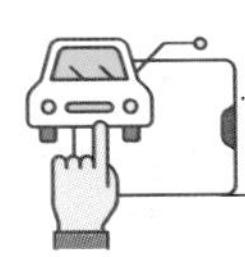

30 엔진이 달라붙기 직전에 확인한 그랜드 카니발 차량

오늘은 아침부터 검사차가 몇 대 없더니, 퇴근 무렵에 평소 안면이 있는 매매상사 직원이 낡은 그랜드 카니발 한 대를 가지고 와서 검사 접수를 하였다. 매매상사의 차량들은 정상적인 차량도 있지만, 이런 차량도 팔리나 할 정도로 황당한 차량도 검사를 받기 위해 입고된다.

접수를 하고 나서 보니 종합검사 차량으로 KD-147 부하검사 차량이었다. 간단하게 ABS 검사를 끝내고 부하검사를 위해서 차량을 소형 다이나모 위에 올리고, 포집기와 장비를 세팅한 후 예열모드 진입을 위해서 차량을 가속하였으나 가속이 잘되지 않았고, 차량의 조향 핸들이 좌·우로 쏠리기 시작하였다.

간신히 차량을 수습하고 다시 가속을 진행시켜 예열모드를 마치고 본 모드에 진입하여 코스를 수행하기 위해 가속을 하는 순간 엔진이 멈칫하며, 클러스터에 알터네이터 경고등이 점등 되었다.

일단 느낌이 이상하여, 바로 엔진 시동을 OFF시키고 차량에서 내려 차량의 보닛을 열고 이곳 저곳을 검사한 뒤 엔진 오일을 확인하는 순간 엔진 오일이 전혀 찍히지 않았다. 순간 느낌이 좋지 않았고 엔진이 쩔어 붙었나 하는 생각이 들었다. 일단은 매매상사의 직원한테 이야기하고 자초지정을 설명했더니, 직원이 하는 말 검사장에 올 때 엔진 오일이 부족해서 조금 보충하고 왔으니까 다시 오일을 보충하고 시동을 걸면 걸린다고… 믿거나 말거나 오일을 보충하고 시동을 거니 어렵게 시동이 걸렸고 순간 멍하니 서 있었다. 그래서 이 차량은 부하검사를 못한다고 불합격 판정을 하고 차량을 돌려 보내고 나니 왠지 모를 허탈함을 감출 수가 없었다.

물론 검사 전에 모든 차량의 엔진 오일과 상태를 점검한 후에 검사를 해야 함이 마땅하지만 그렇지 못한 상황이 간혹 벌어지는 현실에 다시 한 번 기본에 충실해야겠다는 마음을 다져 본다.

31 엑시언트 H420 차량과 출력 부적합

현대 엑시언트 H420 윙바디

1) 내용

2020년 12월 31일 드디어 올해가 마무리 되는 날이다. 오후가 되니까 검사를 받는 차량도 없고 제법 여유 있는 시간을 가져 본다. 그래서 그 동안 정리하지 못한 자료들을 하나하나 정리를 하였다.

우리 검사장은 대형 차량들이 많이 들어 온다. 그래서 대형차 종합검사 시 럭다운 검사를 많이 한다. 2개월 쯤인가? 우리 검사장의 장비에 문제가 생겼을 때 우리 검사장에 왔다가 검사를 받지 못하고 다른 검사장에 가서 검사를 받은 고객 차량의 문제점에 대해 정리를 해보겠다.

다른 검사장에 간 고객한테 전화가 왔다. 이곳 검사장에서 정밀 배출가스 검사를 하는데 출력이 나오지 않는다고… 그쪽 검사원과 통화를 하였으나 특별한 문제점을 찾을 수 없었다.

예열은 순탄하게 넘어갔는 데 본 모드 풀 가속 시에 Pass 마력이 정격출력에 50%를 넘어야 하는데 간신히 30% 밖에 나오지 않는다고… 일반적으로 엑시언트는 마력이 잘 나오고 운전하는데 특별한 문제가 없는 무난한 차량이다. 어쨌든 그 곳 검사장에서 검사를 포기하고 다음날 우리 검사장으로 입고 되었다.

그래서 평소에 하던 대로 차량을 정렬하고, 예열 모드 OK 그리고 본 모드 진입 그리고 급가속 하였으나 엔진의 RPM이 액셀러레이터 페달을 밟는 순간 녹색 라인을 넘었다가 다이나모에 부하가 걸리는 순간 떨어지기 시작하더니 녹색 라인 RPM 이하로 유지했으며, 그로 인해 마력은 정격 출력에 30% 밖에 나오지 않았다.

결론은 출력 부적합, 그래서 엔진 진단기로 점검을 하였으나 특이점은 없었다. 어쩔 수 없이 고객한테 상황을 설명하고 차량을 수리한 후 다시 검사를 받으라고 이야기 하고 차량을 돌려보냈다. 그리고 그 다음날 차량을 수리했다고 하여, 다시 럭다운 검사를 진행하였다.

하지만 이번에도 앞전과 똑같은 증상으로 불합격되었다. 그래서 수리 내용을 물어보니 DPF 청소, 연료 필터 교체 등을 실시했다고 하였다.

본 이미지는 실제 문제의 차량과는 관련이 없다

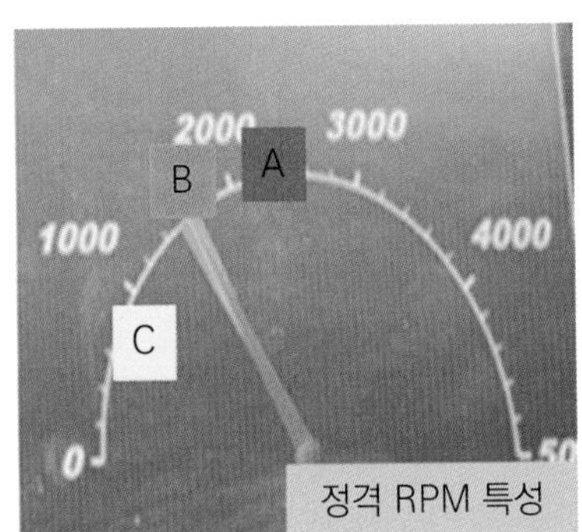

정격 RPM 특성

잘 알고 있는 내용이지만, 정상적인 차량들은 풀 가속을 하면 엔진 RPM이 A점까지 올라갔다가 다이나모에 부하가 걸리면 수정 마력이 올라가면서 B지점에 유지하며, 이때 정격 출력에 50% 이상 수정 마력이 검출되면 이 상태에서 매연의 측정이 진행된다.

하지만 이 차량은 풀 가속하면 RPM이 B위치에 머물렀다가 다이나모에 부하가 걸리면 C지점으로 떨어지고 이로 인해 수정 마력이 50%를 넘지 못해서 출력의 부적합이 발생되었다. 그리고 그 뒤로 3일 후에 이 차량은 재 입고되어 검사가 진행되었고 이번에는 정상적으로 출력이 나와 합격되었다.

2) 원인

원인은 엑시언트에 장착된 터보가 작동되지 않아 급가속 부하 조건에서 충분하게 공기를 과급하여 실린더에 넣어주어야 하는데 그렇게 되지 못해서 엔진이 출력을 내지 못했다.

럭다운 검사를 하다 보면 연식이 오래되었어도 출력이 잘 나오는 차량이 있는 반면에 연식이 얼마 되지 않았어도 힘이 없는 차량들이 있다. 물론 여러 가지 원인이 있겠지만 그 중 가장 큰 비중을 차지하는 문제는 DPF 막힘과 터보가 잘 작동되지 않아서 발생되는 문제점이 의외로 많다.

32 제동력 시험기와 타이어 수분으로 불합격된 차량

1) 내용

오늘은 제동력 시험기와 타이어 수분과의 관계에서 발생하는 제동력 편차 및 불합격에 대해 간단하게 이야기를 해 보겠다. 벌써 경험이 많은 검사원님들은 무슨 이야기를 하려고 하는지 감이 왔을 것이라고 생각한다.

필자가 이 곳의 대형검사장에 온지 얼마 되지 않아 눈에 익숙한 버스 한 대가 검사를 받기 위해서 검사장에 방문을 하였다. 가만히 보니 우리 동네에서 학생들을 통학시키는 대형 버스였다.

그날 따라 비가 내렸고, 노면 및 차량 타이어에 수분이 많이 묻어 있었다. 정밀 배출가스 검사 면제 차량이었고 그래서 큰 부담 없이 동료 선임 검사원이 ABS 검사를 진행하였는데 전륜은 제동력 합이 53%를 넘어서 통과했고, 후륜은 편차는 없는데 합이 40% 정도 나와서 불합격 처리되었다.

필자는 대형차량 검사를 시작한지 얼마되지 않은 초보라 선임 검사원이 하는 것을 지켜보았다. 당연히 고객을 불러 불합격 설명을 하고, 후륜 제동력이 부족하니 수리를 한 후 재검을 하라고 설명을 드리더군요.

고객은 어쩔 수 없이 대형부서로 차량을 이동시켜 차량을 점검을 했는데 그 결과 라이닝도 그렇게 문제의 수준은 아니라며, 고개를 가로 저었다. 하지만 드럼을 탈착한 상태라 고객하고 이야기 하더니 라이닝과 드럼을 교체 하였다.

고객은 오후에 학생들을 태우러 가야 하니 빨리 수리한 다음에 검사를 끝내고 가야 한다고 해서 서둘러 대형 부서에서 정비가 끝나자 마자 검사장으로 차량을 이동하여 제동력의 재검을 하였다.

그런데 이번에도 뒷바퀴는 전과 마찬가지로 40% 정도에서 제동력이 더 이상 나오지 않았다. 그러니까 선임 검사원이 고객한테 라이닝을 교체해서 제동력이 잘 나오지 않으므로 몇 칠 주행하고, 다시 오라고 말하고 고객을 돌려 보냈다.

그 뒤로 가만히 지켜보니 비 오는 날이나, 바닥이 물에 젖어 타이어에 물기가 묻어있으면 특히 중량이 많이 나가는 차량들은 제동력 합이 50%를 넘지 못해서 불합격되는 차량이 많았고 특히 어떤 날은 검사장 입구의 처마에 고인 물이 공교롭게도 검사장 진입 라인의 우측에 떨어져 차량이 진입 시에 오른쪽 바퀴가 물에 묻은 상태에서 제동력을 계측하는 날은 중량이 조금 무거운 차량들은 8% 오버 제동력 편차로 불합격 되었다.

본 이미지는 실제 문제의 차량과는 관련이 없다

가만히 몇 대를 지켜보니 모두가 좌측 제동력이 많이 나오고 상대적으로 우측 제동력이 적게 나와 그 차이가 8%를 넘어서 불합격된 차량들이었다. 그러자 선임 검사원은 평소 익숙해진 답변으로 고객한테 편차가 많이 나오니까 근처 공장가서 라이닝 간극을 조정하고 오라고 이야기하고 고객을 돌려 보냈다. 그렇게 문제된 차량들이 다음날 들어 오면 제동력이 정상으로 계측되어 합격 되었다. 당연한 결과이다. 그 다음날은 통상 바닥에 물기가 말라서 멀쩡한 경우가 많았다. 그밖에 말하지 못하는 속편도 많지만 교육 목적에는 도움이 되지 않으므로 이 장에서는 여기까지만 이야기 하겠다.

2) 원인

무엇이 문제인지 이유야 모르겠고, 검사원은 시험기에서 계측된 값이 규정치를 넘지 않았기 때문에 판정 PC가 자동으로 불합격을 판정한 것이므로 아무런 문제가 없다. 그렇다고 검사원이 브레이크 페달을 덜 밟는 것도 아니고, 이렇게 생각 하는 검사원은 없을 것이다. 검사원은 차량에 타서 브레이크 페달을 밟고 제동력을 계측한 뒤 그 값이 부적합 값인지 판단을 하고 문제가 없을 경우 최종적으로 부적합 판정을 하여야 한다.

상기와 같은 상황 즉, 타이어와 제동 롤러에 수분이 묻어있으면 이 상태에서 계측된 제동력은 신뢰성이 떨어지므로 검사원은 제동력 검사 시 바퀴와 롤러 사이의 슬립을 육안으로 관찰하여 판단한 뒤 불합격 판정을 해야 한다. 그리고 고객에게 그 사유를 잘 설명하고 고객이 오판하여 추가적인 정비 비용과 시간을 낭비하지 않도록 해야 한다.

주요 원인 중 가장 큰 문제는 축중이 많이 나가는 차량은 제동력도 축중과 비례하여 상승한다. 하지만 롤러와 타이어에 물이 묻어있으면 브레이크가 정상으로 작동되어 타이어가 “꽉” 잡혀서 꼼짝을 하지 않아도 타이어와 롤러 사이의 수분에 의해서 마찰계수가 낮아져 롤러가 헛돌아가는 현상이 발생되면 로드 셀에 힘이 더 이상 가해지지 않아 제동력의 측정이 정상적으로 되지 않는다. 미끄러운 노면에서 브레이크 작동 시 바퀴가 쉽게 로크 되어 회전하지 않아도 제동거리가 길어지는 원리와 같다.

이러한 상태에서 계측된 값들은 정상적인 제동력의 측정값이 아니므로, 검사원은 이를 나름에 기준을 가지고 판단을 하여야 한다. 그래야 고객에게 검사에 대한 신뢰를 쌓을 수 있고 불필요한 비용과 시간의 낭비를 막을 수 있다.

3) 대응

아래 참고 기준은 타이어와 제동력 시험기에 물기가 묻어 있는 경우에 한해서만 적용한다.

(1) 정상적으로 제동력이 나오는 차량 → 합격 처리

(2) 정상적으로 나오지 않는 차량(제동력 합 또는 편차)

바퀴를 제동 시에 제동 롤러와 타이어 상태를 유심히 관찰을 한다. 바퀴가 롤러와 함께 회전한다면 이 차량은 근본적으로 브레이크 상태에 문제가 있는 차량이다. → 불합격 처리 → 수리 후 재검

(3) 제동 시에 타이어는 “꽉” 잡혀 있고 돌지 않는데 롤러만 돌아가는 경우는 일반적으로 다음처럼 의심해 보아야 한다. 특히 중량이 많이 나가는 차량은 판단이 생각보다 쉽지 않다.

이러한 경우 단순한 판단보다 그 동안 경험과 사례를 기준으로 판단을 하여야 한다. 일단 제동 시 시험기에서 측정한 제동력을 참고하여 판단을 한다. 즉, 차량의 중량별로 조금씩 차이는 있지만 제동력의 합이 40% 근처에 나오는 차량들은 일반적으로 정상적인 날씨에 방문하면 50%를 무난히 넘어서 합격을 한다.

그러므로 이런 차량들은 고객한테 이야기하여 노면에 물기로 인해 제동력의 계측이 잘 되지 않으니 맑은 날 다시 측정할 것을 권고하여야 한다. 그리고 문제가 있으면 그때 정비를 하고 재검을 받을 수 있도록 하여야 한다.

그리고 눈이 심하게 와서 타이어 또는 제동 롤러에 눈과 얼음이 타이어 홈을 메우고 얼어 있는 경우 타이어가 돌지 않는데 제동력의 불합격이 나오면 판정을 보류하고 고객한테 정상적인 날 재측정 할 것을 권고하기 바란다.

4) 교훈

상기의 내용을 보고 너무 교과서 적이라고 할 수도 있지만 어떤 말인지 충분히 이해를 한다. 그리고 어떤 이야기를 하고 싶은지도 알지만 교재에서 그런 이야기를 모두 다룰 수는 없다. 여기서의 주요 핵심은 계측기 상에 수치도 중요하지만 그 값이 문제가 있는 환경에서 계측된 값이라면 그것에 합당한 조치하기를 바라는 마음에서 언급한 것이다. 거기까지가 검사원의 역할이다. 그렇기 때문에 자동차 검사를 완전히 기계한테 맡기지 못하고 검사원이 그 자리에 앉자 있는 것이다.

※ 타이어에 물기 또는 눈 등 이물질이 묻어 있는 차량은 다음과 같은 방법으로 검사하면 나름 도움이 된다.

- ▶ 제동력 측정 전에 리프트를 내리고 수동 모드에서 롤러만 돌려서 바퀴와 롤러 사이의 수분을 압축공기를 이용하여 제거해 준다. 또는 마른 천으로 조심해서 회전하는 바퀴에 수분을 닦아 준다.
- ▶ 종합검사(부하검사) 차량인 경우 정밀 배출가스 검사를 먼저 시행하고 타이어에 물기가 제거되면 제동력 검사를 진행한다.
- ▶ 제동력 측정 전 또는 중간에 긴 에어 건으로 바퀴와 롤러 사이에 눈 및 수분을 불어내고 측정하면 어느 정도 효과가 있다.

33 DPF 차량 배출 수분과 매연

1) 내용

필자가 있는 검사장은 현대 상용차 블루핸즈 내 위치한 종합검사장으로 대형차량의 검사를 많이 한다. 그러다 보니 다른 검사소에서 매연이 불합격된 현대 차량들이 수리를 받으러 종종 방문한다.

5월 쯤에 2015년식 마이티 한 대가 지정 검사소에서 매연의 불합격으로 입고되었다. 엔진 담당 정비사가 차량의 점검을 끝내고 검사장에 와서 차량은 멀쩡한데(배압 정상, DPF 크랙 상태 없음, 출력 양호) 왜 불합격되었는지 모르겠다고… 그래서 결과표를 보니, 1모드 55%, 2모드 33%, 3모드 20%(규정 : 15%)로 불합격된 차였다.

그래서 이상하다 생각하고 대형 다이나모에 올려 다시 검사를 해보니, 1~3 모드 0%, 그래서 DPF 후단 머플러 상태를 보니 정말로 깨끗한 차량이었다. 그 정도 매연이 나오는 차량들은 일반적으로 머플러 후단에 카본이 쌓여 있는 것이 정상이다. 결론은 매연 검사 시 머플러에서 나오는 물 때문에 문제가 된 것으로 판단하였다.

뭐! 추가적인 부연 설명은 하지 않겠다. 차량은 차량 점검비용에 관련된 공임을 받고 돌려보냈다. 다시 재검 받으시라고, 물론 차량의 대수가 많은 날은 정말로 정신이 없다. 기계가 판정한 대로 그냥 불합격 판정하는 것도 좋지만 고객의 입장에서 생각해보면 좀 더 세심한 확인이 필요할 것 같다.

특히 겨울철 럭다운 검사를 하다 보면 난감할 때가 많다. 배기가스에 수분이 섞여 나와서 매연 측정기 안으로 들어가 광투과율을 저하시켜 매연으로 계측되기 때문이다. 다행히도 그 양이 적어서 합격이 되면 다행이지만 불합격 되면, 불합격 판정하고 고객에게 정비를 한 후 재검을 받으라고 하거나 아니면, 다시 검사를 해야 한다.

그렇다고 바쁠 때는 정신없이 차량이 몰려오는데, 그 차량에만 매달려 검사를 할 수 만은 없는 게 현실에 한계이다. 이 문제는 현재 매연 측정 장비로는 해결될 수 있는 문제가 아니며, 몇 가지 수분 분리기를 설치해야 된다는 의견과 이야기가 나왔지만 현재로써는 모두 불허된 상태이다.

그렇다면 어떻게 해야 할까요? 검사원마다 가지고 있는 나름대로의 기준으로 이 문제를 완벽하고 정확하게 할 수는 없지만, 멀쩡한 차량을 불합격 판정하여 고객이 재검을 받기 위해 돈과 시간을 낭비하는 일은 최소화시켜야 한다. 그래서 나름대로 기준을 가지고 검사를 한다면 완벽하지는 않아도 어느 정도 합리적인 검사가 될 것이라고 생각 한다.

본 이미지는 이해를 돕기 위한 사진이다.

2) 대응

다음 사항은 정답도 아니며, 그 동안 상기와 같은 문제를 접하면서 필자가 정한 DPF가 장착된 차량들에 대한 나름의 검사 기준이다. DPF 차량은 실제적으로 정상 작동을 한다면 0% 매연 측정이 가능하다. 하지만, 그 반대로 매연이 아닌 수분 때문에 매연의 허용치를 넘어서 불합격 판정이 되기도 한다.

(1) 매연 프로브를 장착할 때 소음기 끝단의 상태를 보면 이 차량의 평소 매연의 배출상태를 어느 정도 확인 할 수 있다.(완전히 깨끗한 차량부터 ↔ 심하게 그 으름이 있는 차량으로 나름 경험치에 따른 등급을 매길 수 있다)

(2) 예열 모드 수행할 때 배출되는 매연의 상태를 보고, 매연 측정치가 높으면 상기 소음기 끝단의 오염 정도와 반대되는 현상이 나타나는 차량들은 예열이 끝나면 차량을 멈추고 측정기에 연결된 매연 측정기 호스 상태 및 매연 측정기 광투광부의 수분 상태를 확인 하여야 한다.

만약 별도의 수분이 확인되지 않는다면 다시 호스를 끼우고 본 모드에 진입하여 매연을 계측하고 그 결과로 판정을 한다. 그런데 광 투광부에 수분이 검출되어 그 값이 측정치의 판단에 문제를 일으킬 수 있다고 판단되면 본 모드 진입에 앞서 압축공기로 프로브와 매연호스 내 수분을 불어내고 아이들 상태에서 완만한 가속을 통해 소음기 내 수분을 어느 정도 건조시킨 상태에서 검사를 다시 시작하여야 한다.

하지만 어떤 차량들은 생각보다 수분의 배출이 많이 된다면 이 차량은 검사장에서 이동하여, 고객의 동의하에 수분을 충분히 건조시킨 후 다시 집어넣어 검사를 진행하여야 한다. 물론 현실에서는 이런 부분들이 모두 통용되지 않는다는 것을 잘 알고 있지만, 이러한 최소한의 기준과 성의없이 잘못된 결과를 가지고 매연의 부적합을 난발하는 것도 문제가 있으며, 때로는 고객의 불만과 민원으로 이어져 낭패를 보는 경우가 발생한다.

민원을 접수하는 시청 공무원 입장에서야 이런 사소한 내막까지 이해를 하지 않기 때문에 불법 검사로 판단하고 지도 점검을 나올 수 있다. 지도 점검이 나오면 민원인이 제기한 것도 확인하지만 검사장 전반에 걸친 내용까지 뒤집기 때문에 생각하지 않는 곳에서 문제가 발생할 수 있다.

여기서의 정답은 없다. 이러한 사례를 통해서 아무 생각 없이 대응하는 것보다 나름에 기준을 정하고 업무에 임한다면, 좀 더 신뢰성이 있는 자동차 검사가 될 수 있다고 생각한다.

34 K7 차량과 배터리 점퍼시동

1) 내용

2021년 1월 4일 새해 첫 근무 날에 액땜한 이야기를 간단하게 정리해 보겠다. 역시 사람은 신이 아닌 이상 어쩔 수 없이 인간이고 그렇기 때문에 실수를 한다. 그래서 항상 자만하지 말고 겸손하게 차분히 업무를 수행해야 한다는 각오를 마음 속에 되새겨 본다.

새해 첫 출근 날 아침부터 차량들이 입고되기 시작하였다. 뭐 새해부터 검사를 받으면 올해 차량에 문제가 없다는 설 때문인지는 몰라도 여하튼 평소보다 바쁘게 오전을 끝내고 오후에도 한 두대씩 꼬리를 물고 검사장 앞으로 왔다. 그때 K7 검정색 렌터카가 입고 되었고, 대형차 앞·뒤 사이에 줄을 세웠다. 먼저 입고된 차량들부터 순차적으로 검사를 해야 되기에 K7 차량은 관능검사를 한 후 엔진 시동을 OFF시켰다.

대형차량들의 검사가 끝나고 K7 검사를 하기 위해 스마트키 시동을 걸었는데, 키 인식이 되지 않았고 그래서 키를 버튼에 직접 갔다 대고 시동을 걸었지만 IG 온 상태에서 스타터 모터가 돌지 않았다. 차량들은 밀려있는데 이놈에 차량은 끔적도 하지 않아 급하게 소형부에 연락하여 진단을 해보니 배터리가 방전된 것 같다고, 여하튼 소형부에서 가지고 온 배터리로 점퍼를 했지만, ㅋㅋㅋ 대장간에 칼이 녹슨다고 배터리가 충전이 되어 있지 않아 시동을 걸지 못했다.

배터리 충전기가 고장이 나서 몇 일째 충전을 못했다고~ 헐… 소형부 엔지니어는 일이 급하다고 가고 어쩔수 없이 주차장에서 본인의 차량을 가지고 와서 배터리에 점퍼를 하였다. 배터리 점퍼.. ㅋㅋㅋ 눈감고도 한다. 그런데 점퍼 선을 연결할 때 K7 차량의 단자에서 약간의 스파크가 발생하였다. 좀 이상했지만 방전된 배터리에 점퍼를 연결하니까 충전 전류가 크게 흘러서 그러겠지 하고, K7에 올라타서 시동을 걸었는데 전혀 IG도 켜지지 않았다. 그리고 열어 놓은 보닛 사이로 배터리 단자에서 흰 연기가 피어오르고 있었다.

본 이미지는 실제 문제 차량과는 관련이 없습니다.

순간 이상하다 생각하고 있는데 차량 옆에 서있던 고객이 배터리 단자 상태를 보더니 바로 점퍼 선을 해체 하였다. 알고 봤더니 배터리 극성이 서로 다르게 점퍼 케이블이 연결되어 배터리 단자 간 합선이 발생되었던 것이었다.

순간 멍~하고 황당했지만 다시 점퍼 선을 정상적으로 연결하고 시동을 걸었는데 이번에는 엔진 스타트 모터는 돌아가는데 시동이 걸리지 않았다. 좀 당황스러웠지만 엔진룸 퓨즈 박스를 열고 점검해 보니 연료계통 20A 퓨즈가 나가서서 교체하고 나니 시동이 걸렸다.

시동이 걸렸으니 검사를 진행하고 배터리 문제는 검사 끝나고 고객한테 알려주기로 하였다. 그런데, 차량을 운전하려고 핸들을 돌리자 시동이 바로 꺼지고 말았다. 이상하다 배터리가 덜 충전되어 있어도 알터네이터가 정상으로 작동되면, 문제는 없는데, 알터네이터 문제인가 하고 확인을 해보니 알터네이터에서 배터리로 연결되는 200A 메인 퓨즈가 끊겨 있었다.

아마도 배터리의 점퍼를 잘못했을 때 전기 합선으로 나간 것 같았다. 그러니까 알터네이터의 전류가 차량에 공급되지 않은 상태에서 차량에 전기부하(핸들을 돌리자 EPS 작동)가 증가하자 시동이 꺼진 것이었다.

진짜 새해 첫 근무 날부터 이게 무슨 일인지 모르겠지만 아무래도 오늘은 필자의 눈에 무엇인가 씌워져서 그런가보다 하고, 위안을 삼았지만 여태껏 오래도록 자동차 일을 하면서 이런 일은 처음이었다. 나이 탓이라고 해야 할까? 그러기에는 좀 서글프고, 정말로 어이없는 하루였다.

그리고 차량은 고객에게 이야기해서 소형부로 이동하여, 손상된 퓨즈와 배터리를 교체하고 검사장으로 이동하여 검사를 마무리 하였다. 그런데 검사장에서도 ABS 검사를 분명히 끝내고 배출가스 검사를 했는데 판정 PC에서 확인을 해 보니 ABS 검사의 데이터가 빠져 있었다. 이런… 매일 밥 먹듯이 하는 일인데 하필이면, 오늘 이 차량에서 이런 문제가 참 할 말도 없고, 다시 차량을 후진하여 ABS 검사를 마무리하고 데이터 전송을 한 뒤 검사를 마무리 하였다.

오늘은 일이 꼬여도 계획적으로 꼬이는 황당한 날이었다. 그래도 감사하다. 배터리 점퍼를 잘못하면 엔진 ECU도 나갈 수 있는데 다행히도 이 차량은 퓨즈만 끊어진 것으로 마무리 되어 그나마 위안을 삼았다.

2) 교훈

이번 일을 통해서 대형 초보 검사원으로 입문하여, 이제는 업무를 마스터 했다고 자부하고 있을 때 전혀 예상치 못했던 이번 일을 통해서 잠시 본인의 일처리 방법 및 “빨리, 빨리” 해야 한다는 업무 습관에 대해 반성하고 돌아볼 수 있는 계기가 된 것 같다.

사실 인간이기 때문에 누구나 실수와 오판을 한다. 하지만 평소 올바른 생각과 행동 그리고 이를 뒷받침하는 지식을 가지고 있다면 업무를 추진하거나 또는 일상생활에서 그만큼 실수를 줄일 수 있으며, 혹여나 잘못된 실수가 발생되어도 그에 따른 손실은 최소화 되지 않을까 생각한다.

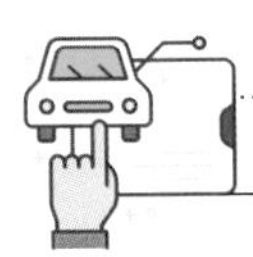

35 수동모드 표시가 되지 않는 트라고 차량과 럭다운

대형차량을 검사해 본 검사원들은 다 알고 있는 내용이지만 대형차량 검사에 입문을 하거나 준비 중인 사람들을 위해서 간단하게 정리를 해보겠다.

대형차량들 중에 세미오토 변속기를 사용하는 차량이 있다. 이 차량들은 운전자가 수동M·자동A를 선택 할 수 있으며, 선택 된 모드는 통상 클러스터에 표시가 된다. 그런데 모든 대형차량들이 정상적으로 문제없이 검사장에 입고되는 경우도 있지만, 차량의 관리가 잘 되지 않은 차량도 종종 검사를 받으러 온다.

엔진과 브레이크만 문제없으면 일단은 끌고 다니는데 문제는 없으므로 바빠서 그런지 아니면 돈이 없어서 그런지 이유는 잘 모르겠지만, 여하튼 봄비가 내리던 어느 봄날 트라고 ZF 12단 세미 변속기를 장착한 차량이 종합검사를 받으러 입고되었다. 한 두번 검사한 차량도 아니고 가볍게 ABS 검사를 끝내고 정밀 배출가스 검사를 위해 차량을 대형 다이나모에 세팅하고 예열 모드를 진행하기 위해서 변속기 레버를 수동으로 밀었다 놓았는데, 클러스터에 아무런 표시가 없었다.

순간 당황했지만 클러스터를 보니 수동·자동을 표시하는 액정이 손상되어 변속레버를 수동으로 당겼다 놓아도 표시가 되지 않는 것으로 판단을 하였다. 가만히 생각해 보니 IG를 리셋하면 대부분의 변속기는 오토 모드로 초기화된다. 이 상태에서 레버를 한 번만 당겼다 놓으면 수동 모드로 넘어가고, 다시 당겼다 놓으면 자동으로 넘어간다. 클러스터에 디스플레이가 되지 않아도 수동 모드 위치 선택이 가능하다. 여하튼, 이 방법을 이용해서 수동으로 선택한 후 정상적인 럭다운 검사를 마무리 하였다.

본 이미지는 실제 문제 차량과는 관련이 없습니다.

36 검사장 피트(Pit) 사고와 검사원

1) 내용

연초 들어 어제와 오늘은 아침의 날씨가 영하 18℃를 기록하였다. 날씨가 추워서 그런지 검사 차량들이 덜 입고되어 그나마 다행이지만 가끔씩 입고되는 대형차량들은 제동력 부족으로 추운 날 곤욕을 치르고 있다. 타이어와 제동력 시험기의 롤러 사이에 얼음과 눈이 박혀 있어 바퀴의 제동력에 문제가 없어도 타이어가 회전하는 롤러를 잡지 못하고 미끄러져 제동력의 합이 50%를 넘기기가 쉽지 않다. 소형차량은 그나마 롤러에 올려 놓고 마른 천으로 타이어의 물기를 닦으면서 재 측정하면 시간이 좀 걸려도 Pass 되지만, 대형차량들은 축중이 높아 요구하는 제동력도 상대적으로 높은데 타이어와 롤러가 미끄러져 제동력의 합이 잘 나오지 않는다.

그런데 제동력을 측정해야 하는 축이 3축, 4축이다 보니 일일이 바퀴를 닦아서 제동력 측정할 수는 없고 어쩔 수 없이 그나마 타이어 상태가 좋아서 몇 번 재측정으로 넘어가는 차량은 합격, 그렇지 못한 차량은 고객에게 상황을 설명하고, 날씨 좋은날 다시 한 번 오라고 말씀 드리고 돌려보낸다. 환경에 따른 현재의 제동력 시험기가 가지고 있는 한계 상황이다.

잠시 이야기가 다른 곳으로 빠졌다. 오늘 이야기 하고자 하는 내용은 우리 소장의 이야기다. 뭐 대부분의 검사장에서 자동차의 하체를 점검을 하기 위해서 피트가 차량 진입라인 중간에 설치되어 있다. 검사장마다 조금씩 차이는 있지만 우리 대형 검사장의 피트는 가로 : 8m, 세로 : 0.8m, 깊이 : 1.4m이다. 이렇듯 검사장 중앙에 커다란 웅덩이가 있으며, 상부는 통상 오픈되어 있다. 그러다 보니 검사원 또는 검사장에 아무 생각없이 들어온 고객이 피트에 빠져 상해를 입는 사고가 종종 발생한다. 하지만 현재까지 이 피트를 대체할 장치나 기구가 없다보니 대부분 검사장들이 현 상태를 유지하고 있는 상황이다.

우리 소장님이 이곳 검사장에 오기 전 경기도 K 검사장의 검사원으로 있을 때 피트에 빠져 상해를 입고, 병원에 입원한 뒤 산재처리 후 회사를 사직하게 된 내용이다.

사고가 발생한 그날은 평소보다 검사차량이 많지 않았는데 점심식사 하고 오후 되니까 갑자기 차량들이 밀려들어오기 시작하였다. 그래서 소장님도 정신없이 줄서 있는 검사라인 앞쪽의 차량을 확인하고 있는데, 갑자기 사장님이 검사장 밖에서 무슨 일인지 모르지만 큰 소리로 호출을 하였고, 그러다 보니 바쁜 마음에 정신없이 습관적으로 달려가다가 그만 피트에 한 쪽발이 빠지면서 그대로 피트 바닥에 떨어져 허리와 얼굴 그리고 앞 치아가 크게 다쳤다.

119가 출동하고, 병원에 입원하여 산재 처리를 하였다. 아주 "짧은 순간"에 엄청난 일이 벌어졌지만 그 누구를 탓 할 수도 없는 노릇이었다. 병원에서 퇴원하니 바로 사직 처리 되었고, 그래서 조금 더 몸조리하고 다른 검사장에 취업은 했지만 몸 상태는 예전 같지 않았다.

2) 교훈

대부분의 검사원들이 업무를 하면서 피트와 관련된 좋지 않은 사고들이 종종 발생한다. 필자 또한 대형차량의 하체 점검을 위해 피트에 들어갔다가 이마를 부딪쳐 죽다 살아났으며, 한번은 배기가스에 머리를 태운 적도 있다.

우리 검사원들은 산속에 멧돼지보다 피트가 더 무섭고 위험한 것은 사실이다. 그러므로 언제나 피트에 대한 경각심을 가지고 업무에 임해야 하며, 특히 신입 검사원들에게는 충분한 안전교육이 필요하다. 또한 검사장 내에서 휴대폰으로 통화를 하면서 일을 하거나, 이동하는 행동은 절대로 해서는 안 된다.

37 대형 동력계 V 벨트 소음과 벨트 교체

최근 들어 눈도 많이 오고, 날씨도 엄청 추워졌다. 검사장에 있다 보면 늘 하는 이야기 중 하나가 검사원이 조용하면 장비가 말썽이고, 장비가 문제없으면 검사원이 문제가 생긴다는 이야기를 종종 하곤 한다. 이 이야기를 직역 하면 검사장이 조용한 날이 별로 없다는 말을 빗대어서 표현한 말인 것 같다.

몇 칠 전 날씨가 추운 날 아침에 대형 동력계 일일 점검을 하기 위해 코스트다운 검사 전에 장비 예열을 시작했다. 그런데 롤러가 회전하면서 소음이 들리기 시작했다. 끼이익~ 끼~~익 소리는 처음에 커지다가 시간이 지나면 조금씩 작아졌다.

예열 후 장비 근처에 가면, 고무가 타는 냄새가 나기 시작했다. 이상하게 생각하고 직감에 모터에서 롤러를 돌리기 위해 설치된 V벨트에 문제가 있는 것으로 판단하고 커버를 열고 확인해 보니 V벨트의 장력이 느슨해져 있었고, 총 4개의 벨트 중 1개는 풀리에서 빠져 있었다.

장비는 설치한 뒤 5년 되었고 그 동안 검사원들이 한 번도 장력 점검 및 조정을 하지 않았다. 하기야 1년에 한 번씩 검사원이 바뀌는데 어느 검사원이 장비관리를 제대로 관리를 했을까? 그전에 조금씩 문제가 있다가 최근에 심하게 추워지면서 롤러의 부하가 커지고 그로 인해 벨트가 힘을 전달하지 못하고 슬립을 하면서 발생된 문제였다.

일단 손상된 벨트를 모두 빼내고, 그 중 한 개를 가지고 벨트 판매 전문점에 가서 동일한 규격으로 사다가 교체를 하였다. 참고로 벨트를 교체할 때 우리가 사용하는 동력계는 모터 고정 볼트 4개를 풀고 모터를 움직여서 벨트의 장력을 느슨하게 한 다음에 벨트를 교체 후에는 다시 모터의 몸체를 텐션 방향으로 당겨서 벨트의 텐션이 적당하게 당겨지면 이 상태에서 모터

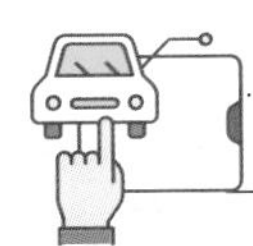

의 고정 볼트 4개를 조이는 방식이다.

그리고 모터를 텐션 방향으로 당길 때 생각보다 모터의 무게가 커서 잘 움직이지 않는다. 그래서 모터 측면을 보면 모터를 당길 수 있는 텐션 볼트 2개가 설치되어 있다. 이때 설치된 텐션 볼트의 원리를 잘 이해한 다음에 작업을 하면 쉽게 할 수 있다.

순서는 다음과 같다.

(1) 모터 다이에 설치된 고정 볼트 4개(슬롯 홈 있는 볼트)를 적당히 푼다.

(2) 텐셔너 고정 볼트의 록킹을 해제하고 모터를 움직여 벨트의 장력을 느슨하게 한다.

(3) 벨트를 탈거하고 신품의 벨트로 교체를 한다.

(4) 텐셔너 조정 볼트를 이용하여 모터를 이동시켜 벨트의 장력을 적당히 조정한다. 조정이 완료 되었으면 모터 다이에 설치된 고정 볼트를 조이고 마지막으로 텐셔너 조정 볼트에 록킹을 체결한다.

38 타타 대우 상용차와 무부하 급가속 차량

오늘은 대형차량 부하검사에 관련된 내용을 간략하게 적어보겠다. 소형차량도 마찬가지지만 대형 차량들도 종합검사 시 부하검사 대상과 무부하 검사 대상이 정해져 있다.

대형차량 종합검사의 경험이 많으면 이런 문제는 크게 걱정하지 않아도 되지만 이런 차종들이 수시로 업데이트되기 때문에 새로운 정보를 가지고 있지 않으면 경험 많은 검사원들도 당황스러울 때가 많다. 대형차량들도 ASR(TCS) 기능이 있으며, 부하검사 전에 이를 해제하고 검사를 진행하여야 한다. 해제 방법에는 ASR 버튼을 눌러서 해제하거나 그렇지 않은 차량은 퓨즈 박스에서 관련 퓨즈를 제거해야 검사가 가능하다.

물론 이전에 이 차량이 부하검사 대상인지 아니면 무부하 검사 대상인지 관련 자료에 의해서 판단하고 배출가스 검사 방법을 정해야 한다. 잘 알겠지만 부하검사 대상 차량을 무부하로 검사해서는 안 되며, 감사에 걸리면 문제가 된다. 또한 무부하 검사 차량을 부하검사 한다고 열심히 다이나모에서 운전을 하다가 차주들하고 신경전을 벌이는 일도 발생한다.

그렇다고 부하 검사, 무부하 검사 차량이 등록증에 적혀 있는 것도 아니고 설사 관련 자료를 찾았다 하더라도 두리 뭉실한 경우가 많다. 물론 한 번 경험해 본 차량은 문제가 없지만 새로 추가된 차량이나 신규 차량의 검사 시 종종 황당한 일들이 발생한다.

다음은 필자가 겪은 사례 담을 정리해 보겠다. 아침에 추웠던 날씨가 오후 들어 풀리더니 타타 대우 프리마 420PS 탱크로리 차량이 검사를 받으러 입고되었다. 직관적으로 대우 차량들은 무부하 대상 차종들이 많아 대우 차량이 입고되면 가지고 있는 자료와 원동기 형식을 비교하여 부하모드 선정을 한다.

그런데 이 차량은 이번이 첫 종합검사 차량이고 자료를 보니 자료상으로는 무부하 검사 대상이었다.

본 이미지는 실제 문제의 차량과는 관련이 없다.

■ **검사 대상차량 원동기 형식 : F3GFE611D / 2018. 7.11 제작**

■ **무부하 검사 대상차량**

F3GFE611A	양산시점 18년 1월 15일 부터	18년 5월 30일~	480/1,900	
F3GFE611B			460/1,900	
F3GFE611D			420/1,900	무부하 급가속

원동기 형식도 동일하고 양산 일정도 무부하 검사 대상에 해당되어 무부하 검사(급가속)를 진행하였다. 그런데 왠지 의구심이 들었다. 속도계 검사(40km/h) 도 별 문제없이 끝냈고 진짜로 부하검사가 안 되는 차량인가 하는 의구심에 차량을 대형 다이나모 위에 올려 놓고 무부하 상태로 진행해 보았다. 그런데 큰 문제없이 80km/h까지 주행이 가능했다.

순간! ~ '어 내가 검사 방법을 잘못 선택했나' 생각하고 잽싸게 판정을 취소하고 다시 부하모드로 바꾸어서 검사를 진행하였다. 그런데 아까 하고는 좀 이상한 현상이 발생하였다.

롤러에 부하가 걸리자 엔진의 반응이 느려졌고, 수동변속으로 한 단씩 올리면서 액셀러레이터 페달을 Full 밟았지만 40km/h를 넘기가 쉽지 않았다. 다이나모에서 후륜 2바퀴만 돌아가는 것을 감지한 엔진 ECU가 일정량 이상의 연료가 들어가지 않도록 컷 하는 느낌이 들었다. 어쩔 수 없이 검사를 중단하고 다시 무부하로 검사 방법을 바꾸어서 검사를 마무리 하였다. 여하튼 이번 일을 계기로 돌다리도 확인하는 계기가 되었지만 왠지 모를 씁쓸함은 감출 수가 없었다.

2) 교훈

이번 일을 통해서 정확한 정보와 시스템의 이해가 중요하다는 것을 다시 한 번 느꼈다. 단순한 생각에는 타타 대우 상용차량의 일부 차종이 최고속도 제한장치 임의 해제를 방지하기 위해서 2바퀴만 구동 시에는 차량의 속도가 상승하지 않도록 일정 차속 이하로 제한할 것이라고 생각했는데 그게 아니고 연료 분사량을 액셀러레이터 페달을 밟는 양과 별도로 일정량 이상 제한하여 엔진의 출력을 다운시키는 기능으로 수행하는 방식이었다.

그러므로 비록 2바퀴만 돌아가도 바퀴에 부하가 걸리지 않으면 일정 차속은 문제없이 나온다. 즉, 무부하 검사인 차속으로만 검사한다면 이 차량은 80km/h까지 출력이 된다. 그런데 실제 도로와 다이나모 검사 시에는 부하가 걸리므로 이 부하로 인해 정상적인 출력과 차속이 나올 수 없으므로 정밀 부하검사를 진행 할 수 없다.

F4AE3681D	2008년 01월 01일 ~ 2010년 9월 30일	251/2,700
F4AE3681	2010년 01월 01일 ~	260 / 2,500

상기 엔진의 형식은 보편적으로 널리 알려진 타타 대우 상용차량의 무부하 급가속 검사 차량이다. 물론 엔진의 형식과 제작년도가 조건에 맞는 차량에 한한다. 이 밖에 추가되는 차량들은 기존에 업데이트된 자료를 다운받아 업무에 활용하기 바란다.

그리고 처음 해보는 차량인 경우 정확한 자료를 찾아서 그 기준에 맞도록 검사를 하여야 하며, 필요하면 빔스의 자동차 종합정보에 들어가 이 차량이 그 전 검사소에서 어떤 방법으로 정밀검사를 했는지 확인해 보는 것도 한 가지 방법이다.

특히 이때 영업용 차량들은 번호판이 동일해도 다른 차량일 수도 있으니, 꼭 차량번호와 차대번호가 동일한 차량인지 확인하기 바란다. 만약 차대번호가 틀린다면 다른 차량이므로 이를 참고하면 안 된다.

39 엑시언트 P520 차량과 럭다운

엑시언트 P520 카고

1) 내용

오늘은 대형차 부하검사 중 럭다운 검사를 진행하다 보면 교본대로 되지 않는 이상한 차량들이 한두 대씩 있다. 그 중에서도 엑시언트 P520 12단 세미 변속기 차량에 대해서 이야기를 해 보겠다.

날씨가 추웠다가 갑자기 따뜻해진 어느 날 오후 겨울비가 촉촉이 내리고 있을 때 엑시언트 카고 트럭이 검사를 받기 위해 입고되었다. 접수를 하고 보니 종합검사 차량으로 정밀 배출가스(럭다운) 검사대상 차량이었다. 정상적으로 ABS 검사를 끝내고 부하 검사를 위해 대형 다이나모에 차량을 안착시키고 검사를 진행했다. 상기 차량의 제원은 520PS/1,700RPM으로 260마력이 나와야 본 모드 진입이 가능한 차량이다.

엑시언트 한 두번 해본 것도 아니고 가볍게 8단에서 예열을 마치고 다시 가속하여 9단에서 본 모드 진입을 시도하였다. 수동 9단에서 64km/h를 넘어 차 속을 유지하자 급가속 메시지가 나오고 그래서 풀 가속을 하자 마력은 260마력을 훌쩍 넘었지만 엔진 RPM이 1,700RPM으로 떨어지지 않아 1모드 진입이 되지 않았다.

한참을 유지하다 어쩔 수 없이 액셀러레이터 페달의 밟는 양을 조절하면 급속히 마력이 떨어지고 다시 마력을 올리면 RPM이 높아 1모드 진입이 안 되고, 통상 다이나모가 부하를 걸어서 마력을 올리고 RPM을 떨어뜨려야 하는데 지금 상황에서는 이게 통하지 않았다. A위치 RPM에서 정격 마력이 형성되어야 1모드 진입이 가능하다. 그런데 이 차량은 B위치 RPM에서 정격마력이 나오므로 1모드 진입이 되지 못하는 경우이다.

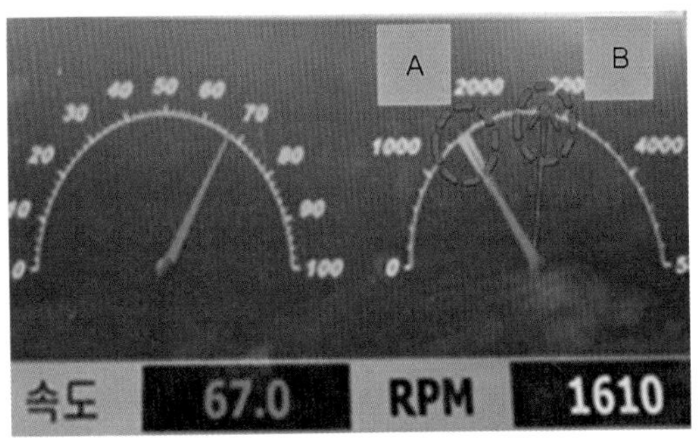

2) 대응

본 이미지는 실제 문제의 차량과는 관련이 없다.

이런 경우는 통상 다이나모 롤러의 부하를 증가시키면 마력이 올라가면서 엔진 RPM이 떨어진다. 그래서 1모드 진입 시 정격 출력에 50% 이상 마력을 유지하면서 엔진 RPM이 정격 출력 RPM 범위에 들어와야 1모드 진입이 가능하다.

이런 차량들은 가속 조건에서 다이나모 부하가 부족해서 발생되는 현상으로 장비에 따라 그 원인이 다양하겠지만 우리 검사장에서 사용하고 있는 이야사까 장비는 이런 경우 PAU II에 수동 스위치로 전원을 인가하면 부하 마력이 증가하여 원하는 조건을 맞출 수 있다.

제조회사
기기형식
CHD-500DSIS
제작국
대한민국
측정기명
기기번호
3019
제조년월일
2015 . 12
마력범위
1.000PS
기본관성중량
1.350 KG
사용주위온도
-25°C~
전원
AC220V. 60Hz
KOREA IYASAKA MACHINERY IND. CO., LTD
TEL:82-32-811-8511 http://www.kiyasaka.co.kr

우리 검사장에서 사용 중인 대형 동력계

그렇지 않고 자동 타입(상황에 따라서 PAU I·PAU II가 자동으로 작동 하는 경우)에는 액셀러레이터 페달을 Full로 밟는 타이밍과 밟는 속도를 조절하여 맞추는 수밖에 달리 도리가 없다. 그렇다고 정격출력 RPM을 수정하여 진행할 수도 있지만 이런 경우 합당한 사유가 있어야 하며, 그렇지 않으면 불법 검사의 오해를 받는다.

그리고 특히 P520 카고 차량에 PAU Ⅱ를 작동시키거나 아니면 자동으로 작동되는 다이나모에서 럭다운 검사 시 아래의 내용을 충분히 염두에 두고 검사를 진행하기 바란다. 이러한 차량들(마력이 높은데 후축 무게가 적게 나가는 차량들)은 대표적으로 450 마력 이상 트랙터, 카고 트럭 등은 마력을 잡기 위해 다이나모 롤러의 부하가 올라가고 그러다 보면 가속 시에 구동축 타이어가 롤러 위에서 튕겨져 앞으로 나갈 수 있다. 이러한 차량들은 앞쪽 타이어에 고임목을 고이고 뒤쪽에서 X 바로 차량을 바닥에 고정시키고 검사를 진행하여야 한다.

그리고 충분히 가속을 하여 롤러의 탄력이 살아있을 때 진입 마력과 RPM을 맞추어야 한다. 그렇지 않으면 과도한 롤러의 부하로 시동이 꺼질 수 있다.

3) 교훈

다른 분야도 비슷하겠지만 모든 일이 매뉴얼과 경험만으로는 해결되지 않는 난감한 일들이 발생을 한다. 이런 경우 무리하게 운전을 하여 검사를 진행하면 안 된다. 여기에는 차량의 문제, 장비의 문제, 운전자 스킬 문제 등 복합적으로 얽혀있을 수 있으므로 포기를 하고 다른 검사장으로 보내거나 시간을 가지고 주변에 도움을 받아 해결하여야 한다. 그렇지 않고 아무런 생각없이 문제의 해결을 위해서 집착하다 보면 차량의 파손 및 기타 문제가 발생하여 생각지도 않은 고생을 할 수도 있다.

40 토미 트라고 24ton 암롤 차량과 럭다운

1) 내용

겨울 날씨 답지 않게 아침부터 새우 같은 비가 내리는 아침에 토미 24톤 암롤 트럭이 검사를 받으러 입고되었다. 이런 날 암롤처럼 무게가 있는 차량들은 제동력 시험기에서 롤러가 타이어에 물기 때문에 슬립을 일으켜 제동력의 합 50%를 넘기는 것이 쉽지 않은 날이다.

접수를 하고 나니 종합검사 럭다운 대상 차량이었다. 우리 검사장에 자주 오는 차량으로 문제가 되는 관능은 모두 수정해서 온 차량이며, 특별한 문제는 없었으나(번호등, 후미등, 후부안전판, 반사판, 불법등화 등등) ABS 검사 중에 역시나 1축 제동력의 합이 45%를 간신히 넘었다. 이유는 타이어에 물기 때문에 제동 시에 타이어가 롤러를 잘 돌지 못하도록 잡아야 하는데 물기 때문에 슬립이 발생하기 때문에 제동력이 잘 나오지 않는다.

이런 차량들은 방법이 없다. 롤러 위에서 바퀴가 돌아갈 때 천으로 타이어위 물기를 닦아서 마찰력을 높여야 한다. 다행히도 물기를 어느 정도 제거하니 제동력이 정상적으로 나왔다.

그 다음 정밀 배기가스의 매연을 점검하기 위해 대형 다이나모에 차량을 올려 놓고 장비를 세팅한 다음 예열을 마치고 본 모드 검사를 진행하기 위해서 변속레버의 좌측과 앞 쪽에 있는 레버를 토끼와 H로 선택하고 5단에서 가속하여 6단으로 변속을 한 후에 액셀러레이터 페달을 풀로 밟았지만 차속이 65km/h를 넘지 못해서 다시 7단으로 변속을 하고 액셀러레이터 페달을 밟았다.

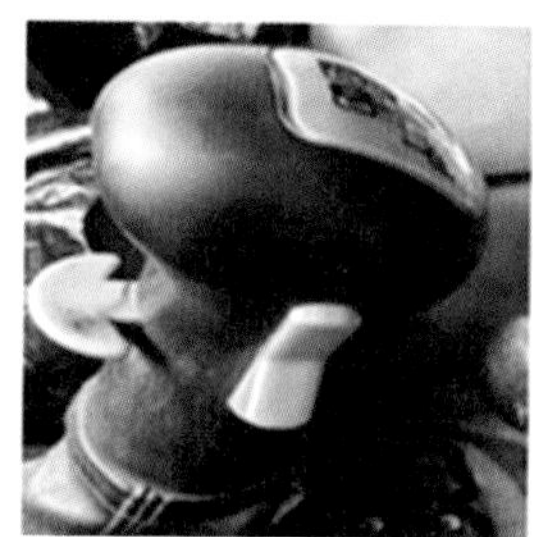
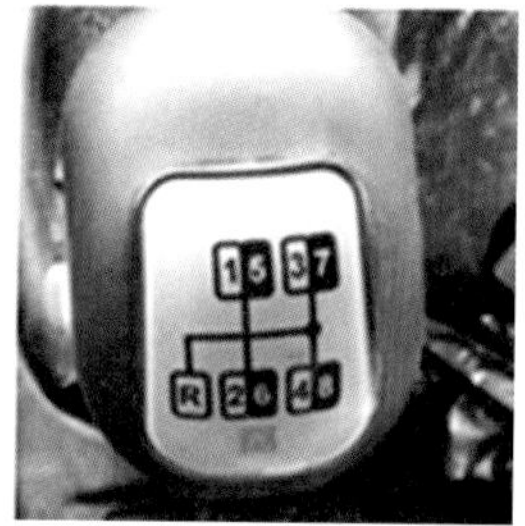

본 이미지는 실제 문제 차량과는 관련이 없습니다.

그랬더니 이번에는 차속이 80km/h를 오버하여 차속 제한 영역에 들어가서 엔진의 RPM이 오르락내리락 하면서 수정 마력의 형성이 되지 못했다. 결국은 본 모드 진입을 스톱하고 문제점을 찾기로 하였다.

2) 대응

정밀 매연 측정을 위해서 럭다운 검사를 하다보면, 경험에서 벗어나서 문제가 발생되는 경우가 종종 있다. 차량의 엔진 문제로 출력이 나오지 않는 경우는 큰 부담없이 정리가 되는데 이번의 경우처럼 엔진이 특정 RPM 이상 또는 차속에서 연료 컷이 발생되는 경우 등은 다시 한 번 차량의 종합검사 이력을 조회하여 현재 본인이 검사하고 있는 방법이 맞는지 확인이 필요하다.

특히 처음 검사를 해보는 차량이나 대우 상용차 같은 경우는 특수 구조 등으로 인해 무부하 검사를 하는 차종이 의외로 많이 있다. 하지만 이번에 검사를 하고 있는 차량은 이전 검사에서 정상적인 럭다운 검사가 완료된 차량이다. 그래서 본 모드 진입의 차속을 차속 제한을 걸어 60km/h로 세팅하고 5단에서 가속을 한 후 6단에서 본 모드 진입을 시도하였다. 그랬더니 수정 마력과 엔진의 정격 출력 RPM이 정상적으로 출력되어 본 모드 검사를 마무리 할 수 있었다.

3) 교훈

검사업무를 진행하다 보면 예기치 않는 일들이 종종 발생한다. 검사 차량이 한가한 경우에는 나름 고민도 해 보고 다른 검사원에게 물어도 보지만 현실적으로 그렇지 못한 경우도 발생을 한다. 그러면 고객한테 양해를 구하고 차량을 검사장 라인에서 빼내고 문제가 되는 부분을 지인 검사원 또는 자료 검색을 통해서 해결하는 것이 중요하다.

41 출력이 나오지 않는 마이티 구형 차량과 액셀러레이터 페달

1) 내용

설 명절을 몇 칠 남겨둔 어느 날 오후에 마이티 구형 차량에 유압 집게를 구조변경 한 차량이 검사를 받으러 들어 왔다. 연식은 족히 13년이 넘었으며, 차량의 사용 환경이 험해서 그런지 폐차장에 가야 할 것 같은데, 지역이 수도권 외곽이다 보니 잊을만 하면 한대씩 들어 온

다. 검사는 정해진 관능과 장비에 의해서 검사를 진행하고 문제가 있다면 불합격 판정을 하면 된다. 구조를 변경한 차량이라 종합검사 럭다운 대상 차량이다.

검사에 앞서 엔진 오일을 점검하고 차주에게 차량의 노후화로 인한 문제 발생 시 검사장의 책임이 없음을 사전에 공지하고 검사를 진행하였다. 차량은 낡았지만 ABS 검사는 OK, 그리고 관능도 차체가 좀 낡은 것 외에는 특별히 문제점은 없었다. 그래서 최종 럭다운 검사를 위해 차량을 대형 다이나모에 세팅하고 예열 모드 및 본 모드 진입을 시도하였다.

이 차량은 기계식 연료 분사펌프 차량으로 수정마력이 65PS를 넘고 매연이 25% 이하면 통과된다. 예열 모드를 무사히 마치고 본 모드 4단에서 액셀러레이터 페달을 Full로 밟았지만 50PS을 간신히 넘겨 출력의 부적합이 나왔다. 그래서 차주에게 이야기를 했더니 액셀러레이터 페달을 최근에 교체하고 나서 액셀러레이터 페달이 덜 밟히고 그래서 검사 받을 때 페달 뚜껑을 들어내고 철판을 바로 밟으면 정상적으로나 온다는 것이었다.

좀 황당했지만, 반신반의 하는 입장에서 거절하기도 그렇고 해서 차량을 다시 집어넣고 액셀러레이터 페달의 뚜껑(고무판)을 제거하고 페달 아래에 깔린 매트 등을 들어 내고 다시 검사를 진행하였다. 그랬더니, 수정 마력이 가볍게 80PS를 넘었고, 매연은 25%로 간신히 합격을 하였다.

본 이미지는 실제 문의의 차량과는 관련이 없다.

그래서 가만히 생각을 해보니 종합검사 지역으로 바뀌기 전에 이 차량들은 정기 검사를 받았고, 정기 검사 때는 무부하 급가속이므로 구태여 액셀러레이터 페달이 덜 밟혀도 검사를 받는데 문제가 없었던 것으로 판단된다. 그래서 그 상태로 사용했던 것 같다.

2) 교훈

럭다운 검사를 하다 보면 출력 부족에 관련하여 문제가 생기는 경우가 종종 있다. 출력이 부족한 경우는 차종마다 그 원인이 다양하다.

통상적으로 전자제어 스로틀 차량들은 액셀러레이터 페달이 덜 밟히는 경우가 드물지만 기계식 분사장치를 사용하는 차량들은 케이블의 처짐 또는 액셀러레이터 페달 아래에 설치된 매트 등으로 인해서 액셀러레이터 페달이 덜 밟히는 문제가 발생하고, 이런 경우 바로 출력의 부족으로 나타난다. 차량마다 생각지도 못한 문제점들이 종종 발생하므로 사전에 충분한 지식과 경험을 습득하여 현명하게 대처를 하기 바란다.

또한, 이런 차량들은 필히 럭다운 검사 전에 엔진 오일의 상태를 확인하고 럭다운 검사 중에도 예상치 않은 문제점들이 발생할 수 있으므로(라디에이터 고무 호스 및 히터 호스의 파손으로 냉각수 누출 등) 차분하게 신중을 기해서 대처하기 바란다.

42 소형 동력계 벨트 파손 및 교체 작업

1) 내용

설 명절이 다가와서 그런지 검사 차량의 댓 수가 평상시보다 조금 적게 들어 왔다. 검사장에서 일을 하다 보면 장비가 한 번씩 돌아가면서 말썽을 부린다. 지난해 까지는 CO 측정기와 제동력 시험기가 말썽을 피우더니 최근에는 다이나모가 문제를 일으키기 시작했다. 최근 들어 날씨가 제법 포근한 어느 날 아침에 출근하여 소형 동력계 코스트다운 시험을 하는데 롤러 2개중 1개만 회전하고 속도가 나오지 않았다. 그래서 가만히 확인을 해보니 아이들 롤러가 돌지 않았다.

어제 저녁 마지막 차량을 검사할 때까지는 아무런 문제가 없었는데 갑자기 아침에 고장이라니 이해를 할 수는 없었지만, PAU쪽 롤러와 구동 벨트로 연결된 아이들 롤러가 돌지 않는 것으로 보아 구동 벨트가 끊어진 것으로 판단되었다. 그래서 장비의 상판을 열어보니 예상대로 구동 벨트가 끊어졌으며, 롤러 구동용 모터에 연결된 V벨트도 장력이 처지고 벨트 4개 중 1개는 끊어져 있었다.

장비 수리 및 소모품 교체, 당연히 장비업체가 출동해서 수리를 하면 얼마나 좋을까? 하지만 현실은 눈에 보이고 현장에서 교체가 가능한 부품은 업체로부터 퀵 서비스로 받던지 아니면 공구상가에서 구입하여 검사원이 직접 교환을 하거나, 아니면 정비부서에 도움을 받는다.

일단, 손상된 타이밍 벨트와 수명이 다된 V벨트를 분리하여 근처 대형 벨트 판매점(동일 벨트)에 가서 같은 규격으로 벨트를 구입하고 업체에 전화해서 벨트의 교체 방법을 확인하고 작업을 진행하였다. '벨트 교체쯤이야'라고 시작했는데 경험이 부족해서인지 생각보다 쉽지 않았다.

2) 대응

제조회사	[illegible]	기기형식	CHD-250SIS
제작국	대한민국	측정기명	[illegible]
기기번호	[illegible]	제조년월일	2016 . 1·2
마력범위	250 PS	기본관성중량	[illegible]
사용주위온도	-25°C~40°C	전원	[illegible]

CHD-250SIS 모델 소형 동력계

상판을 드러낸 상태의 내부모습

파손된 타이밍 벨트

■ 구동 벨트 교체 방법

(1) V 벨트 : 축이음 커플러 A쪽을 분리하면 틈이 생기고 그곳으로 V 벨트를 집어 넣어서 교체하고 장력은 모터 다이를 움직여서 조정한다.

(2) **수동 벨트 교체** : 축이음 커플러 A, B를 분리하고 A파트 베어링 지지볼트 4곳(C, D, E, F)을 풀면 A파트 롤러가 통째로 움직이며, 그로 인해 축이음 커플러 A, B 공간이 넓어진다. 그러면 그 사이로 구동 벨트를 집어 넣으면 된다.

그리고 구동 벨트 풀리에 구동 벨트를 걸 때 생각보다 벨트 유격이 없어 벨트를 풀리에 안착하기가 어렵다. 이럴 경우 B파트 베어링 지지볼트 G를 풀러 롤러 축을 조정하면 벨트가 쉽게 장착이 된다. 벨트의 장착이 완료되면 정상적으로 조립을 하고 구동 벨트 텐셔너를 이용하여 장력을 조정하면 된다.

※ 참고 : 다이나모에 사용되는 대부분의 벨트는 기존 상용품으로 조립되어 있으므로 벨트 전문점(예: 동일 벨트)에 고품 벨트를 가지고 가면 쉽게 구 할 수 있다.

3) 교훈

검사장에서 사용하는 동력계 및 제동력 시험기에는 소모성 부품인 벨트가 사용되므로 주기적인 정비 및 확인을 통해 교체를 하는 것이 필요하다. 그리고 벨트 교체 시 사전에 충분히 교체 방법 등을 업체에 문의하여 문제가 없도록 해야 하며, 작업도중 다치지 않도록 신중하게 작업하기 바란다.

43 엔진 Run Over와 럭다운 검사

화물차량들은 아직까지도 수동변속기를 많이 사용한다. 또한 대형 자동차에 사용되고 있는 세미 자동변속기도 수동변속기 기반에 클러치 페달과 변속레버를 자동화한 것으로 기본적인 변속기 구조는 건식 클러치에 수동기어를 조합한 변속기이다. 이런 차량들을 럭다운 검사를 할 때 클러치 디스크가 과다한 마모로 인해서 엔진의 Run Over가 발생될 수 있으며, 이러한 Run Over가 발생한 경우 판단을 신속히 하여 조치를 하여야 한다. 그렇지 않으면 클러치 디스크가 완전히 타버려 차량의 주행이 불가능 할 수 있으며, 생각지도 않게 고객과 다툼이 벌어지기도 한다. 럭다운 검사 중 아래와 같은 증후가 있는 차량은 검사를 멈추고 차량의 상태를 점검하여야 한다.

(1) 예열 모드 50km/h에서 해당 차량에 맞는 변속을 했음에도 불구하고 차속이 잘 나오지 않으면서 엔진의 RPM이 높게 유지되는 경우(변속 단수가 저단으로 들어간 경우에도 비슷한 현상이 있음으로 이런 경우는 배제 한다)

(2) 본 모드 진입 단계에서 풀 가속을 실시한 경우 마력이 잘 나오지 않으면서 엔진의 RPM이 급격히 높게 유지되는 경우 또는 1모드는 통과 했는데 2모드 진입 시 갑자기 엔진 RPM이 높게 유지되어 모드 진입이 되지 않을 때

특히 상기와 같은 상황에서 갑자기 엔진의 RPM이 엔진 최고 회전수를 초과하여 운전이 될 경우 피스톤 및 캠축, 크랭크축 저널부 그리고 과급기 터보차저의 터빈 축에 윤활이 잘 되지 않아 심각한 문제를 야기시킨다.

본 이미지는 실제 문제 차량과는 관련이 없습니다.

그리고 엔진의 RPM이 높은 디젤 승용 차량의 무부하 급가속 검사 시에는 더욱더 신경을 써야한다. 차종 및 차량의 관리 상태에 따라 습관적으로 잘못된 검사 방법은 차량의 엔진 손상에 문제를 일으킬 확률이 높다. 특히 엔진의 최고 RPM이 4,000RPM을 넘는 차량들은 사전에 엔진 오일의 상태(유량 및 점도)를 확인하고 예열 모드 급가속 전에 엔진이 충분히 워밍업 되어 있어야 한다.

그리고 가능한 순간적으로 액셀러레이터 페달을 최고로 밟아 엔진 Run Over의 영역에 머물지 않도록 신경을 써야한다. 가급적이면 검사 적정의 RPM 범위 내에서 풀 가속이 짧은 시간에 이루어 질 수 있도록 하여야 한다.

물론 자동차 검사 지침서에는 "액셀러레이터 페달을 최대로 밟은 상태에서 매연 검사를 한다."라고 되어 있다. 이 말에 의미는 엔진의 Run Over 이하 최고 RPM을 의미한다. 그러므로 엔진의 Run Over RPM과 최대 RPM에 의미를 혼동하여 검사하는 일이 없기를 바란다.

※ 엔진 Run Over RPM : 과도한 엔진의 RPM 상승으로 엔진에 문제가 발생될 수 있는 RPM으로 일반적으로 연료 컷이 발생하는 RPM이다. 하지만 일부 차량들은 연료 컷을 하지 않는 차량도 있으므로 이런 점을 충분히 고려하여 무부하 급가속 검사를 하기 바란다.

오히려 이런 조건에서는 연료 컷이 발생되어 정확한 매연 검사가 이루어지지 않는 경우도 있다.

44 대형버스 럭다운 검사 시 주의사항

오늘은 자동차 검사를 하다 보면 생각지도 않은 곳에서 사고가 발생을 한다. 그 중에서도 대형차 버스 럭다운 검사할 때 가장 주의해야 할 점에 대해서 간단하게 이야기를 해보도록 하겠다.

자동차 검사는 잘 알겠지만 늘 반복된 행동과 동선으로 이루어져 있으며, 그 과정에서 예기치 않는 사고가 발생을 한다. 그러므로 가능한 부분은 작업의 행동과 동선을 통일시켜 항상 안전한 조건에서 검사가 이루어질 수 있도록 습관화해야 한다. 그렇지 않고 상황에 따라 행동과 동선이 수시로 바뀌다 보면 반복되는 실수를 하게 되고 반복되는 실수는 예상치 않는

사고로 이어진다.

다시 말하면 안전사고와 직결되는 방법과 행동에 대해서는 늘 동일한 방법과 동선으로 검사를 하여야 한다. 대형버스 뿐만 아니라 기타, 다른 차량을 검사할 때도 마찬가지이며, 특히 대형버스에 진동식 RPM 센서를 장착할 때는 반드시 다음의 규칙을 습관화 해주기 바란다.

(1) 진동 센서 장착 및 탈착 시 반드시 엔진의 시동을 OFF시킨 상태에서 진행하여야 한다. 그렇지 않을 경우 센서 장착 및 탈착 시에 센서 와이어링 또는 작업복이 냉각 팬 벨트에 말려들면 대형사고가 발생한다. 특히 센서를 탈착하다 실수로 센서가 벨트 풀리에 떨어지거나, 떨어지는 센서를 잡기 위해 무심결에 손이 풀리에 들어가면 문제가 심각해진다.

(2) 그리고 센서를 장착하고 RPM 신호가 잘 감지되지 않아 검사원이 엔진 시동이 걸린 상태에서 센서를 조작할 때 각별히 신체 및 작업복이 벨트에 말려들지 않도록 신경을 써야 하며, 또한 운전석에서 검사원이 센서를 조작할 때 가속 페달을 밟지 말아야 한다.

위에 그림에서 보듯이 엔진 룸에 각종 벨트가 고속으로 회전하고 있으므로 진동 센서 장착 및 탈착 시 각별한 주위가 필요하며, 특히 신입 검사원에게는 사전에 철저한 교육이 필요한 부분이다. 그리고 아무리 바빠도 기본 원칙은 "꼭" 습관화하여야 한다.

"엔진 시동 끄고 진동 센서 설치 및 탈거"

"검사원이 엔진의 시동 걸린 상태에서 진동 센서 확인 작업 시 운전석에서 급가속 금지"

※ 그리고 버스와 같은 차량은 가급적 OBD RPM 센서를 사용하고 OBD 지원이 되지 않는 차량에 한해서 조심스럽게 진동 센서를 사용해 주기 바란다.

45 동력계 손실마력과 코스트 다운의 이해

1) 내용

최근 들어 종합검사 지역이 확대됨으로 인해서 동력계 사용이 많아졌다. 잘 알겠지만 종합검사와 정기검사의 가장 큰 차이는 배출가스 검사를 함에 있어 동력계를 사용하여 엔진 부하 상태에서 검사를 하는 항목이 추가된 것이다. 그러다 보니 동력계(섀시 다이나모) 장비가 사용되고 그에 따른 관리 및 사용에 대한 기본적인 지식이 필요하다. 그래서 오늘은 동력계에 관련된 내용 중 손실마력과 코스트다운에 대해 간단하게 정리를 해보겠다.

필자도 처음 종합검사장에 왔을 때 상기 내용에 대해 잘 이해를 하지 못했고 그래서 자료 검색 및 주변 검사원에게 설명을 듣고 확실하게 이해를 하였다.

참고로 동력계는 차량의 엔진에 부하를 주어 그 때 발생하는 힘을 계측하여 엔진의 마력을 측정한다. 그러다 보니 동력계 자체의 회전 관성과 계산된 부하 마력에 따른 동력계의 정상 작동 여부가 중요하며, 이를 확인하는 작업이 손실마력과 코스트다운 그리고 부하 측정시험(로드 셀 교정)이다.

2) 대응

(1) 손실 마력(Lost Horse Power)

손실 마력을 마찰 마력(Friction Horse Power)이라고도 하며, 동력계의 각 베어링을 비롯한 회전부의 마찰이 어느 정도인지 즉, 베어링을 비롯하여 회전부의 마찰로 인하여 손실되는 마력의 정도를 말한다.

즉, 동력계에서 배출가스의 정밀검사를 할 때 차량의 마력을 측정하며, 이때 베어링이 손상되었거나 회전부의 마찰이 과대하여 그로 인한 손실 마력이 크게 발생이 되면 해당 차량의 출력을 제대로 측정할 수가 없다. 다시 말해서 베어링이나 회전부가 엔진의 마력을 정상적으로 측정하는데 문제가 없는지 확인하는 과정이다.

실제 실행을 해 보면 알 수 있지만 일정속도(보통 80km/h)까지 올렸다가 무부하 상태로 자연스럽게 정지될 때까지 회전시켜서 베어링 및 회전부의 마찰 정도를 점검한다. 이때 측정된 손실 마력이 ±0.25PS 이내이어야 한다. 그렇지 않고 그 이상이면 관련된 부품 등을 점검 및 수리하여야 한다.

• 회전부위 베어링 손상 또는 윤활부족으로 회전저항이 많이 걸리는 경우
• 롤러 축의 휨 또는 변형이 발생된 경우 또는 기타 회전부위에 이물질이 간섭되는 경우(비닐봉지 및 기타 작업장 내 이물질)

※ 상기 결과는 베어링이 충분히 예열된 조건에서 측정된 내용을 기준으로 한다.

(2) 코스트다운(Coast Down)

동력계에서 차량의 마력을 얼마나 정확하게 측정해 내는지를 점검하는 과정이다. 일정속도까지 올렸다가 적절한 부하 값(코스트 : Coast)을 주어가면서 다운시킬 때 변동되는 부하 값에 대한 다운값이 적정한지를 점검하는 과정이다.

즉, 이 과정은 동력계의 PAU와 관련된 요소들이 원활하게 작동되는지 점검하는 과정으로 측정된 값이 계산된 이론값에 대해 ± 7% 이내이어야 한다. 그러므로 코스트다운 검사 이전에 손실 마력에 문제가 없어야 정상적인 코스트다운 점검을 할 수 있다.

1,000 PS 대형 동력계

250PS 소형 동력계

만약 코스트다운에 측정값이 ±7%를 벗어나면 이 문제가 정상적인 문제인지 아니면 수리를 요하는 문제인지 판단을 해서 사전에 조치를 하여야 한다. 일반적으로 동절기 등 날씨가 추운 날은 베어링 및 윤활유에 저항이 증가하여 저항이 커지고 이런 경우 통상 - 7%를 넘는 경우가 종종 있다.

여기서 - 부호가 붙으면 이론적으로 계산된 시간보다 속도 기울기가 낮게 나온다는 이야기이다. 그리고 + 부호가 붙으면 이론적으로 계산된 시간보다 속도 기울기가 높게 형성된다는 이야기로 이는 부하의 제어가 잘 되지 않는 다는 이야기다.

여기서 계산된 값은 동절기의 베어링 저항을 감안한 값이 아니므로 추운 날 코스트다운 검사를 하면, 통상 -7%를 넘는다.

이런 경우 코스트다운 시험 전에 롤러를 예열 모드로 충분히 예열한 후에 검사를 진행하여야 한다. 그런데 측정된 값이 많이 높거나, 예열을 충분히 했어도 측정값에 변화가 없다면 장비에 문제가 발생된 것이므로 업체에 연락하여 조치를 받기 바란다.

손실 마력 시험

A	기본 관성 중량:	1350		Kg
	허용 최대속도:	55		Km/h
B	설정속도:	45.0	→ 35.0	Km/h
	현재 속도:	0		Km/h
C	측정 시간:	15.48		Sec
	전체 시간:	202.39		Sec
D	계산 손실마력(PLPS):	3.662		PS
E	측정 손실마력(PLPS):	3.740		PS
F	오차:	0.078		PS
G	허용오차:	± 0.25PS		

- ▶ A : 기본 관성 중량 = 현재 장비에 장착된 롤러의 중량
- ▶ B : 설정 속도 = 손실마력을 측정하는 속도구간(45 → 35km/h)
- ▶ C : 측정시간 = B구간에서 측정된 감속시간
- ▶ D : 계산된 손실 마력 = 이론적인 계산식에 의해서 관성 중량 1,350kg을 설정속도 B구간에서 측정했을 때 얻어지는 마력
- ▶ E : 측정 손실 마력 = 실제로 다이나모에서 계측된 마력
- ▶ F : 오차 = 계산된 손실 마력 - 측정된 손실 마력
- ▶ G : F에서 얻어지는 손실 마력 허용치, 만약 허용치를 넘는 경우 동력계의 신뢰성을 믿을 수 없으므로 문제점의 정비가 필요하다.

▶ A 설정 마력 : 설정속도 B구간에서 PAU 흡수 마력을 17PS로 제어한다는 내용이며, 기타 나머지 내용은 코스트다운 내용과 동일하다.

단, 손실 마력은 무부하에서 측정하고, 코스트다운은 PAU에 부하를 걸어서 측정하는 것이 가장 큰 차이점이다. 그러므로 손실 마력에서 문제가 발생 시 기계적인 부분에서 수리 포인트를 접근하고, 만약 코스트다운에 문제가 있다면 이는 PAU 제어 쪽에서 관련된 문제점을 찾아 수리를 하여야 한다. 단, 검사 전에 대기 온도의 저하에 따른 베어링부의 마찰 저항 증가는 충분히 예열을 통해 없는 것으로 확인되었을 때이다.

※ 코스트다운 시험 횟수가 증가하면 PAU의 발열량 증가로 허용오차가 규정치를 벗어나는 경우가 있다. 이런 경우 PAU를 선풍기 등으로 충분히 냉각하고 재 측정을 하기 바란다.

(3) 로드 셀 부하 측정

부하 측정 시험(로드셀)

토크 측정(Kg.m)

교정 암길이(mm): 1000　　PAU선택 PAU1 PAU2

측정단위 토크(Kg.m)　　허용오차: 1%

	무게(Kg)	1회	2회	3회	평균값	목표 토크	오차
0%	0					0	
20%	40					40.00	
40%	80					80.00	
60%	120					120.00	
80%	160					160.00	

현재 토크: 1.19　　Reverse

동력계의 핵심은 정적량의 부하를 걸고 그에 따른 힘(마력)을 측정한다. 마력을 측정하기 위해서 로드 셀이라는 센서를 사용하며, 로드 셀은 통상 외부로 부터 물리적인 힘을 받으면 그 힘의 크기에 비례하여 출력 값이 변화되는 센서이다.

그러다 보니 주기적으로 이 센서에 대한 출력 교정(캘리브레이션) 작업을 해 주어야 하며, 이 작업을 부하 측정 시험이라고도 한다, 보통 검사장에서는 1달에 한 번씩 실시를 한다. 이렇게 함으로써 측정된 데이터에 대한 신뢰성을 높이고 정확한 검사가 가능하다.

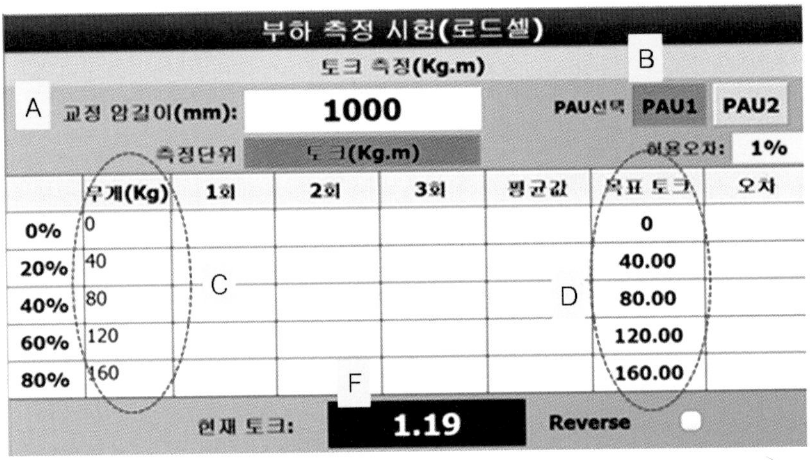

부하 측정 시험(로드셀)

토크 측정(Kg.m)

A 교정 암길이(mm): 1000 B PAU선택 PAU1 PAU2

측정단위 토크(Kg.m) 허용오차: 1% E

	무게(Kg)	1회	2회	3회	평균값	목표 토크	오차
0%	0					0	
20%	40					40.00	
40%	80					80.00	
60%	120					120.00	
80%	160					160.00	

C D F

현재 토크: 1.19 Reverse

- ▶ A 교정 암 길이 : 장비에 세팅되어 있는 로드 셀 부하 측정용 암의 길이
- ▶ B : 로드 셀을 교정하고자 하는 PAU 선택
- ▶ C : 교정 추 무게
- ▶ D : 교정 추 무게에 대한 목표 토크(이상적인 값)
- ▶ F 현재 토크 : 교정 무게에 대해 현재 로드 셀이 측정한 토크, 이 값이 목표 토크 대비 1% 이내이어야 한다.

즉, 무게 40kg의 추를 올리면 목표 토크 40kg·m가 나와야 하는데 이때 측정 토크는 로드 셀의 물리적 특성으로 인해 목표 토크 대비 작거나 클 수가 있다. 그러면 목표 토크 대비 1% 범위 오차가 되도록 무게를 늘리거나 감량하여 목표 토크를 맞추고 이 값을 3회까지 측정한 후 저장을 하면 된다. 그러면 로드 셀 센서의 캘리브레이션이 완료되고 장비는 교정된 캘리브레이션 값으로 마력을 계산한다.

46 검사장에서 겪게 되는 황당한 사례

자동차 검사를 하다 보면 다양한 고객과 다양한 차량을 접하게 된다. 그러다 보니 생각지도 못하는 황당한 일들이 종종 발생한다.

다음 내용은 지정 검사소 검사원들이 경험한 내용을 정리하였다.

1. 제동력 시험 중 브레이크 페달이 쑥 들어가서 리턴이 안 되는 경우
2. 럭다운 검사 중 엔진이 오버 히팅 되어 검사장 바닥에 물이 흥건한 경우
3. 제동력 테스트 시 브레이크 라인이 터진 경우
4. 엔진 룸에 쥐 사체가 발견된 경우
5. 자동차 검사 끝나고 차량을 인도하자 차주가 스프레이 건으로 실내를 소독하는 경우
6. 불합격 판정하였다고 검사 비용을 못 준다고 대치상황이 벌어질 경우
7. 검사비가 왜 이렇게 비싸냐고 항의 하는 경우
8. 검사 끝나고 클러스터에 ABS 경고등을 지우지 않아서 검사 후 차량이 고장 났다고 큰소리치는 경우
9. 2.5톤 화물차 검사가 끝나고 차에서 내리려고 도어캐치를 당겼는데 "뚝"하고 부러지는 경우
10. 검사를 완료한 후 오디오 세팅이 틀려졌다고 원상태로 해달라고 하는 경우
11. 마이티 구형 다 낡은 차량 럭다운 검사를 진행하기 위해 액셀러레이터 페달을 풀로 밟고 검사한 후 액셀러레이터 페달에서 발을 떼었으나 페달이 리턴되지 않고 엔진의 RPM이 떨어지지 않는 경우

11\. 대형 화물차를 검사할 때 신발을 벗지 않고 올라갔다고 투덜거리는 경우

12\. 마이티 구형 럭다운 검사 진행 중 3단에서 4단 변속을 위해 레버를 밀어 넣었더니 "뚝"하고 변속레버가 부러졌다.

13. 낡은 현대 슈퍼트럭 물탱크 차량을 검사하기 위해 검사장으로 이동 중 갑자기 “빠지직” 소리와 함께 차량 밑에서 불꽃이 튀고 고무 타는 냄새가 진동하여 신속하게 소화기로 진화했던 일들 나중에 알고 보니 배터리 본선이 차체에 합선되어 문제가 되었던 상황이었다.
14. 매매상사 트럭이 검사 받으러 왔다가 검사장 라인에서 갑자기 시동이 꺼지고, 엔진이 먹통 되어 견인차로 끌어낸 일들
15. 자동차 검사를 열심히 하고 퇴근 무렵에 잠바 주머니를 확인해 보니 지갑이 없는 것을 확인 했을 때 아마도 검사 차량에 오르내리면서 차량 어딘가에 흘린 것 같은데 찾지 못했다. 가급적, 지갑, 차 키 등은 옷에 보관하지 말고 휴대폰 등은 지퍼가 있거나 속이 깊은 주머니에 보관하기 바란다.
16. 대형 트럭 무부하 급가속 검사를 하고 바닥을 보니 불에 그을린 쥐가 바닥에 떨어져 있는 경우

그 밖에도 미처 상상하기 어려운 황당한 일들이 종종 발생을 한다. 그러므로 검사원은 차량 검사 시 오감을 집중하여 차량의 상태를 주시해야 한다. 또한 검사 중 안전사고가 발생하지 않도록 평소 올바른 습관이 몸에 배여 있어야 하며, 가능한 늘 동일한 동선과 원칙을 지켜야 한다.

47 ESC Off 버튼이 고장 난 코란도 스포츠

검사 업무를 하다 보면 예상하지 못했던 일들이 종종 발생을 한다. 그 중에서도 오늘은 ESC OFF 스위치가 작동되지 않아서 좀 당황했던 차량에 대한 경험담을 이야기 해보겠다.

우리 검사장은 소형차량보다 상용차량들이 많이 들어온다. 상용차량 부하검사를 하기 위해서는 ASR 버튼(TCS)을 OFF시키고 속도계 검사 및 부하검사를 진행한다. 그런데 모든 차량들이 ASR 버튼을 누르면 클러스터에 ASR OFF 경고등이 점등되고 ASR 기능이 해제되어 정상적인 속도계 검사 및 정밀 부하 모드가 진행되는 것이 정상이지만 그렇지 않은 차량들이 종종 발생을 한다.

또는 소형화물차 및 승용차에서도 이런 차량들이 있으므로 이러한 경우에는 강제로 관련된 퓨즈를 제거하고 검사를 진행하여야 한다. 그런데 차량마다 퓨즈의 이름도 다르고 관련된 퓨즈가 여러 개 있는 경우 등이 있으며, 심지어 어떤 차량들은 해당 퓨즈를 찾을 수 없는 차량도 있다. 아래와 같은 현상이 발생되는 차량은 퓨즈를 제거를 하고 검사를 진행하여야 한다.

단, 퓨즈를 제거하고 검사하는 차량은 당연히 2WD 차량으로 이전에 정상적으로 부하검사가 가능한 차량에 한한다.

※ 특수차량, 상시 4WD, 기타 무부하 검사차량은 절대로 퓨즈를 뽑고 검사하는 일이 없기를 바란다.

그리고 이 차량들은 반드시 ESC 또는 TCS OFF 스위치가 있는 차량에 한한다.

- ▶ 스위치를 누르면 클러스터에 아무런 경고등도 점등되지 않는 경우
- ▶ 스위치를 누르면 클러스터에 경고등이 점등되지만 바퀴를 구동시키면 가속이 되지 않고 TCS 제어 기능이 풀리지 않는 경우
- ▶ 스위치를 누르고 있으면 경고등의 점등이 유지되지만 스위치에서 손을 놓으면 경고등이 바로 OFF되고 TCS 제어 기능이 풀리지 않는 경우

상기와 같은 형태의 차량들은 정상적으로 속도계 검사 및 정밀 부하 검사를 진행할 수 없으므로 어쩔 수 없이 고객의 양해를 구하고 퓨즈를 제거해야 한다.

다음은 쌍용자동차 코란도 스포츠의 경험 사례를 기준으로 이야기를 해보겠다.

어느 날 퇴근 무렵이 다 되어서 파트타임 코란도 스포츠 차량이 검사를 받으러 왔다. 접수를 하고 보니 종합검사 KD-147 정밀 대상 차량이었다. 뭐, 그리 특별한 차량도 아니고 해서 2H에 놓고 검사를 진행 중에 속도계 검사를 위해 ESC OFF 버튼을 눌렀지만 클러스터에 아무런 표시도 없고 이 상태에서 바퀴를 돌리면 가속이 되지 않고 TCS 제어가 개입을 하였다.

그래서 어쩔 수 없이 엔진 룸에 있는 퓨즈 박스에서 ABS 퓨즈를 찾아보니 TCS 퓨즈 1개, ABS 퓨즈 2개가 있었고 이중에 A번 퓨즈 1개를 제거하니 클러스터에 ABS 경고등이 점등 되었지만 차량의 가속은 되지 않았다.(코란도 스포츠)

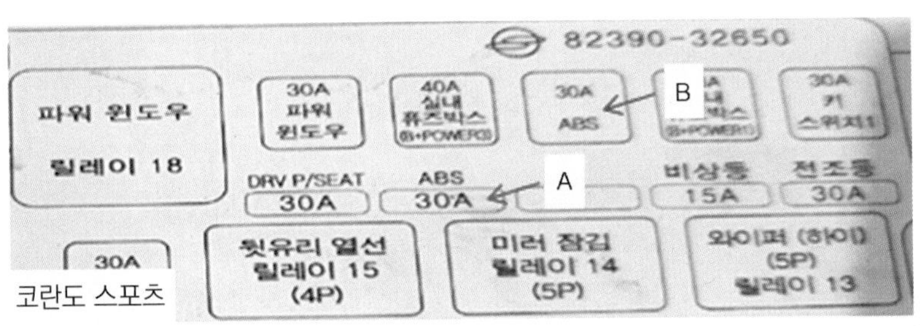

코란도 스포츠

그리고 다시 A번 퓨즈를 원상 복귀하고, B번 퓨즈를 제거하자 정상적으로 부하 검사를 할 수 있었다.

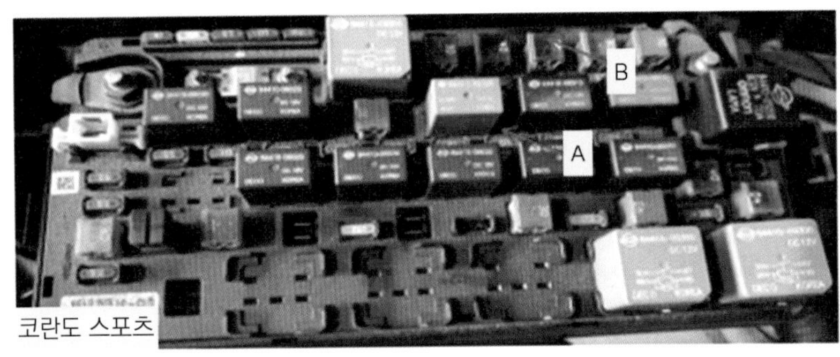

코란도 스포츠

48 브레이크 재검 3번 만에 합격한 메가 트럭

자동차 검사를 하다보면 차량에 문제가 있어 재검 차량이 발생한다. 통상 재검차량이 들어오면 대부분 한 번에 합격을 하고 출고된다. 그런데 이 차량은 세 번째 합격이 된 차량으로 좀 이해할 수 없는 차량이었다.

어느 날 오후에 메가 트럭 한 대가 검사를 받으러 입고되었으며, 차령은 약 10년 정도 된 차량이었고 관리가 잘 되지 않아 많이 낡아 보였다. 접수를 하고 보니 종합검사 대상 차량이었다.

ABS 검사를 진행하기 위해 차량을 라인에 집어 넣고 전륜 제동력 검사를 하는데 동승석 제동력이 거의 나오지 않았다. 또한 브레이크 페달을 밟고 있는 상태를 유지하고 있으면, 해당 바퀴 쪽에서 에어가 빠지는 소리도 들리고 느낌에 브레이크 챔버가 손상된 것 같았다. 결과는 당연히 전륜 제동력 편차 및 총합 제동력 부족으로 불합격이 되었으며, 관련 내용을 고객에게 설명하고 기간 내 수리를 한 후 다시 검사를 받으라고 안내를 하였다.

그리고 이틀 후에 이 차량이 재검을 받으러 왔다. 당연히 문제가 없을 것으로 판단하고 제동력 검사를 진행하였다. 그랬더니 브레이크 상태가 전과 똑같았다. 그래서 고객에게 상황을 설명하고 수리를 했는지 물어 보았다. 그랬더니 펄쩍 뛰면서 수리한 영수증까지 보여 주었다. 업체를 확인해 보니까 우리 공장 옆에 있는 유명한 대형 카센터였다. 물론 카센터 사장도 본인이 잘 알고 있는 분이고, 그 분 또한 우리 검사장에 검사를 받으러 오는 고객이다.

본 이미지는 실제 문제의 차량과는 관련이 없다.

차량을 수리했던 곳에 가서 다시 수리를 하라고 돌려 보냈다. 그리고 카센터 사장님이 뭐라고 하면 본인한테 연락을 하라고 했다. 그리고 3시간쯤 지나고 모두 수리 했다며, 다시 차량이 들어왔다. 뭐 의심할 여지없이 합격될 거라는 믿음으로 브레이크 페달을 밟았는데 헐~~ 전혀 문제가 해결되지 않았다. 순간 장비가 문제인가 하고 후륜을 측정하니 문제없이 잘 나왔다. 그리고 고객에게 수리가 되지 않았다고 하자 난처한 표정을 하면서 어떻게 해야 하냐고 질문을 했다.

수리한 대형차 카센터에 다시 방문해서 사장님하고 통화하게 전화 연결을 부탁했다. 그래서 카센터 사장님과 통화를 해서 브레이크의 문제점에 관련하여 전반적으로 설명을 하였다. 그리고 약 30분 후에 차량이 검사장에 다시 들어왔다. 그래서 브레이크 검사를 해보니 정상적으로 제동력이나 와서 합격을 하였다.

고객에게 이번에는 무엇을 수리 했냐고 물어 보았더니, 고객님 말씀이 "그냥 차 밑에 들어가서 망치로 두 번 치더니 다 되었다고 해서 왔어요… ~~" 헐 황당했지만 결과는 합격이니 할 말은 없고 그래서 고객에게 혹시나 주행 중 제동 시 차량이 운전석으로 쏠리면 브레이크에 문제가 있으니까 정비소가서 수리를 하라고 권고하였다.

좀… 이해 할 수는 없었지만 이런 황당한 일들이 종종 발생한다. 논리적으로 설명을 할 수 없는 그런 일들이 그렇다고 이런 일들을 일일이 캐물어서 이해를 하자니 이것 또한 머리 아픈 일이다.

49 브레이크 전륜에 딜레이 제동이 걸리는 마이티 차량

1) 내용

통상 영업용 화물차량들은 차령이 좀 지나면 6개월에 한 번씩 검사를 받는다. 언제인가 마이티 윙탑 차량이 검사를 받으러 왔다. 등록증에 있는 자동차 검사 기록을 보니 우리 검사장에 자주 오는 고객이었다.

그런데 기억에 남는 것은 이 차량의 전륜 제동력을 측정하면 일반 차량에서 볼 수 없는 특이한 현상이 확인되는 차량이었다. 즉, 전륜 제동력 측정을 위해 제동력 시험기에 전륜을 올려놓고 브레이크 페달을 밟으면, 좌·우 바퀴 제동력이 동시에 나오지 않고 오른쪽 바퀴 제동력이 어느 정도 올라간 다음에 왼쪽 제동력이 발생되는 현상이다. 그렇지만, 제동력의 편차로 계측 될 정도로 왼쪽 제동력이 나오지 않는 것은 아니므로 제동력 불합격은 되지 않았다. 6개월 전에도 똑같은 문제가 발생되어 고객한테 이야기를 했고 그 뒤로 고객은 근처 정비소에서 에어빼기, 브레이크 라이닝 교체 등을 하였으나 문제점을 찾지 못했다.

이런 차들은 주행 중 제동 시 전륜 편제동 발생으로 차량의 쏠림이 심하게 발생한다. 그래서 고객도 이 문제점을 찾기 위해 여러 군데 정비소에서 점검을 받았지만 해결을 못하고 6개월이지나 다시 검사를 받으러 온 것이었다.

그래서 우리 공장의 하체 정비 반장님과 상의한 결과 이런 경우 최종적으로 ABS 유압 모듈에 문제가 있을 수 있으니 교체를 해보자고 해서 고객에게 동의를 구하고 교체를 실시하였다. 그리고 다시 제동력을 측정하니 정상적으로 전륜 좌·우가 동일한 속도와 합으로 제동력이 나왔다.

본 이미지는 실제 문제 차량과는 관련이 없습니다.

검사장에서 제동력 측정을 하다 보면 다양한 형태의 브레이크 제동력 불량이 계측된다. 잘 알겠지만 제동력 시험기에서 걸러내는 합/부 판정은 축중에 대한 합과, 제동력 편차이다. 물론 이 두 가지는 자동차 브레이크 성능에 가장 기본이 되는 내용이다. 하지만 이번처럼 좌·우 바퀴 제동력이 동일하게 올라가거나 내려가지 않고 일정한 딜레이 타임을 가지고 제동력이 형성되는 경우는 검사 합격/불합격을 떠나 고객에게 설명하고 문제점을 수리할 수 있도록 하는 것이 자동차 검사의 신뢰성과 정당성을 고객한테 인식시키는 계기가 된다.

샘플을 분해하여 확인해 보지는 못해서 정확한 원인은 알 수 없으나 통상 ABS가 장착된 차량에서의 브레이크 유압 전달은 마스터 실린더에서 ABS 유압 모듈레이터를 거쳐 각 바퀴의 캘리퍼 유압 실린더에 공급되어 브레이크의 제동력을 발생한다.

그런데 이번처럼 ABS 모듈을 교체한 후 문제점이 해결된 내용을 보면 마스터 실린더에서 공급된 브레이크 유압이 모듈레이터의 회로에서 분기되어 좌·우 바퀴로 공급되므로 모듈레이터 회로 내의 이물질 또는 기타 문제점이 원인인 것으로 판단된다.

2) 교훈

이번 일을 통해서 무심코 지나칠 수 있었던 문제점에 대해 관심을 가지고 문제를 해결함으로써 고객에 대한 자동차 검사의 인식을 개선하는 계기가 되었으며, 자동차 검사원으로서의 자긍심을 갖는 기회가 되었다. 사실 검사를 하다 보면 정비부서와 검사부서간 나름에 검사 문제점을 가지고 다툼이 있는 것이 현실이다.

검사원이 얼마나 안다고 고객한테 오해할 만한 설명을 해서 정비사들이 난처해진다는 등등 그냥 불합격 되었으면 정비에 대해 설명하지 말고 그냥 정비부서로 보내라 등등 어려운 점은 많지만 나름 소신을 가지고 문제점에 접근 한다면 검사 업무뿐 아니라, 차량 정비의 관련 지식도 많이 쌓일 것으로 생각된다.

50 봉고 1톤 LSPV 밸브와 후륜 제동력

오늘은 봉고 1톤에 장착된 LSPV(Load Sensing Proportioning Valve)에 관련하여 간단하게 이야기를 해보겠다.

통상 봉고 1톤 전륜은 디스크 브레이크를 사용하고 후륜은 드럼 브레이크를 사용한다. 이유야 여러 가지가 있겠지만 본인의 개인적인 생각은 화물차량이라는 특수성 때문에 후륜은 제동도 해야 하고 또한 파킹 기능도 감당해야 하므로 가성비 측면에서 보면 드럼 브레이크가 여러모로 유리하다. 한가지로 2가지 기능을 문제없이 해결할 수 있으므로 여하튼 잘 알겠지만 봉고 1톤 구형 차량들은(ABS 非 장착 차량) 후륜에 LSPV라는 밸브가 있어, 적재함 중량에 따라 후륜 바퀴로 공급되는 제동 유압을 제어한다.

이유는 봉고 1톤의 경우 화물을 1톤 적재한 경우와 그렇지 않은 경우에 요구하는 제동력이 큰 폭으로 차이가 난다. 그러므로 적재함의 무게에 따라 제동 유압을 제어하지 않으면 공차 조건에서 운전자가 적은 힘으로 브레이크 페달을 밟아도 후륜의 바퀴가 쉽게 록킹되어 오버스티어 현상을 유발하며, 심한 경우에는 차량이 스핀 아웃이 된다.

그러므로 화물이 적재되지 않은 후륜은 전륜 대비 제동 유압을 제한할 필요가 있다. 그런데 봉고 1톤 차량들이 검사장에서 제동력을 측정할 때는 공차 상태에서 측정을 한다. 물론 이런 조건에서 제동력의 합이 잘 나오면 다행인데 연식이 좀 된 차량들은 후륜의 제동력 부족으로 전체 제동력의 합이 50%를 넘지 못해서 불합격 되는 차들이 종종 발생한다. 이런 차량들이 정비소에 가서 브레이크 수리를 하고 와도 제동력에 문제가 생기는 차량들이 종종 있다.

이러한 경우 후륜에 설치된 LSPV의 로드를 공차중량의 범위를 넘어 화물이 가득 적재된 조건으로 임의 조정하여 브레이크 유로를 많이 개방하여 제동력을 높여 합격시키는 경우도 종종 있다. 단순하게 생각을 해보면, 브레이크를 잘 듣게 해서 좋을 것 같은데 이런 행동은 LSPV 기능을 마비시키는 일이므로 임의적인 로드 조정에 신중을 기하여야 한다.

본 이미지는 실제 문제 차량과는 관련이 없습니다.

참고로 다음은 매뉴얼에 명기된 봉고 1톤 LSPV 로드를 조정하는 방법이다.

1. 차량을 평탄한 곳에 세운다.(공차상태, 수평상태)
2. 마운팅 브래킷을 이용하여 밸브 몸체를 차량에 고정한다.
3. 커넥팅 링크 끝단의 볼트를 차량의 액슬 하우징의 브래킷에 고정한다.
4. 육각 볼트를 규정 토크(1.1~1.4kg/cm)로 고정한다.
5. 밴드에서 절단 세팅 핀을 제거한다.
6. 조정 시의 클램핑 너트는 조정하지 않는다.
7. 육각 볼트를 풀었다가 다시 체결하지 않는다.

볼트를 임의로 조정하면 급제동 시에 사고 발생의 위험이 있다.

※ 구형 방식은 밸브와 푸시로드 간극을 0.6mm ± 0.1mm로 조정한다.

그리고 조정은 가급적 정비사에게 맡기기 바라고 제동력 측정 시 후륜 제동력이 어느 정도 나오는데 전체 총합에서 부족하다면 전륜 제동력의 합을 조금 올려서 측정하면 전체 제동력 합이 50%를 넘어 검사하는데 문제는 없다. 단, 후륜 제동력이 거의 나오지 않거나 편제동이 심한 차량은 반드시 원인을 찾아 수리를 한 후 검사를 진행하기 바란다.

내용상 궁금하다면…?

Q&A E-mail : kimyc35@ hanmail.net

네이버밴드 실전자동차검사원밴드

자동차종합검사 실전매뉴얼

초 판 인 쇄 | 2021년 9월 23일
초 판 발 행 | 2021년 10월 1일

감 수 | **신기선**
저 자 | **김영철**
발 행 인 | **김길현**
발 행 처 | **(주) 골든벨**
등 록 | **제 1987-000018호**
I S B N | **979-11-5806-539-3**
가 격 | **35,000원**

편집 및 디자인 | 조경미 · 김선아 · 남동우 · 권여준
웹매니지먼트 | 안재명 · 김경희
공급관리 | 오민석 · 정복순 · 김봉식
제작 진행 | 최병석
오프 마케팅 | 우병춘 · 이대권 · 이강연
회계관리 | 최수희 · 김경아

(우)04316 서울특별시 용산구 원효로 245(원효로 1가 53-1) 골든벨 빌딩 5~6F

- 도서 주문 및 발송 02-713-4135 / 회계 경리 02-713-4137
  내용 문의 kimyc35@ hanmail.net / 해외 오퍼 및 광고 02-713-7453
- FAX : 02-718-5510 • http : //www.gbbook.co.kr • E-mail : 7134135@naver.com